国家农业图书馆　农业大数据与信息服务联盟

全国农科院系统科研产出统计分析报告
（2012—2021年）

中国农业科学院农业信息研究所　组织编写

中国农业科学技术出版社

图书在版编目(CIP)数据

全国农科院系统科研产出统计分析报告.2012—2021年／中国农业科学院农业信息研究所组织编写.--北京：中国农业科学技术出版社，2022.11
ISBN 978-7-5116-6050-3

Ⅰ.①全… Ⅱ.①中… Ⅲ.①农业科学院-科技产出-统计分析-研究报告-中国-2012-2021 Ⅳ.①S-242

中国版本图书馆CIP数据核字(2022)第225130号

责任编辑　徐定娜
责任校对　李向荣
责任印制　姜义伟　王思文

出 版 者	中国农业科学技术出版社
	北京市中关村南大街12号　邮编：100081
电　　话	(010) 82105169 (编辑室)　　(010) 82109702 (发行部)
	(010) 82109709 (读者服务部)
网　　址	https://castp.caas.cn
经 销 者	各地新华书店
印 刷 者	北京建宏印刷有限公司
开　　本	185 mm×260 mm　1/16
印　　张	18.5
字　　数	477千字
版　　次	2022年11月第1版　2022年11月第1次印刷
定　　价	128.00元

◆版权所有·翻印必究◆

《全国农科院系统科研产出统计分析报告（2012—2021 年）》

专家委员会

梅旭荣	孙 坦	杨 鹏	韩 刚	谢江辉	李泽福	杨国航
苟小红	魏 辉	马忠明	易干军	孙 健	周维佳	黄正恩
孙世刚	卫文星	来永才	余锦平	张德咏	马国成	沈建新
张爱民	潘荣光	修长百	李月祥	万书波	赵志辉	刘永红
程 奕	杨 勇	周 平	王 成	郑文新	王继华	戚行江

编委会

主　　任：周清波
副 主 任：赵瑞雪
委　　员：（按姓氏汉语拼音排序）：

毕洪文	曹宗喜	楚小强	封洪强	冯 锐	付江凡
高维明	何 鹏	侯安宏	黄 界	黄 平	解 沛
金龙新	刘桂民	罗红梅	马辉杰	欧 毅	任 妮
阮怀军	宋庆平	孙素芬	孙英泽	覃泽林	王 昕
王凤山	王晓伟	吴卫成	杨 娟	杨天育	赵 恒
赵泽英	周灿芳	庄 严	庄忠钦		

主　　编：赵瑞雪　朱 亮　寇远涛　鲜国建
副 主 编：赵 华　孙 媛　叶 飒　季雪婧　顾亮亮　金慧敏
　　　　　张 洁
编写人员（按姓氏汉语拼音排序）：

陈 洁	葛 瑾	宫晓波	郭 婷	侯云鹏	胡 婧
黄峰华	黄力士	李 季	李 捷	林 萍	龙 海
陆光顺	钱群丽	苏小波	孙 亮	唐江云	唐 研
万红辉	王 婧	王 莉	王 琼	夏立村	肖楚妍
许正春	杨兰伟	臧贺藏	翟国伟	张志娟	赵静娟
赵俊利	周 蕊	周舒雅			

说 明

统计说明

《全国农科院系统科研产出统计分析报告（2012—2021年）》是对农业农村部所属"三院"及部分省（自治区、直辖市）级农（垦、牧）业科学院共33家农业科研机构近十年（2012—2021年）科技期刊论文、获奖成果、国内专利产出情况的客观统计，未进行统计对象间的对比分析。科技期刊论文统计数据来源于科学引文索引数据库（Web of Science，WOS）、中国科学引文数据库（CSCD）、中国知网（CNKI）、万方数据，获奖科技成果统计数据来源于国家科技成果网，国内专利统计数据来源于国家知识产权局，科技期刊论文统计数据截止日期为2022年9月，由此可能造成部分已发表的论文数据未纳入本次统计范围，相关统计结果可能与实际发文情况存在误差。现将统计分析报告编制有关事项说明如下。

统计对象

农业农村部所属"三院"即中国农业科学院、中国水产科学研究院、中国热带农业科学院，以及安徽省农业科学院、北京市农林科学院等部分省（自治区、直辖市）级农（垦、牧）业科学院，共33家农业科研机构，详细名单见表1。

表1 报告统计对象详细名单

序号	单位名称	序号	单位名称
1	中国农业科学院	10	广西农业科学院
2	中国水产科学研究院	11	贵州省农业科学院
3	中国热带农业科学院	12	海南省农业科学院
4	安徽省农业科学院	13	河北省农林科学院
5	北京市农林科学院	14	河南省农业科学院
6	重庆市农业科学院	15	黑龙江省农业科学院
7	福建省农业科学院	16	湖北省农业科学院
8	甘肃省农业科学院	17	湖南省农业科学院
9	广东省农业科学院	18	吉林省农业科学院

(续表)

序号	单位名称	序号	单位名称
19	江苏省农业科学院	27	天津市农业科学院
20	江西省农业科学院	28	西藏自治区农牧科学院
21	辽宁省农业科学院	29	新疆农垦科学院
22	内蒙古自治区农牧业科学院	30	新疆农业科学院
23	宁夏农林科学院	31	新疆畜牧科学院
24	山东省农业科学院	32	云南省农业科学院
25	上海市农业科学院	33	浙江省农业科学院
26	四川省农业科学院		

统计分析报告构成

《全国农科院系统科研产出统计分析报告（2012—2021年）》包括两部分：科技期刊论文、获奖成果、国内专利产出总体情况统计，统计对象分报告。

（1）科技期刊论文、获奖成果、国内专利产出总体情况统计

汇总统计33家农业科研机构近十年（2012—2021年）科技期刊论文、获奖成果、国内专利总体及分年度产出情况。

（2）统计对象分报告

对某一统计对象及其所属二级机构近十年（2012—2021年）科技期刊论文产出情况进行分项统计分析。

统计数据来源

（1）科技期刊论文数据

英文科技期刊论文数据来源于科学引文索引数据库（Web of Science，WOS）收录的文献类型为期刊论文（ARTICLE）、会议论文（PROCEEDINGS PAPER）和述评（REVIEW）的 Science Citation Index Expanded（SCIE）论文数据。本次统计论文发表年份范围为2012—2021年，数据统计截止时间为2022年9月。

中文科技期刊论文数据来源于中国科学引文数据库（CSCD）、中国知网（CNKI）、万方数据，本次统计论文发表年份范围为2012—2021年，数据统计截止时间为2022年9月。

（2）获奖科技成果数据

国家级获奖科技成果包括国家自然科学奖、国家技术发明奖、国家科学技术进步奖三

类。省部级获奖科技成果本次仅统计"神农中华农业科技奖"成果，包括2011—2020年评选的2012—2013年度、2014—2015年度、2016—2017年度、2018—2019年度、2020—2021年度五次获奖成果。获奖科技成果数据来源于国家科技成果网。

（3）国内专利数据

国内专利数据包括发明专利、实用新型专利和外观设计专利三类，本次仅统计2012—2021年已获授权的专利。国内专利数据来源于国家知识产权局。

（4）机构规范数据

本次33个统计对象均为我国国家级或省（自治区、直辖市）级农（垦、牧）业科学院，其规模较大，建设历史较长，期间机构调整及变动较多。为保证统计结果的准确，报告编制团队对33个统计对象本级及其二级机构信息进行了规范化处理，重点是机构的中外文规范名称、别名等，其中别名所含信息包括了机构历史沿革名称（拆分、合并、调整等）。

统计分析指标说明

本报告采用的指标均为客观实际的定量评价指标，现将相关统计分析指标的内涵、计算方法简要解释如下。

（1）发文量

包括英文发文量和中文发文量，英文发文量是指统计对象于2012—2021年在WOS数据库SCIE期刊上发表的全部论文数量。中文发文量包括北大中文核心期刊发文量、CSCD期刊发文量，北大中文核心期刊发文量是指统计对象于2012—2021年发表的北大中文核心期刊论文数量，CSCD期刊发文量是指统计对象于2012—2021年发表的中国科学引文数据库（CSCD）期刊论文数量。

（2）发文期刊JCR分区

2012—2021年统计对象所发表英文论文发文期刊所在WOSJCR分区情况，按年度统计每一分区的发文数量。

（3）高发文研究所

2012—2021年中英文论文发文量排名前十的统计对象所属二级单位。

（4）高发文期刊

2012—2021年刊载统计对象所发表中英文论文数量排名前十的科技期刊，英文期刊包括期刊名称、发文量、WOS所有数据库总被引频次、WOS核心库被引频次、期刊最近年度影响因子（来源于JCR）。中文期刊包括期刊名称、发文量，按北大中文核心期刊、CSCD期刊分类进行统计。

（5）合作发文国家与地区

2012—2021年与统计对象合作发表英文论文（合作发文1篇以上）的作者所来自国家和地区，按照合作发文的数量排名取前十名，包括国家与地区名称、合作发文量、WOS所有数据库总被引频次、WOS核心库被引频次。

（6）合作发文机构

2012—2021年与统计对象合作发表中英文论文的作者所属机构，按照合作发文的数量排名取前十名。

（7）高频词

2012—2021年统计对象所发表全部英文论文关键词（作者关键词）按其出现频次排名前二十者。

免责声明

在本报告的编制过程中，我们力求严谨规范，精益求精。但由于统计年限较长、数据源收录数据完整性、统计对象机构变化调整等原因，可能存在部分统计结果与统计对象实际期刊论文和获奖成果产出情况不完全一致，报告内容疏漏之处恳请广大读者批评指正。

目 录

全国农科院系统期刊论文及获奖科技成果产出总体情况统计表 ………………… (1)
  1 英文期刊论文发文量统计 ………………………………………………… (1)
  2 中文期刊论文发文量统计 ………………………………………………… (3)
  3 获奖科技成果统计 ………………………………………………………… (7)
  4 国内专利统计 …………………………………………………………… (11)

中国农业科学院 ………………………………………………………………… (21)
  1 英文期刊论文分析 ……………………………………………………… (21)
  2 中文期刊论文分析 ……………………………………………………… (25)

中国水产科学研究院 …………………………………………………………… (29)
  1 英文期刊论文分析 ……………………………………………………… (29)
  2 中文期刊论文分析 ……………………………………………………… (33)

中国热带农业科学院 …………………………………………………………… (37)
  1 英文期刊论文分析 ……………………………………………………… (37)
  2 中文期刊论文分析 ……………………………………………………… (41)

安徽省农业科学院 ……………………………………………………………… (45)
  1 英文期刊论文分析 ……………………………………………………… (45)
  2 中文期刊论文分析 ……………………………………………………… (49)

北京市农林科学院 ……………………………………………………………… (53)
  1 英文期刊论文分析 ……………………………………………………… (53)
  2 中文期刊论文分析 ……………………………………………………… (57)

重庆市农业科学院 ……………………………………………………………… (61)
  1 英文期刊论文分析 ……………………………………………………… (61)
  2 中文期刊论文分析 ……………………………………………………… (65)

福建省农业科学院 ……………………………………………………………… (69)
  1 英文期刊论文分析 ……………………………………………………… (69)
  2 中文期刊论文分析 ……………………………………………………… (74)

甘肃省农业科学院 …………………………………………………………………………… (77)
    1 英文期刊论文分析 ……………………………………………………………………… (77)
    2 中文期刊论文分析 ……………………………………………………………………… (81)

广东省农业科学院 …………………………………………………………………………… (85)
    1 英文期刊论文分析 ……………………………………………………………………… (85)
    2 中文期刊论文分析 ……………………………………………………………………… (89)

广西农业科学院 ……………………………………………………………………………… (93)
    1 英文期刊论文分析 ……………………………………………………………………… (93)
    2 中文期刊论文分析 ……………………………………………………………………… (97)

贵州省农业科学院 …………………………………………………………………………… (101)
    1 英文期刊论文分析 ……………………………………………………………………… (101)
    2 中文期刊论文分析 ……………………………………………………………………… (105)

海南省农业科学院 …………………………………………………………………………… (109)
    1 英文期刊论文分析 ……………………………………………………………………… (109)
    2 中文期刊论文分析 ……………………………………………………………………… (113)

河北省农林科学院 …………………………………………………………………………… (117)
    1 英文期刊论文分析 ……………………………………………………………………… (117)
    2 中文期刊论文分析 ……………………………………………………………………… (122)

河南省农业科学院 …………………………………………………………………………… (125)
    1 英文期刊论文分析 ……………………………………………………………………… (125)
    2 中文期刊论文分析 ……………………………………………………………………… (129)

黑龙江省农业科学院 ………………………………………………………………………… (133)
    1 英文期刊论文分析 ……………………………………………………………………… (133)
    2 中文期刊论文分析 ……………………………………………………………………… (137)

湖北省农业科学院 …………………………………………………………………………… (141)
    1 英文期刊论文分析 ……………………………………………………………………… (141)
    2 中文期刊论文分析 ……………………………………………………………………… (145)

湖南省农业科学院 …………………………………………………………………………… (149)
    1 英文期刊论文分析 ……………………………………………………………………… (149)

  2 中文期刊论文分析 …………………………………………………………………… (153)

吉林省农业科学院 …………………………………………………………………… (157)
  1 英文期刊论文分析 …………………………………………………………………… (157)
  2 中文期刊论文分析 …………………………………………………………………… (161)

江苏省农业科学院 …………………………………………………………………… (165)
  1 英文期刊论文分析 …………………………………………………………………… (165)
  2 中文期刊论文分析 …………………………………………………………………… (169)

江西省农业科学院 …………………………………………………………………… (173)
  1 英文期刊论文分析 …………………………………………………………………… (173)
  2 中文期刊论文分析 …………………………………………………………………… (177)

辽宁省农业科学院 …………………………………………………………………… (181)
  1 英文期刊论文分析 …………………………………………………………………… (181)
  2 中文期刊论文分析 …………………………………………………………………… (185)

内蒙古自治区农牧业科学院 …………………………………………………………………… (189)
  1 英文期刊论文分析 …………………………………………………………………… (189)
  2 中文期刊论文分析 …………………………………………………………………… (193)

宁夏农林科学院 …………………………………………………………………… (197)
  1 英文期刊论文分析 …………………………………………………………………… (197)
  2 中文期刊论文分析 …………………………………………………………………… (201)

山东省农业科学院 …………………………………………………………………… (205)
  1 英文期刊论文分析 …………………………………………………………………… (205)
  2 中文期刊论文分析 …………………………………………………………………… (209)

上海市农业科学院 …………………………………………………………………… (213)
  1 英文期刊论文分析 …………………………………………………………………… (213)
  2 中文期刊论文分析 …………………………………………………………………… (217)

四川省农业科学院 …………………………………………………………………… (221)
  1 英文期刊论文分析 …………………………………………………………………… (221)
  2 中文期刊论文分析 …………………………………………………………………… (225)

天津市农业科学院 (229)
 1 英文期刊论文分析 (229)
 2 中文期刊论文分析 (233)

西藏自治区农牧科学院 (237)
 1 英文期刊论文分析 (237)
 2 中文期刊论文分析 (241)

新疆农垦科学院 (245)
 1 英文期刊论文分析 (245)
 2 中文期刊论文分析 (249)

新疆农业科学院 (253)
 1 英文期刊论文分析 (253)
 2 中文期刊论文分析 (257)

新疆畜牧科学院 (261)
 1 英文期刊论文分析 (261)
 2 中文期刊论文分析 (265)

云南省农业科学院 (269)
 1 英文期刊论文分析 (269)
 2 中文期刊论文分析 (273)

浙江省农业科学院 (277)
 1 英文期刊论文分析 (277)
 2 中文期刊论文分析 (281)

全国农科院系统期刊论文及获奖科技成果产出总体情况统计表

1 英文期刊论文发文量统计

统计对象2012—2021年在WOS数据库SCIE期刊上发表的论文数量情况见表1-1,农业农村部所属"三院"在前,省(自治区、直辖市)级农(垦、牧)业科学院按名称拼音字母排序。

表1-1 2012—2021年全国农科院系统历年SCI发文量统计　　单位：篇

序号	发文单位	2012年	2013年	2014年	2015年	2016年	2017年	2018年	2019年	2020年	2021年	发文总量
1	中国农业科学院	1 594	1 675	2 092	2 473	2 928	3 005	3 361	3 848	4 541	5 066	30 583
2	中国水产科学研究院	306	430	464	574	749	679	733	857	861	998	6 651
3	中国热带农业科学院	223	263	284	299	302	317	302	369	368	502	3 229
4	安徽省农业科学院	34	45	51	79	87	90	113	143	165	192	999
5	北京市农林科学院	256	263	265	285	363	357	344	433	425	518	3 509
6	重庆市农业科学院	3	10	19	25	24	36	39	31	39	55	281
7	福建省农业科学院	42	33	46	53	92	99	101	129	148	185	928
8	甘肃省农业科学院	17	14	21	20	29	18	28	48	76	56	327
9	广东省农业科学院	135	171	199	224	245	266	293	431	538	614	3 116
10	广西农业科学院	31	30	29	62	44	70	65	120	149	199	799
11	贵州省农业科学院	7	16	18	29	55	52	72	94	89	117	549
12	海南省农业科学院	13	5	6	15	27	26	20	23	19	32	186

(续表)

序号	发文单位	2012年	2013年	2014年	2015年	2016年	2017年	2018年	2019年	2020年	2021年	发文总量
13	河北省农林科学院	40	47	50	61	54	67	79	93	111	123	725
14	河南省农业科学院	48	46	59	83	113	124	113	137	172	210	1 105
15	黑龙江省农业科学院	45	35	51	70	87	127	124	151	171	190	1 051
16	湖北省农业科学院	58	54	62	68	85	83	102	153	169	202	1 036
17	湖南省农业科学院	27	22	30	44	60	64	85	116	146	207	801
18	吉林省农业科学院	31	33	44	61	45	67	78	113	126	163	761
19	江苏省农业科学院	136	164	229	342	403	424	456	494	543	649	3 840
20	江西省农业科学院	22	31	37	39	44	51	53	54	71	93	495
21	辽宁省农业科学院	17	25	32	30	33	40	27	50	69	89	412
22	内蒙古自治区农牧业科学院	4	9	16	15	25	17	24	27	38	49	224
23	宁夏农林科学院	3	3	10	8	14	19	18	34	55	63	227
24	山东省农业科学院	129	144	147	155	202	174	227	268	293	348	2 087
25	上海市农业科学院	72	70	78	102	132	112	172	221	255	274	1 488
26	四川省农业科学院	29	36	40	70	91	84	92	113	142	171	868
27	天津市农业科学院	7	15	8	13	21	22	17	30	41	72	246
28	西藏自治区农牧科学院	2	4	9	20	10	22	39	52	59	82	299
29	新疆农垦科学院	10	15	13	16	14	25	21	43	65	74	296
30	新疆农业科学院	15	20	39	51	52	49	44	101	96	132	599

(续表)

序号	发文单位	2012年	2013年	2014年	2015年	2016年	2017年	2018年	2019年	2020年	2021年	发文总量
31	新疆畜牧科学院	6	6	8	13	17	21	21	22	26	31	171
32	云南省农业科学院	59	76	75	113	127	128	134	162	191	196	1 261
33	浙江省农业科学院	215	197	200	235	227	266	254	306	374	486	2 760
	年度发文总量	3 636	4 007	4 731	5 747	6 801	7 001	7 651	9 266	10 631	12 438	71 909
	年均发文量	110.2	121.4	143.4	174.2	206.1	212.2	231.8	280.8	322.2	376.9	2 179.1

2 中文期刊论文发文量统计

2.1 北大中文核心期刊发文量

统计对象2012—2021年发表的北大中文核心期刊论文数量情况见表2-1，农业农村部所属"三院"在前，省（自治区、直辖市）级农（垦、牧）业科学院按名称拼音字母排序。

表2-1 2012—2021年全国农科院系统北大中文核心期刊历年发文量统计　　单位：篇

序号	发文单位	2012年	2013年	2014年	2015年	2016年	2017年	2018年	2019年	2020年	2021年	发文总量
1	中国农业科学院	3 832	3 817	3 861	3 980	4 027	4 039	3 770	3 800	3 350	3 040	37 516
2	中国水产科学研究院	979	1 009	924	958	991	1 058	1 098	1 035	842	773	9 667
3	中国热带农业科学院	453	491	622	726	627	579	579	527	515	511	5 630
4	安徽省农业科学院	211	199	177	183	144	131	120	115	124	105	1 509
5	北京市农林科学院	562	521	501	510	494	530	523	506	514	548	5 209
6	重庆市农业科学院	82	78	63	72	47	53	76	94	77	87	729
7	福建省农业科学院	217	194	193	189	283	343	325	313	235	245	2 537
8	甘肃省农业科学院	191	184	132	174	178	138	167	210	174	173	1 721

(续表)

序号	发文单位	2012年	2013年	2014年	2015年	2016年	2017年	2018年	2019年	2020年	2021年	发文总量
9	广东省农业科学院	489	392	435	400	361	288	286	330	398	426	3 805
10	广西农业科学院	206	212	320	286	294	298	253	375	380	397	3 021
11	贵州省农业科学院	365	317	316	285	279	266	236	294	342	385	3 085
12	海南省农业科学院	74	71	93	86	88	83	86	67	66	72	786
13	河北省农林科学院	199	188	185	164	166	199	181	209	187	216	1 894
14	河南省农业科学院	262	228	212	237	258	296	304	255	327	345	2 724
15	黑龙江省农业科学院	277	246	271	254	222	213	204	204	219	217	2 327
16	湖北省农业科学院	249	235	288	299	199	153	192	276	319	298	2 508
17	湖南省农业科学院	146	144	113	133	165	167	172	189	206	185	1 620
18	吉林省农业科学院	184	168	181	219	189	152	197	250	266	221	2 027
19	江苏省农业科学院	945	911	898	858	853	753	600	553	558	561	7 490
20	江西省农业科学院	96	103	109	122	91	101	91	136	143	121	1 113
21	辽宁省农业科学院	248	294	275	265	269	255	197	179	221	232	2 435
22	内蒙古自治区农牧业科学院	105	99	110	110	76	85	69	131	121	113	1 019
23	宁夏农林科学院	187	172	169	155	178	151	148	156	154	176	1 646
24	山东省农业科学院	342	342	347	338	372	380	396	416	373	292	3 598
25	上海市农业科学院	189	241	230	246	221	182	189	237	261	310	2 306
26	四川省农业科学院	252	235	246	228	230	225	212	213	229	192	2 262
27	天津市农业科学院	153	122	134	136	120	92	132	168	133	124	1 314

(续表)

序号	发文单位	2012年	2013年	2014年	2015年	2016年	2017年	2018年	2019年	2020年	2021年	发文总量
28	西藏自治区农牧科学院	34	23	39	44	51	55	88	122	88	89	633
29	新疆农垦科学院	183	165	129	140	117	121	99	100	101	105	1 260
30	新疆农业科学院	230	253	247	299	269	283	278	246	279	267	2 651
31	新疆畜牧科学院	58	50	67	82	86	59	64	43	49	65	623
32	云南省农业科学院	322	317	333	353	304	294	281	316	293	243	3 056
33	浙江省农业科学院	389	347	295	272	261	265	253	300	288	300	2 970
	年度发文总量	12 711	12 368	12 515	12 803	12 510	12 287	11 866	12 365	11 832	11 434	122 691
	年均发文量	385.2	374.8	379.2	388.0	379.1	372.3	359.6	374.7	358.5	346.5	3 717.9

2.2 CSCD 期刊发文量

统计对象 2012—2021 年发表的中国科学引文数据库（CSCD）期刊论文数量情况见表 2-2，农业农村部所属"三院"在前，省（自治区、直辖市）级农（垦、牧）业科学院按名称拼音字母排序。

表 2-2　2012—2021 年全国农科院系统 CSCD 期刊历年发文量统计　　单位：篇

序号	发文单位	2012年	2013年	2014年	2015年	2016年	2017年	2018年	2019年	2020年	2021年	发文总量
1	中国农业科学院	2 605	2 554	2 548	2 463	2 383	2 459	2 443	2 185	2 214	2 135	23 989
2	中国水产科学研究院	803	839	790	793	803	737	1 022	735	679	664	7 865
3	中国热带农业科学院	529	583	581	483	442	426	444	390	382	364	4 624
4	安徽省农业科学院	102	102	139	115	98	87	84	83	101	74	985
5	北京市农林科学院	347	331	333	290	285	293	284	227	256	256	2 902
6	重庆市农业科学院	67	62	50	47	37	36	51	67	63	55	535

(续表)

序号	发文单位	2012年	2013年	2014年	2015年	2016年	2017年	2018年	2019年	2020年	2021年	发文总量
7	福建省农业科学院	193	180	155	130	140	159	165	280	206	217	1 825
8	甘肃省农业科学院	132	125	114	147	151	109	145	159	139	153	1 374
9	广东省农业科学院	412	340	337	198	193	183	170	171	218	212	2 434
10	广西农业科学院	238	218	226	172	174	196	180	148	213	253	2 018
11	贵州省农业科学院	106	120	129	90	131	142	144	123	139	144	1 268
12	海南省农业科学院	41	36	48	32	39	39	51	29	36	28	379
13	河北省农林科学院	119	131	133	106	105	116	129	121	115	146	1 221
14	河南省农业科学院	215	195	168	196	201	234	248	134	183	173	1 947
15	黑龙江省农业科学院	167	154	172	141	149	128	133	96	124	117	1 381
16	湖北省农业科学院	70	53	78	66	81	80	86	86	111	123	834
17	湖南省农业科学院	119	99	94	92	111	118	127	127	174	160	1 221
18	吉林省农业科学院	162	153	160	103	95	91	125	114	139	114	1 256
19	江苏省农业科学院	813	549	547	509	478	412	373	323	280	335	4 619
20	江西省农业科学院	65	70	77	79	50	65	66	78	105	91	746
21	辽宁省农业科学院	120	109	120	96	93	70	69	71	94	81	923
22	内蒙古自治区农牧业科学院	59	51	66	55	30	41	50	38	72	71	533
23	宁夏农林科学院	90	83	92	70	68	80	75	79	84	83	804

全国农科院系统期刊论文及获奖科技成果产出总体情况统计表

(续表)

序号	发文单位	2012年	2013年	2014年	2015年	2016年	2017年	2018年	2019年	2020年	2021年	发文总量
24	山东省农业科学院	234	239	244	204	217	215	246	229	239	177	2 244
25	上海市农业科学院	145	206	213	209	212	245	234	124	141	145	1 874
26	四川省农业科学院	183	190	195	167	161	165	156	152	153	140	1 662
27	天津市农业科学院	59	46	52	33	29	31	38	49	55	38	430
28	西藏自治区农牧科学院	21	14	24	30	27	39	53	61	44	57	370
29	新疆农垦科学院	98	94	78	87	64	88	68	51	60	70	758
30	新疆农业科学院	179	186	197	223	193	229	239	198	230	239	2 113
31	新疆畜牧科学院	37	34	41	23	32	22	35	19	16	25	284
32	云南省农业科学院	279	226	268	260	241	232	208	224	227	185	2 350
33	浙江省农业科学院	269	262	223	204	206	197	202	191	193	171	2 118
	年度发文总量	9 078	8 634	8 692	7 913	7 719	7 764	8 143	7 162	7 485	7 296	79 886
	年均发文量	275.1	261.6	263.4	239.8	233.9	235.3	246.8	217.0	226.8	221.1	2 420.8

3 获奖科技成果统计

3.1 国家级获奖科技成果数量

统计对象2011—2020年取得的国家级获奖科技成果数量情况见表3-1（截至2022年9月，2021年的最新数据尚未公布），包括国家自然科学奖、国家技术发明奖、国家科学技术进步奖三类。统计条件是获奖科技成果完成单位中包含统计对象及其所属机构。农业农村部所属"三院"在前，省（自治区、直辖市）级农（垦、牧）业科学院按名称拼音字母排序。

表 3-1 2011—2020 年全国农科院系统国家级获奖科技成果历年数量统计   单位：项

序号	获奖单位	2011年	2012年	2013年	2014年	2015年	2016年	2017年	2018年	2019年	2020年	成果总量
1	中国农业科学院	8	13	12	9	13	9	11	11	10	13	109
2	中国水产科学研究院			1	1	1			1	1	1	6
3	中国热带农业科学院		1		1					2		4
4	安徽省农业科学院				1				3		2	6
5	北京市农林科学院	4	1	1	1	1		2		1	4	15
6	重庆市农业科学院									1		1
7	福建省农业科学院	1	1	3					1	1		7
8	甘肃省农业科学院		2			1					1	4
9	广东省农业科学院	1		1	2	1	3	1			1	10
10	广西农业科学院											
11	贵州省农业科学院				1							1
12	海南省农业科学院							1				1
13	河北省农林科学院	2	1		1	2			2	1	1	10
14	河南省农业科学院	3	1		2	1	1		1		2	11
15	黑龙江省农业科学院		1			2	1	2	1	2	2	11
16	湖北省农业科学院			1	1	1		1	1	2	3	10
17	湖南省农业科学院		1			2	1	2	2	1	1	10
18	吉林省农业科学院		1			2	1	1		1	1	7
19	江苏省农业科学院		1		1	2	2		2	1	1	10
20	江西省农业科学院			1		1	1	1	1			5
21	辽宁省农业科学院	1		2			1		1	2	1	8

(续表)

序号	获奖单位	2011年	2012年	2013年	2014年	2015年	2016年	2017年	2018年	2019年	2020年	成果总量
22	内蒙古自治区农牧业科学院			2								2
23	宁夏农林科学院						2		1			3
24	山东省农业科学院	1	1	2	1	2	1		1	5	1	15
25	上海市农业科学院	1	1	2			1				1	6
26	四川省农业科学院	1	3	1		1	1	1			1	9
27	天津市农业科学院			1						1		2
28	西藏自治区农牧科学院											
29	新疆农垦科学院						1					1
30	新疆农业科学院	1			1	2		1		2		7
31	新疆畜牧科学院											
32	云南省农业科学院	1	1			1		3	1		1	8
33	浙江省农业科学院	1	1	1	2	2		2	1	1	1	12
	年度获奖成果总量	26	32	31	23	41	24	30	30	32	42	311
	年均获奖成果数量	0.79	0.97	0.94	0.70	1.24	0.73	0.91	0.91	0.97	1.27	9.42

3.2 神农中华农业科技奖成果数量

统计对象的神农中华农业科技奖成果数量情况见表3-2。统计条件是获奖科技成果完成单位中包含统计对象及其所属机构。农业农村部所属"三院"在前，省（自治区、直辖市）级农（垦、牧）业科学院按名称拼音字母排序。

表3-2 全国农科院系统神农中华农业科技奖获奖成果历年数量统计   单位：项

序号	获奖单位	2012—2013年	2014—2015年	2016—2017年	2018—2019年	2020—2021年	成果总量
1	中国农业科学院	30	43	44	49	41	207

（续表）

序号	获奖单位	2012—2013年	2014—2015年	2016—2017年	2018—2019年	2020—2021年	成果总量
2	中国水产科学研究院	7	5	8	7	10	37
3	中国热带农业科学院	8	12	4	4	2	30
4	安徽省农业科学院	4	6	10	5	6	31
5	北京市农林科学院	4	8	8	8	16	44
6	重庆市农业科学院	1	2	1	3	4	11
7	福建省农业科学院	5	2	3	2	1	13
8	甘肃省农业科学院	3	3	2	3	5	16
9	广东省农业科学院	8	7	8	6	8	37
10	广西农业科学院		1	4	4	2	11
11	贵州省农业科学院		2	1	1	3	7
12	海南省农业科学院		2	1	1		4
13	河北省农林科学院	8	4	4	4	7	27
14	河南省农业科学院	3	1	4	7	4	19
15	黑龙江省农业科学院	4	2	4	9	6	25
16	湖北省农业科学院	4	4	2	2	6	18
17	湖南省农业科学院	3	3	3	3	3	15
18	吉林省农业科学院	6	2	5	3	3	19
19	江苏省农业科学院	6	10	12	15	19	62
20	江西省农业科学院	2	3	2	4	3	14
21	辽宁省农业科学院	1	2	3	4	4	14
22	内蒙古自治区农牧业科学院		3	1		4	8
23	宁夏农林科学院		1	1	2		4
24	山东省农业科学院	5	4	8	14	15	46
25	上海市农业科学院		2	2	5	4	13
26	四川省农业科学院	3	4	5	10	7	29
27	天津市农业科学院	1	2	2	2	2	9

(续表)

序号	获奖单位	2012—2013年	2014—2015年	2016—2017年	2018—2019年	2020—2021年	成果总量
28	西藏自治区农牧科学院					1	1
29	新疆农垦科学院	1	1	1	2		5
30	新疆农业科学院	1	3	4	5	5	18
31	新疆畜牧科学院		1	2	1	2	6
32	云南省农业科学院	3	8		5	6	22
33	浙江省农业科学院	3	7	5	9	8	32
	年度获奖成果总量	124	160	164	199	207	854
	年均获奖成果数量	3.76	4.85	4.97	6.03	6.27	25.88

4 国内专利统计

统计对象2012—2021年全部已授权的国内专利数量情况见表4-1，包括发明专利（表4-2）、实用新型专利（表4-3）和外观设计专利（表4-4）三类。农业农村部所属"三院"在前，省（自治区、直辖市）级农（垦、牧）业科学院按名称拼音字母排序。

表4-1　2012—2021年全国农科院系统国内专利（全部已授权）历年数量统计　　单位：项

序号	授予单位	2012年	2013年	2014年	2015年	2016年	2017年	2018年	2019年	2020年	2021年	专利总量
1	中国农业科学院	826	1 108	1 342	2 033	2 168	2 266	2 570	2 306	1 818	1 897	18 334
2	中国水产科学研究院	566	716	638	647	609	622	737	570	614	810	6 529
3	中国热带农业科学院	225	345	303	351	294	322	404	319	379	441	3 383
4	安徽省农业科学院	26	51	91	199	189	181	272	323	430	291	2 053
5	北京市农林科学院	165	243	269	315	281	292	222	280	343	395	2 805
6	重庆市农业科学院	22	29	21	47	63	102	87	81	94	139	685
7	福建省农业科学院	159	148	176	278	278	268	353	315	262	292	2 529
8	甘肃省农业科学院	27	21	16	49	70	64	81	54	92	133	607

(续表)

序号	授予单位	2012年	2013年	2014年	2015年	2016年	2017年	2018年	2019年	2020年	2021年	专利总量
9	广东省农业科学院	86	103	97	128	147	171	193	191	249	387	1 752
10	广西农业科学院	18	36	76	251	355	490	396	467	639	765	3 493
11	贵州省农业科学院	27	51	68	102	105	128	134	80	93	143	931
12	海南省农业科学院	4	6	6	6	13	26	34	25	37	80	237
13	河北省农林科学院	47	53	61	78	88	130	162	211	211	211	1 252
14	河南省农业科学院	50	45	51	101	121	156	134	108	154	253	1 173
15	黑龙江省农业科学院	31	45	66	101	125	299	210	230	291	405	1 803
16	湖北省农业科学院	49	57	84	89	121	136	115	120	118	152	1 041
17	湖南省农业科学院	27	35	47	95	101	114	127	134	152	163	995
18	吉林省农业科学院	37	30	36	40	98	118	114	85	85	112	755
19	江苏省农业科学院	316	385	326	460	435	537	517	456	394	488	4 314
20	江西省农业科学院	15	14	29	37	64	62	91	78	82	129	601
21	辽宁省农业科学院	28	28	34	52	41	49	52	51	93	165	593
22	内蒙古自治区农牧业科学院	4	13	15	25	36	38	70	65	125	190	581
23	宁夏农林科学院	21	33	26	19	50	71	98	165	230	330	1 043
24	山东省农业科学院	334	395	426	643	676	570	686	633	583	525	5 471
25	上海市农业科学院	82	108	95	101	99	124	107	114	114	204	1 148
26	四川省农业科学院	37	64	63	102	136	136	155	167	161	192	1 213
27	天津市农业科学院	77	46	50	73	66	79	72	88	77	77	705

(续表)

序号	授予单位	2012年	2013年	2014年	2015年	2016年	2017年	2018年	2019年	2020年	2021年	专利总量
28	西藏自治区农牧科学院	7	0	11	6	29	35	65	90	141	169	553
29	新疆农垦科学院	48	69	94	100	145	94	107	55	62	115	889
30	新疆农业科学院	58	76	88	121	117	112	107	85	115	190	1 069
31	新疆畜牧科学院	16	24	24	34	38	48	55	41	47	99	426
32	云南省农业科学院	73	106	96	125	149	134	203	189	176	249	1 500
33	浙江省农业科学院	114	126	98	143	154	158	176	176	210	241	1 596
	年度专利（全部）总量	3 622	4 609	4 923	6 951	7 461	8 132	8 906	8 352	8 671	10 432	72 059
	年均专利（全部）数量	109.76	139.67	149.18	210.64	226.09	246.42	269.88	253.09	262.76	316.12	2 183.61

表4-2　2012—2021年全国农科院系统国内专利（发明）历年数量统计　　单位：项

序号	授予单位	2012年	2013年	2014年	2015年	2016年	2017年	2018年	2019年	2020年	2021年	专利总量
1	中国农业科学院	656	782	819	1 181	1 250	1 324	1 285	1 385	1 293	1 431	11 406
2	中国水产科学研究院	373	390	340	372	341	354	329	329	264	414	3 506
3	中国热带农业科学院	129	152	135	145	160	200	194	152	142	203	1 612
4	安徽省农业科学院	26	45	67	137	132	152	140	159	98	108	1 064
5	北京市农林科学院	89	110	130	149	133	153	117	175	219	248	1 523
6	重庆市农业科学院	14	18	14	27	43	65	39	20	27	38	305
7	福建省农业科学院	125	97	92	164	159	193	228	190	150	170	1 568
8	甘肃省农业科学院	24	21	9	39	39	29	41	24	15	34	275

（续表）

序号	授予单位	2012年	2013年	2014年	2015年	2016年	2017年	2018年	2019年	2020年	2021年	专利总量
9	广东省农业科学院	76	86	82	113	130	146	152	153	138	199	1 275
10	广西农业科学院	16	30	43	140	184	379	225	215	174	266	1 672
11	贵州省农业科学院	21	37	46	83	85	103	83	56	44	65	623
12	海南省农业科学院	3	2	3	2	9	15	10	9	6	11	70
13	河北省农林科学院	38	34	40	43	49	50	62	94	78	96	584
14	河南省农业科学院	41	31	29	67	76	106	82	61	71	75	639
15	黑龙江省农业科学院	10	14	16	25	45	80	42	43	33	71	379
16	湖北省农业科学院	35	46	69	72	96	109	91	95	94	104	811
17	湖南省农业科学院	24	23	35	74	90	98	101	107	94	111	757
18	吉林省农业科学院	30	19	27	20	48	53	56	45	51	80	429
19	江苏省农业科学院	256	305	250	349	341	427	339	286	202	264	3 019
20	江西省农业科学院	14	11	15	23	39	48	55	40	53	74	372
21	辽宁省农业科学院	15	18	19	32	16	26	23	18	13	28	208
22	内蒙古自治区农牧业科学院	3	9	8	16	19	18	13	20	22	23	151
23	宁夏农林科学院	14	14	16	12	22	26	26	31	29	46	236
24	山东省农业科学院	233	258	206	381	410	375	420	316	279	298	3 176
25	上海市农业科学院	79	97	90	95	87	115	96	90	70	118	937
26	四川省农业科学院	24	40	46	61	90	112	99	93	74	54	693

全国农科院系统期刊论文及获奖科技成果产出总体情况统计表

(续表)

序号	授予单位	2012年	2013年	2014年	2015年	2016年	2017年	2018年	2019年	2020年	2021年	专利总量
27	天津市农业科学院	61	31	36	51	51	61	46	48	26	26	437
28	西藏自治区农牧科学院	5	0	7	5	14	22	21	19	19	35	147
29	新疆农垦科学院	20	22	31	43	54	45	46	15	14	14	304
30	新疆农业科学院	36	42	37	50	50	58	40	32	31	38	414
31	新疆畜牧科学院	12	16	13	15	9	13	14	9	5	9	115
32	云南省农业科学院	69	82	64	96	95	101	97	98	72	91	865
33	浙江省农业科学院	100	112	87	124	126	140	127	128	143	161	1 248
	年度专利（发明）总量	2 671	2 994	2 921	4 206	4 492	5 196	4 739	4 555	4 043	5 003	40 820
	年均专利（发明）数量	80.94	90.73	88.52	127.45	136.12	157.45	143.61	138.03	122.52	151.61	1 236.97

表4-3 2012—2021年全国农科院系统国内专利（实用新型）历年数量统计　　单位：项

序号	授予单位	2012年	2013年	2014年	2015年	2016年	2017年	2018年	2019年	2020年	2021年	专利总量
1	中国农业科学院	170	322	513	842	891	929	1 255	912	503	454	6 791
2	中国水产科学研究院	183	319	298	275	268	266	407	241	350	391	2 998
3	中国热带农业科学院	90	184	158	197	132	110	193	161	223	227	1 675
4	安徽省农业科学院	0	6	24	60	54	29	132	164	332	182	983
5	北京市农林科学院	69	129	130	164	142	135	101	102	111	131	1 214
6	重庆市农业科学院	7	11	5	15	20	37	47	60	66	100	368

(续表)

序号	授予单位	2012年	2013年	2014年	2015年	2016年	2017年	2018年	2019年	2020年	2021年	专利总量
7	福建省农业科学院	31	50	83	114	119	73	122	122	104	120	938
8	甘肃省农业科学院	3	0	7	10	31	35	39	30	71	98	324
9	广东省农业科学院	8	17	13	13	15	23	40	31	103	185	448
10	广西农业科学院	2	6	33	109	168	111	171	250	460	488	1 798
11	贵州省农业科学院	2	10	17	18	17	18	44	21	43	75	265
12	海南省农业科学院	1	4	3	4	4	11	24	16	31	68	166
13	河北省农林科学院	9	19	21	35	39	79	95	115	126	113	651
14	河南省农业科学院	9	14	21	34	45	50	52	47	83	178	533
15	黑龙江省农业科学院	20	30	50	76	79	219	168	187	232	326	1 387
16	湖北省农业科学院	7	11	14	16	19	25	19	25	22	43	201
17	湖南省农业科学院	3	7	12	21	11	16	25	27	58	52	232
18	吉林省农业科学院	6	11	9	20	50	65	57	39	30	31	318
19	江苏省农业科学院	53	78	63	108	86	108	166	170	178	216	1 226
20	江西省农业科学院	0	3	8	13	25	14	36	38	29	55	221
21	辽宁省农业科学院	13	10	15	20	23	21	28	33	80	134	377
22	内蒙古自治区农牧业科学院	0	4	7	9	17	20	57	45	101	163	423
23	宁夏农林科学院	7	19	6	7	26	39	70	127	189	278	768
24	山东省农业科学院	98	133	217	260	266	191	262	315	301	212	2 255

（续表）

序号	授予单位	2012年	2013年	2014年	2015年	2016年	2017年	2018年	2019年	2020年	2021年	专利总量
25	上海市农业科学院	3	11	5	5	12	9	10	19	33	82	189
26	四川省农业科学院	13	24	16	36	46	23	56	72	87	134	507
27	天津市农业科学院	16	14	14	22	15	17	25	40	46	51	260
28	西藏自治区农牧科学院	2	0	4	1	15	13	42	71	119	134	401
29	新疆农垦科学院	28	47	61	56	86	49	61	40	44	100	572
30	新疆农业科学院	22	34	51	71	67	54	66	51	84	152	652
31	新疆畜牧科学院	4	8	11	19	29	35	41	32	42	90	311
32	云南省农业科学院	4	23	32	29	49	30	100	88	99	145	599
33	浙江省农业科学院	13	14	11	19	28	18	46	48	63	73	333
	年度专利（实用新型）总量	896	1 572	1 932	2 698	2 894	2 872	4 057	3 739	4 443	5 281	30 384
	年均专利（实用新型）数量	27.15	47.64	58.55	81.76	87.70	87.03	122.94	113.30	134.64	160.03	920.73

表4-4 2012—2021年全国农科院系统国内专利（外观设计）历年数量统计　　单位：项

序号	授予单位	2012年	2013年	2014年	2015年	2016年	2017年	2018年	2019年	2020年	2021年	专利总量
1	中国农业科学院	0	4	10	10	27	13	30	9	22	12	137
2	中国水产科学研究院	10	7	0	0	0	2	1	0	0	5	25
3	中国热带农业科学院	6	9	10	9	2	12	17	6	14	11	96
4	安徽省农业科学院	0	0	0	2	3	0	0	0	0	1	6

（续表）

序号	授予单位	2012年	2013年	2014年	2015年	2016年	2017年	2018年	2019年	2020年	2021年	专利总量
5	北京市农林科学院	7	4	9	2	6	4	4	3	13	16	68
6	重庆市农业科学院	1	0	2	5	0	0	1	1	1	1	12
7	福建省农业科学院	3	1	1	0	0	2	3	3	8	2	23
8	甘肃省农业科学院	0	0	0	0	0	0	1	0	6	1	8
9	广东省农业科学院	2	0	2	2	2	2	1	7	8	3	29
10	广西农业科学院	0	0	0	2	3	0	0	2	5	11	23
11	贵州省农业科学院	4	4	5	1	3	7	7	3	6	3	43
12	海南省农业科学院	0	0	0	0	0	0	0	0	0	1	1
13	河北省农林科学院	0	0	0	0	0	1	5	2	7	2	17
14	河南省农业科学院	0	0	1	0	0	0	0	0	0	0	1
15	黑龙江省农业科学院	1	1	0	0	1	0	0	0	26	8	37
16	湖北省农业科学院	7	0	1	1	6	2	5	0	2	5	29
17	湖南省农业科学院	0	5	0	0	0	0	1	0	0	0	6
18	吉林省农业科学院	1	0	0	0	0	0	1	1	4	1	8
19	江苏省农业科学院	7	2	13	3	8	2	12	0	14	8	69
20	江西省农业科学院	1	0	6	1	0	0	0	0	0	0	8

全国农科院系统期刊论文及获奖科技成果产出总体情况统计表

（续表）

序号	授予单位	2012年	2013年	2014年	2015年	2016年	2017年	2018年	2019年	2020年	2021年	专利总量
21	辽宁省农业科学院	0	0	0	0	2	2	1	0	0	3	8
22	内蒙古自治区农牧业科学院	1	0	0	0	0	0	0	0	2	4	7
23	宁夏农林科学院	0	0	4	0	2	6	2	7	12	6	39
24	山东省农业科学院	3	4	3	2	0	4	4	2	3	15	40
25	上海市农业科学院	0	0	0	1	0	0	1	5	11	4	22
26	四川省农业科学院	0	0	1	5	0	1	0	2	0	4	13
27	天津市农业科学院	0	1	0	0	0	1	1	0	5	0	8
28	西藏自治区农牧科学院	0	0	0	0	0	0	2	0	3	0	5
29	新疆农垦科学院	0	0	2	1	5	0	0	0	4	1	13
30	新疆农业科学院	0	0	0	0	0	0	1	2	0	0	3
31	新疆畜牧科学院	0	0	0	0	0	0	0	0	0	0	0
32	云南省农业科学院	0	1	0	0	5	3	6	3	5	13	36
33	浙江省农业科学院	1	0	0	0	0	0	3	0	4	7	15
	年度专利（外观设计）总量	55	43	70	47	75	64	110	58	185	148	855
	年均专利（外观设计）数量	1.67	1.30	2.12	1.42	2.27	1.94	3.33	1.76	5.61	4.48	25.91

中国农业科学院

1 英文期刊论文分析

分析数据来源于科学引文索引数据库（Web of Science，WOS）收录的文献类型为期刊论文（ARTICLE）、会议论文（PROCEEDINGS PAPER）和述评（REVIEW）的 Science Citation Index Expanded（SCIE）论文数据，数据时间范围为 2012—2021 年，共检索到中国农业科学院作者发表的论文 30 583 篇。

1.1 发文量

2012—2021 年中国农业科学院历年 SCI 发文与被引情况见表 1-1，中国农业科学院英文文献历年发文趋势（2012—2021 年）见图 1-1。

表 1-1 2012—2021 年中国农业科学院历年 SCI 发文与被引情况

出版年	发文量（篇）	WOS 所有数据库总被引频次	WOS 核心库被引频次
2012 年	1 594	53 238	45 883
2013 年	1 675	53 192	46 203
2014 年	2 092	66 887	58 190
2015 年	2 473	66 862	58 872
2016 年	2 928	68 678	61 017
2017 年	3 005	67 199	60 366
2018 年	3 361	66 213	60 147
2019 年	3 848	62 459	57 424
2020 年	4 541	47 729	44 578
2021 年	5 066	21 991	21 118

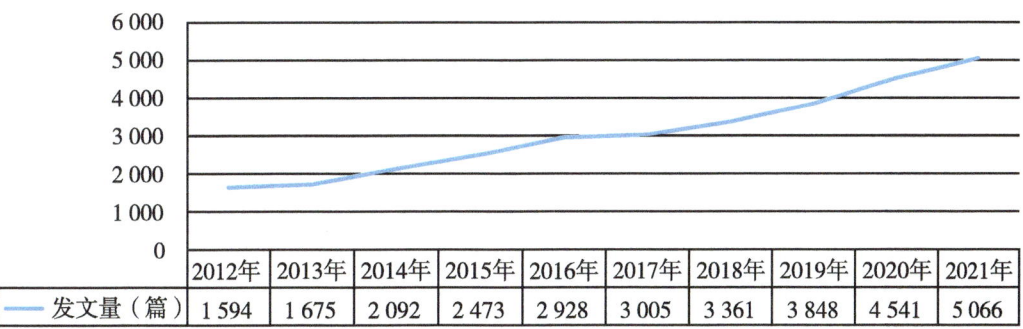

图 1-1 中国农业科学院英文文献历年发文趋势（2012—2021 年）

1.2 发文期刊JCR分区

2012—2021年中国农业科学院SCI发文期刊WOSJCR分区情况见表1-2，中国农业科学院SCI发文期刊WOSJCR分区趋势图（2012—2021年）见图1-2。

表1-2 2012—2021年中国农业科学院SCI发文期刊WOSJCR分区情况　　单位：篇

排序	出版年	Q1区发文量	Q2区发文量	Q3区发文量	Q4区发文量	其他发文量
1	2012年	563	349	290	251	141
2	2013年	680	384	364	174	73
3	2014年	831	564	378	216	103
4	2015年	1 030	639	465	240	99
5	2016年	1 351	790	414	225	148
6	2017年	1 557	736	444	201	67
7	2018年	1 540	1 075	481	242	23
8	2019年	1 903	1 171	442	228	102
9	2020年	2 476	1 126	431	167	332
10	2021年	3 052	989	246	163	599

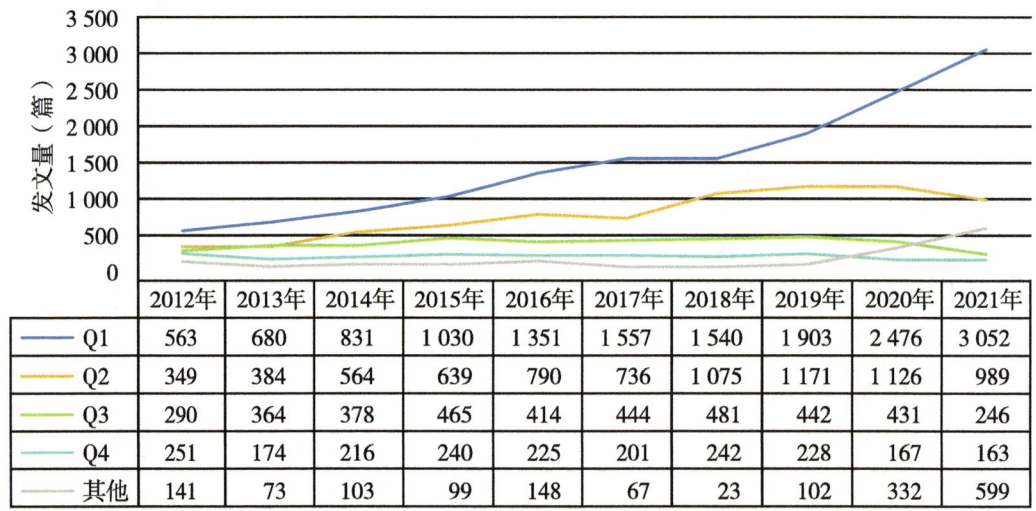

图1-2 中国农业科学院SCI发文期刊WOSJCR分区趋势（2012—2021年）

1.3 高发文研究所TOP10

2012—2021年中国农业科学院SCI高发文研究所TOP10见表1-3。

表 1-3 2012—2021 年中国农业科学院 SCI 高发文研究所 TOP10　　　　　单位：篇

排序	研究所	发文量
1	中国农业科学院植物保护研究所	2 782
2	中国农业科学院北京畜牧兽医研究所	2 029
3	中国农业科学院作物科学研究所	1 967
4	中国农业科学院生物技术研究所	1 768
5	中国农业科学院农业资源与农业区划研究所	1 744
6	中国农业科学院兰州兽医研究所	1 450
7	中国农业科学院哈尔滨兽医研究所	1 111
8	中国农业科学院农业环境与可持续发展研究所	969
9	中国水稻研究所	940
10	中国农业科学院蔬菜花卉研究所	859

1.4　高发文期刊 TOP10

2012—2021 年中国农业科学院 SCI 高发文期刊 TOP10 见表 1-4。

表 1-4 2012—2021 年中国农业科学院 SCI 高发文期刊 TOP10

排序	期刊名称	发文量（篇）	WOS 所有数据库总被引频次	WOS 核心库被引频次	期刊影响因子（最近年度）
1	PLOS ONE	1 097	29 096	25 663	3.752（2021）
2	SCIENTIFIC REPORTS	849	18 681	16 935	4.996（2021）
3	JOURNAL OF INTEGRATIVE AGRICULTURE	813	10 137	8 486	4.384（2021）
4	FRONTIERS IN PLANT SCIENCE	645	11 426	10 520	6.627（2021）
5	INTERNATIONAL JOURNAL OF MOLECULAR SCIENCES	474	7 130	6 541	6.208（2021）
6	JOURNAL OF AGRICULTURAL AND FOOD CHEMISTRY	403	8 212	7 502	5.895（2021）
7	FOOD CHEMISTRY	400	12 387	11 116	9.231（2021）
8	FRONTIERS IN MICROBIOLOGY	350	4 649	4 290	6.064（2021）
9	BMC GENOMICS	309	8 139	7 324	4.547（2021）
10	BMC PLANT BIOLOGY	259	6 478	5 813	5.26（2021）

1.5 合作发文国家与地区TOP10

2012—2021年中国农业科学院SCI合作发文国家与地区（合作发文1篇以上）TOP10见表1-5。

表1-5 2012—2021年中国农业科学院SCI合作发文国家与地区TOP10

排序	国家与地区	合作发文量（篇）	WOS所有数据库总被引频次	WOS核心库被引频次
1	美国	2987	103 216	93 757
2	澳大利亚	654	25 930	23 609
3	巴基斯坦	605	10 908	10 346
4	英格兰	582	24 886	22 735
5	加拿大	440	16 598	15 211
6	德国	393	22 717	20 997
7	比利时	381	12 143	11 273
8	法国	356	19 759	18 211
9	荷兰	310	13 945	12 853
10	日本	293	13 297	12 194

1.6 合作发文机构TOP10

2012—2021年中国农业科学院SCI合作发文机构TOP10见表1-6。

表1-6 2012—2021年中国农业科学院SCI合作发文机构TOP10

排序	合作发文机构	发文量（篇）	WOS所有数据库总被引频次	WOS核心库被引频次
1	中国科学院	2 500	18 618	16 325
2	中国农业大学	2 140	10 961	9 771
3	南京农业大学	1 000	7 130	5 983
4	华中农业大学	809	6 753	5 990
5	浙江大学	722	4 172	3 645

(续表)

排序	合作发文机构	发文量（篇）	WOS 所有数据库总被引频次	WOS 核心库被引频次
6	中国科学院大学	677	2 902	2 608
7	东北农业大学	658	2 448	2 169
8	西北农林科技大学	645	2 825	2 253
9	扬州大学	632	1 841	1 612
10	湖南农业大学	495	3 822	3 373

1.7 高频词 TOP20

2012—2021 年中国农业科学院 SCI 发文高频词（作者关键词）TOP20 见表 1-7。

表 1-7　2012—2021 年中国农业科学院 SCI 发文高频词（作者关键词）TOP20

排序	关键词（作者关键词）	频次	排序	关键词（作者关键词）	频次
1	rice	467	11	Soybean	154
2	China	353	12	Cotton	149
3	Transcriptome	237	13	climate change	138
4	Maize	236	14	yield	120
5	Gene expression	236	15	Chicken	120
6	wheat	208	16	apoptosis	117
7	Toxoplasma gondii	183	17	growth performance	116
8	genetic diversity	183	18	Pathogenicity	114
9	Phylogenetic analysis	174	19	mitochondrial genome	114
10	RNA-seq	170	20	Proteomics	113

2　中文期刊论文分析

2012—2021 年，中国农业科学院作者共发表北大中文核心期刊论文 37 516 篇，中国科学引文数据库（CSCD）期刊论文 23 989 篇。

2.1　发文量

中国农业科学院中文文献历年发文趋势（2012—2021 年）见图 2-1。

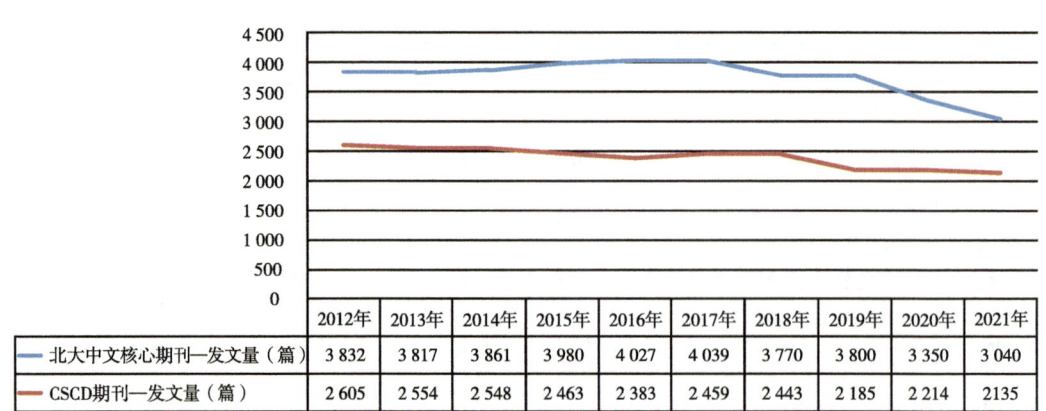

图 2-1　中国农业科学院中文文献历年发文趋势（2012—2021 年）

2.2　高发文研究所 TOP10

2012—2021 年中国农业科学院北大中文核心期刊高发文研究所 TOP10 见表 2-1，2012—2021 年中国农业科学院中国科学引文数据库（CSCD）期刊高发文研究所 TOP10 见表 2-2。

表 2-1　2012—2021 年中国农业科学院北大中文核心期刊高发文研究所 TOP10　　单位：篇

排序	研究所	发文量
1	中国农业科学院农业资源与农业区划研究所	2 837
2	中国农业科学院作物科学研究所	2 806
3	中国农业科学院北京畜牧兽医研究所	2 762
4	中国农业科学院植物保护研究所	2 268
5	中国农业科学院草原生态研究所	1 668
6	中国农业科学院蔬菜花卉研究所	1 547
7	中国农业科学院农业经济与发展研究所	1 428
8	中国农业科学院农产品加工研究所	1 279
9	中国农业科学院农业环境与可持续发展研究所	1 241
10	中国农业科学院哈尔滨兽医研究所	1 225

表 2-2　2012—2021 年中国农业科学院 CSCD 期刊高发文研究所 TOP10　　单位：篇

排序	研究所	发文量
1	中国农业科学院农业资源与农业区划研究所	2 219
2	中国农业科学院植物保护研究所	2 054

(续表)

排序	研究所	发文量
3	中国农业科学院作物科学研究所	1 680
4	中国农业科学院北京畜牧兽医研究所	1 472
5	中国农业科学院草原生态研究所	1 315
6	中国农业科学院农业环境与可持续发展研究所	1 149
7	中国农业科学院农产品加工研究所	949
8	中国农业科学院哈尔滨兽医研究所	915
9	中国农业科学院烟草研究所	835
10	中国农业科学院兰州兽医研究所	813

2.3 高发文期刊TOP10

2012—2021年中国农业科学院高发文北大中文核心期刊TOP10见表2-3，2012—2021年中国农业科学院高发文CSCD期刊TOP10见表2-4。

表2-3 2012—2021年中国农业科学院高发文期刊（北大中文核心）TOP10　　单位：篇

排序	期刊名称	发文量	排序	期刊名称	发文量
1	中国农业科学	1 255	6	中国蔬菜	691
2	动物营养学报	1 087	7	农业工程学报	689
3	草业科学	877	8	植物保护	653
4	中国畜牧兽医	833	9	畜牧兽医学报	626
5	中国预防兽医学报	824	10	中国兽医科学	622

表2-4 2012—2021年中国农业科学院高发文期刊（CSCD）TOP10　　单位：篇

排序	期刊名称	发文量	排序	期刊名称	发文量
1	中国农业科学	1 146	6	草业科学	603
2	动物营养学报	989	7	畜牧兽医学报	589
3	中国预防兽医学报	752	8	农业工程学报	561
4	植物保护	623	9	植物遗传资源学报	519
5	中国兽医科学	616	10	中国农业科技导报	518

2.4 合作发文机构TOP10

2012—2021年中国农业科学院北大中文核心期刊合作发文机构TOP10见表2-5，

2012—2021年中国农业科学院CSCD期刊合作发文机构TOP10见表2-6。

表2-5　2012—2021年中国农业科学院北大中文核心期刊合作发文机构TOP10　　单位：篇

排序	合作发文机构	发文量	排序	合作发文机构	发文量
1	兰州大学	1 320	6	南京农业大学	678
2	中国农业大学	1 174	7	重庆医科大学	658
3	甘肃农业大学	801	8	西北农林科技大学	577
4	中国科学院	746	9	东北农业大学	540
5	西南大学	716	10	扬州大学	442

表2-6　2012—2021年中国农业科学院CSCD期刊合作发文机构TOP10　　单位：篇

排序	合作发文机构	发文量	排序	合作发文机构	发文量
1	兰州大学	1 216	6	西北农林科技大学	407
2	甘肃农业大学	621	7	西南大学	385
3	中国科学院	544	8	南京农业大学	307
4	中国农业大学	475	9	沈阳农业大学	295
5	东北农业大学	416	10	湖南农业大学	294

中国水产科学研究院

1 英文期刊论文分析

分析数据来源于科学引文索引数据库（Web of Science，WOS）收录的文献类型为期刊论文（ARTICLE）、会议论文（PROCEEDINGS PAPER）和述评（REVIEW）的 Science Citation Index Expanded（SCIE）论文数据，数据时间范围为 2012—2021 年，共检索到中国水产科学研究院作者发表的论文 6 651 篇。

1.1 发文量

2012—2021 年中国水产科学研究院历年 SCI 发文与被引情况见表 1-1，中国水产科学研究院英文文献历年发文趋势（2012—2021 年）见图 1-1。

表 1-1 2012—2021 年中国水产科学研究院历年 SCI 发文与被引情况

出版年	发文量（篇）	WOS 所有数据库总被引频次	WOS 核心库被引频次
2012 年	306	8 029	6 791
2013 年	430	8 706	7 612
2014 年	464	9 970	8 804
2015 年	574	10 483	9 322
2016 年	749	9 615	8 663
2017 年	679	9 680	8 710
2018 年	733	10 166	9 362
2019 年	857	8 540	7 905
2020 年	861	5 846	5 473
2021 年	998	2 786	2 674

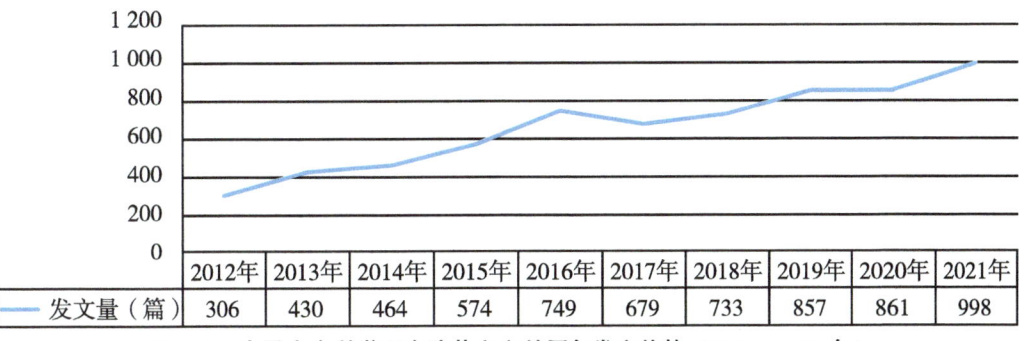

图 1-1 中国水产科学研究院英文文献历年发文趋势（2012—2021 年）

1.2 发文期刊 JCR 分区

2012—2021 年中国水产科学研究院 SCI 发文期刊 WOSJCR 分区情况见表 1-2，中国水产科学研究院 SCI 发文期刊 WOSJCR 分区趋势图（2012—2021 年）见图 1-2。

表 1-2 2012—2021 年中国水产科学研究院 SCI 发文期刊 WOSJCR 分区情况　　单位：篇

排序	出版年	Q1 区发文量	Q2 区发文量	Q3 区发文量	Q4 区发文量	其他发文量
1	2012 年	57	76	81	67	25
2	2013 年	83	84	124	98	41
3	2014 年	96	93	108	140	18
4	2015 年	130	132	141	143	13
5	2016 年	128	179	108	264	70
6	2017 年	173	104	204	162	5
7	2018 年	188	223	142	148	1
8	2019 年	221	219	130	164	94
9	2020 年	385	158	124	115	60
10	2021 年	528	176	103	92	96

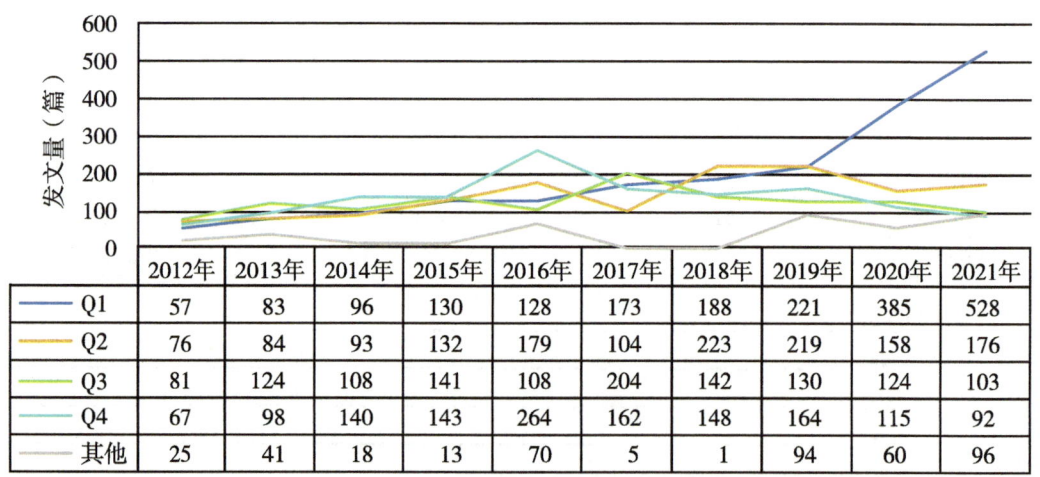

图 1-2 中国水产科学研究院 SCI 发文期刊 WOSJCR 分区趋势（2012—2021 年）

1.3 高发文研究所 TOP10

2012—2021 年中国水产科学研究院 SCI 高发文研究所 TOP10 见表 1-3。

表 1-3 2012—2021 年中国水产科学研究院 SCI 高发文研究所 TOP10　　　　单位：篇

排序	研究所	发文量
1	中国水产科学研究院黄海水产研究所	1 514
2	中国水产科学研究院南海水产研究所	1 062
3	中国水产科学研究院淡水渔业研究中心	762
4	中国水产科学研究院东海水产研究所	656
5	中国水产科学研究院长江水产研究所	641
6	中国水产科学研究院珠江水产研究所	566
7	中国水产科学研究院黑龙江水产研究所	397
8	中国水产科学研究院生物技术研究中心	191
9	中国水产科学研究院资源与环境研究中心	47
10	中国水产科学研究院渔业机械仪器研究所	44

1.4　高发文期刊 TOP10

2012—2021 年中国水产科学研究院 SCI 高发文期刊 TOP10 见表 1-4。

表 1-4 2012—2021 年中国水产科学研究院 SCI 高发文期刊 TOP10

排序	期刊名称	发文量（篇）	WOS 所有数据库总被引频次	WOS 核心库被引频次	期刊影响因子（最近年度）
1	FISH & SHELLFISHIMMUNOLOGY	413	9 256	8 467	4.622（2021）
2	AQUACULTURE	338	5 124	4 546	5.135（2021）
3	AQUACULTURE RESEARCH	215	1 992	1 768	2.184（2021）
4	MITOCHONDRIAL DNA PART B-RESOURCES	153	163	159	0.61（2021）
5	JOURNAL OF APPLIED ICHTHYOLOGY	152	973	747	1.222（2021）
6	MITOCHONDRIAL DNA PART A	146	332	309	1.695（2021）
7	PLOS ONE	117	4 100	3 582	3.752（2021）
8	FISH PHYSIOLOGY AND BIOCHEMISTRY	106	1 416	1 258	3.014（2021）
9	MITOCHONDRIAL DNA	101	670	629	0.925（2017）
10	ISRAELI JOURNAL OF AQUACULTURE-BAMIDGEH	99	239	216	0.417（2021）

1.5 合作发文国家与地区 TOP10

2012—2021 年中国水产科学研究院 SCI 合作发文国家与地区（合作发文 1 篇以上）TOP10 见表 1-5。

表 1-5　2012—2021 年中国水产科学研究院 SCI 合作发文国家与地区 TOP10

排序	国家与地区	合作发文量（篇）	WOS 所有数据库总被引频次	WOS 核心库被引频次
1	美国	330	7 581	6 967
2	澳大利亚	108	1 779	1 634
3	德国	74	1 607	1 437
4	日本	60	750	668
5	加拿大	60	1 230	1 166
6	捷克	49	623	569
7	沙特阿拉伯	43	1 406	1 252
8	法国	39	1 184	1 068
9	英格兰	38	989	910
10	巴基斯坦	36	243	221

1.6 合作发文机构 TOP10

2012—2021 年中国水产科学研究院 SCI 合作发文机构 TOP10 见表 1-6。

表 1-6　2012—2021 年中国水产科学研究院 SCI 合作发文机构 TOP10

排序	合作发文机构	发文量（篇）	WOS 所有数据库总被引频次	WOS 核心库被引频次
1	上海海洋大学	1 054	3 095	2 694
2	中国科学院	594	3 024	2 676
3	南京农业大学	556	1 986	1 784
4	中国海洋大学	416	1 653	1 463
5	华中农业大学	233	677	588
6	中华人民共和国农业农村部	162	113	107

(续表)

排序	合作发文机构	发文量（篇）	WOS 所有数据库总被引频次	WOS 核心库被引频次
7	中国科学院大学	159	558	501
8	大连海洋大学	140	820	698
9	中山大学	124	709	605
10	青岛农业大学	121	685	618

1.7 高频词 TOP20

2012—2021 年中国水产科学研究院 SCI 发文高频词（作者关键词）TOP20 见表 1-7。

表 1-7 2012—2021 年中国水产科学研究院 SCI 发文高频词（作者关键词）TOP20

排序	关键词（作者关键词）	频次	排序	关键词（作者关键词）	频次
1	mitochondrial genome	222	11	Penaeus monodon	67
2	Growth	188	12	Macrobrachium nipponense	66
3	Gene expression	155	13	Megalobrama amblycephala	65
4	Transcriptome	121	14	Aquaculture	62
5	Immune response	115	15	Apoptosis	59
6	Growth performance	110	16	temperature	59
7	Cynoglossus semilaevis	87	17	Tilapia	56
8	oxidative stress	84	18	Trachinotus ovatus	56
9	Genetic diversity	84	19	mitogenome	55
10	Litopenaeus vannamei	75	20	microsatellite	55

2 中文期刊论文分析

2012—2021 年，中国水产科学研究院作者共发表北大中文核心期刊论文 9 667 篇，中国科学引文数据库（CSCD）期刊论文 7 834 篇。

2.1 发文量

中国水产科学研究院中文文献历年发文趋势（2012—2021 年）见图 2-1。

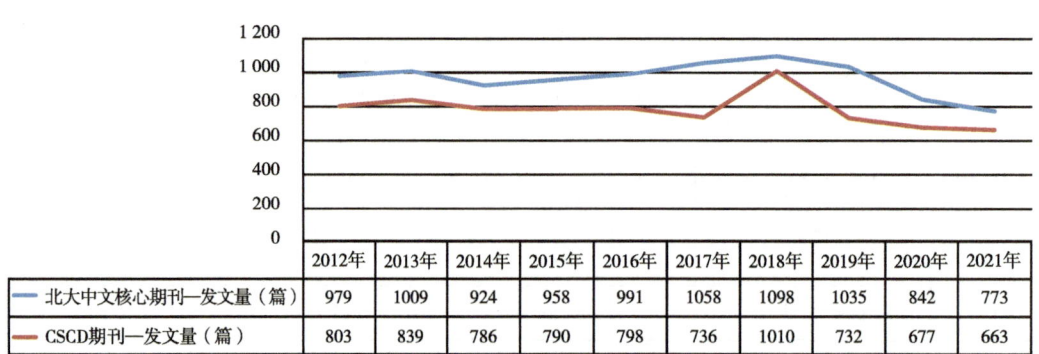

图 2-1 中国水产科学研究院中文文献历年发文趋势（2012—2021 年）

2.2 高发文研究所 TOP10

2012—2021 年中国水产科学研究院北大中文核心期刊高发文研究所 TOP10 见表 2-1，2012—2021 年中国水产科学研究院中国科学引文数据库（CSCD）期刊高发文研究所 TOP10 见表 2-2。

表 2-1　2012—2021 年中国水产科学研究院北大中文核心期刊高发文研究所 TOP10　　单位：篇

排序	研究所	发文量
1	中国水产科学研究院黄海水产研究所	2 903
2	中国水产科学研究院南海水产研究所	1 661
3	中国水产科学研究院东海水产研究所	1 239
4	中国水产科学研究院淡水渔业研究中心	1 044
5	中国水产科学研究院珠江水产研究所	779
6	中国水产科学研究院长江水产研究所	732
7	中国水产科学研究院黑龙江水产研究所	511
8	中国水产科学研究院渔业机械仪器研究所	460
9	中国水产科学研究院	442
10	中国水产科学研究院北戴河中心实验站	39
11	中国水产科学研究院渔业工程研究所	37

注："中国水产科学研究院"发文包括作者单位只标注为"中国水产科学研究院"、院属实验室等。

表 2-2　2012—2021 年中国水产科学研究院 CSCD 期刊高发文研究所 TOP10　　单位：篇

排序	研究所	发文量
1	中国水产科学研究院黄海水产研究所	2 207
2	中国水产科学研究院南海水产研究所	1 608

(续表)

排序	研究所	发文量
3	中国水产科学研究院东海水产研究所	1 157
4	中国水产科学研究院淡水渔业研究中心	787
5	中国水产科学研究院珠江水产研究所	723
6	中国水产科学研究院长江水产研究所	640
7	中国水产科学研究院黑龙江水产研究所	471
8	中国水产科学研究院渔业机械仪器研究所	241
9	中国水产科学研究院	153
10	中国水产科学研究院北戴河中心实验站	44
11	中国水产科学研究院渔业工程研究所	14

注:"中国水产科学研究院"发文包括作者单位只标注为"中国水产科学研究院"、院属实验室等。

2.3 高发文期刊TOP10

2012—2021年中国水产科学研究院高发文北大中文核心期刊TOP10见表2-3,2012—2021年中国水产科学研究院高发文CSCD期刊TOP10见表2-4。

表2-3 2012—2021年中国水产科学研究院高发文期刊(北大中文核心)TOP10　　单位:篇

排序	期刊名称	发文量	排序	期刊名称	发文量
1	渔业科学进展	801	6	淡水渔业	390
2	中国水产科学	690	7	渔业现代化	262
3	水产学报	557	8	科学养鱼	247
4	南方水产科学	497	9	水生生物学报	225
5	海洋渔业	413	10	食品工业科技	223

表2-4 2012—2021年中国水产科学研究院高发文期刊(CSCD)TOP10　　单位:篇

排序	期刊名称	发文量	排序	期刊名称	发文量
1	渔业科学进展	783	6	淡水渔业	340
2	中国水产科学	678	7	水生生物学报	215
3	南方水产科学	543	8	大连海洋大学学报	190
4	水产学报	539	9	食品工业科技	188
5	海洋渔业	408	10	海洋与湖沼	186

2.4 合作发文机构 TOP10

2012—2021 年中国水产科学研究院北大中文核心期刊合作发文机构 TOP10 见表 2-5，2012—2021 年中国水产科学研究院 CSCD 期刊合作发文机构 TOP10 见表 2-6。

表 2-5 2012—2021 年中国水产科学研究院北大中文核心期刊合作发文机构 TOP10　　单位：篇

排序	合作发文机构	发文量	排序	合作发文机构	发文量
1	上海海洋大学	1 643	6	华中农业大学	138
2	中国海洋大学	622	7	国家海洋局第一海洋研究所	109
3	南京农业大学	491	8	中国石油大学	74
4	中国科学院	445	9	西南大学	64
5	大连海洋大学	253	10	莱州明波水产有限公司	59

表 2-6 2012—2021 年中国水产科学研究院 CSCD 期刊合作发文机构 TOP10　　单位：篇

排序	合作发文机构	发文量	排序	合作发文机构	发文量
1	上海海洋大学	1 332	6	华中农业大学	120
2	中国海洋大学	419	7	西南大学	62
3	南京农业大学	396	8	水产科学国家级实验教学示范中心	61
4	中国科学院	249	9	莱州明波水产有限公司	51
5	大连海洋大学	220	10	国家海洋局第一海洋研究所	50

中国热带农业科学院

1 英文期刊论文分析

分析数据来源于科学引文索引数据库（Web of Science，WOS）收录的文献类型为期刊论文（ARTICLE）、会议论文（PROCEEDINGS PAPER）和述评（REVIEW）的 Science Citation Index Expanded（SCIE）论文数据，数据时间范围为 2012—2021 年，共检索到中国热带农业科学院作者发表的论文 3 229 篇。

1.1 发文量

2012—2021 年中国热带农业科学院历年 SCI 发文与被引情况见表 1-1，中国热带农业科学院英文文献历年发文趋势（2012—2021 年）见图 1-1。

表 1-1 2012—2021 年中国热带农业科学院历年 SCI 发文与被引情况

出版年	发文量（篇）	WOS 所有数据库总被引频次	WOS 核心库被引频次
2012 年	223	4 567	3 973
2013 年	263	4 864	4 178
2014 年	284	5 896	5 083
2015 年	299	5 860	5 064
2016 年	302	5 711	5 010
2017 年	317	6 255	5 641
2018 年	302	4 508	4 025
2019 年	369	4 260	3 933
2020 年	368	2 951	2 769
2021 年	502	1 841	1 784

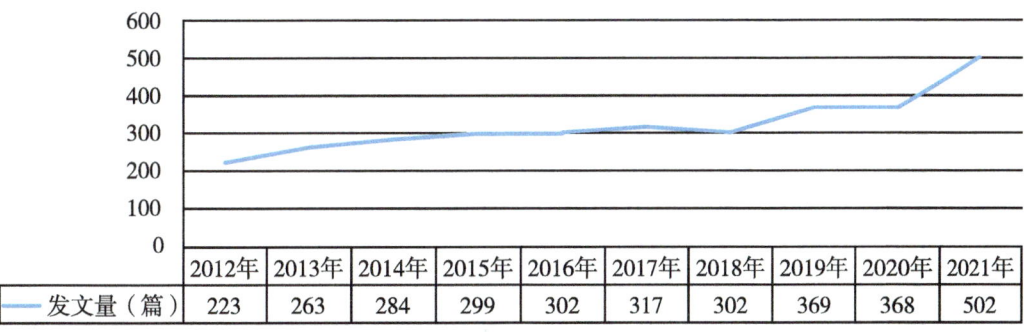

图 1-1 中国热带农业科学院英文文献历年发文趋势（2012—2021 年）

1.2 发文期刊JCR分区

2012—2021年中国热带农业科学院SCI发文期刊WOSJCR分区情况见表1-2，中国热带农业科学院SCI发文期刊WOSJCR分区趋势图（2012—2021年）见图1-2。

表1-2 2012—2021年中国热带农业科学院SCI发文期刊WOSJCR分区情况   单位：篇

排序	出版年	Q1区发文量	Q2区发文量	Q3区发文量	Q4区发文量	其他发文量
1	2012年	58	38	39	42	46
2	2013年	55	53	51	39	65
3	2014年	73	63	60	40	48
4	2015年	92	67	67	39	34
5	2016年	130	79	33	25	35
6	2017年	137	80	44	29	27
7	2018年	119	103	42	37	1
8	2019年	147	107	62	36	17
9	2020年	160	88	56	40	23
10	2021年	258	79	47	37	78

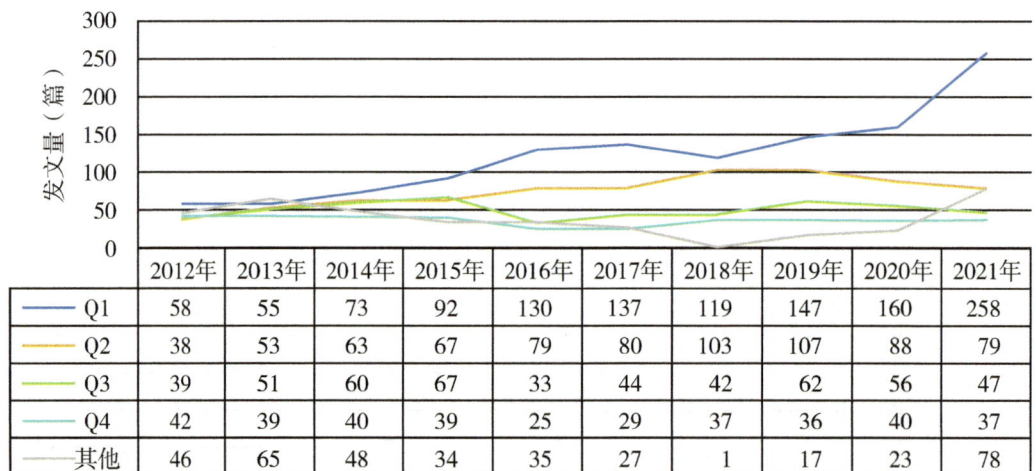

图1-2 中国热带农业科学院SCI发文期刊WOSJCR分区趋势（2012—2021年）

1.3 高发文研究所TOP10

2012—2021年中国热带农业科学院SCI高发文研究所TOP10见表1-3。

表1-3　2012—2021年中国热带农业科学院SCI高发文研究所TOP10　　　　单位：篇

排序	研究所	发文量
1	中国热带农业科学院热带生物技术研究所	857
2	中国热带农业科学院环境与植物保护研究所	436
3	中国热带农业科学院热带作物品种资源研究所	333
4	中国热带农业科学院橡胶研究所	315
5	中国热带农业科学院农产品加工研究所	291
6	中国热带农业科学院海口实验站	208
7	中国热带农业科学院南亚热带作物研究所	188
8	中国热带农业科学院椰子研究所	107
9	中国热带农业科学院香料饮料研究所	99
10	中国热带农业科学院分析测试中心	98

1.4 高发文期刊TOP10

2012—2021年中国热带农业科学院SCI高发文期刊TOP10见表1-4。

表1-4　2012—2021年中国热带农业科学院SCI高发文期刊TOP10

排序	期刊名称	发文量（篇）	WOS所有数据库总被引频次	WOS核心库被引频次	期刊影响因子（最近年度）
1	PLOS ONE	111	2 289	1 972	3.752（2021）
2	SCIENTIFIC REPORTS	94	2 404	2 158	4.996（2021）
3	FRONTIERS IN PLANT SCIENCE	76	1 513	1 350	6.627（2021）
4	INTERNATIONAL JOURNAL OF MOLECULAR SCIENCES	62	986	863	6.208（2021）
5	MOLECULES	56	811	692	4.927（2021）
6	JOURNAL OF ASIAN NATURAL PRODUCTS RESEARCH	43	374	321	1.61（2021）
7	INDUSTRIAL CROPS AND PRODUCTS	42	467	423	6.449（2021）
8	PLANT PHYSIOLOGY AND BIOCHEMISTRY	38	597	487	5.437（2021）
9	FRONTIERS IN MICROBIOLOGY	37	351	320	6.064（2021）
10	FOOD CHEMISTRY	36	1 658	1 490	9.231（2021）

1.5 合作发文国家与地区 TOP10

2012—2021年中国热带农业科学院SCI合作发文国家与地区（合作发文1篇以上）TOP10见表1-5。

表1-5 2012—2021年中国热带农业科学院SCI合作发文国家与地区TOP10

排序	国家与地区	合作发文量（篇）	WOS所有数据库总被引频次	WOS核心库被引频次
1	美国	229	6 761	6 082
2	澳大利亚	111	3 217	2 995
3	德国	54	1 437	1 311
4	巴基斯坦	48	378	348
5	英格兰	30	873	766
6	加拿大	30	657	582
7	埃及	27	415	397
8	法国	26	861	736
9	日本	25	458	414
10	泰国	24	506	449

1.6 合作发文机构 TOP10

2012—2021年中国热带农业科学院SCI合作发文机构TOP10见表1-6。

表1-6 2012—2021年中国热带农业科学院SCI合作发文机构TOP10

排序	合作发文机构	发文量（篇）	WOS所有数据库总被引频次	WOS核心库被引频次
1	海南大学	646	1 943	1 665
2	中国科学院	274	1 658	1 437
3	华中农业大学	138	516	450
4	中国农业科学院	135	354	306
5	华南农业大学	103	394	344
6	南京农业大学	88	447	396

（续表）

排序	合作发文机构	发文量（篇）	WOS 所有数据库总被引频次	WOS 核心库被引频次
7	中国农业大学	87	584	496
8	迪肯大学	64	658	612
9	广东海洋大学	62	162	140
10	中华人民共和国农业农村部	45	19	18

1.7 高频词 TOP20

2012—2021 年中国热带农业科学院 SCI 发文高频词（作者关键词）TOP20 见表 1-7。

表 1-7　2012—2021 年中国热带农业科学院 SCI 发文高频词（作者关键词）TOP20

排序	关键词（作者关键词）	频次	排序	关键词（作者关键词）	频次
1	Hevea brasiliensis	83	11	antibacterial activity	26
2	gene expression	68	12	taxonomy	24
3	Cassava	59	13	Genetic diversity	24
4	Abiotic stress	42	14	RNA-seq	23
5	banana	41	15	mango	22
6	Transcriptome	40	16	phylogenetic analysis	21
7	natural rubber	40	17	chitosan	21
8	Rubber tree	30	18	AChE inhibitory activity	20
9	Cytotoxicity	29	19	Antioxidant activity	20
10	agarwood	29	20	ethylene	19

2　中文期刊论文分析

2012—2021 年，中国热带农业科学院作者共发表北大中文核心期刊论文 5 630 篇，中国科学引文数据库（CSCD）期刊论文 4 624 篇。

2.1　发文量

中国热带农业科学院中文文献历年发文趋势（2012—2021 年）见图 2-1。

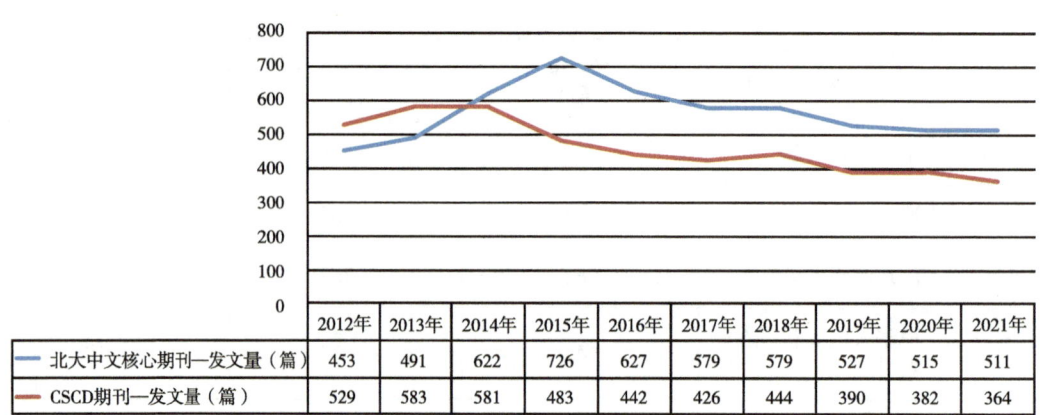

图 2-1 中国热带农业科学院中文文献历年发文趋势（2012—2021 年）

2.2 高发文研究所 TOP10

2012—2021 年中国热带农业科学院北大中文核心期刊高发文研究所 TOP10 见表 2-1，2012—2021 年中国热带农业科学院中国科学引文数据库（CSCD）期刊高发文研究所 TOP10 见表 2-2。

表 2-1　2012—2021 年中国热带农业科学院北大中文核心期刊高发文研究所 TOP10　单位：篇

排序	研究所	发文量
1	中国热带农业科学院热带作物品种资源研究所	1 128
2	中国热带农业科学院环境与植物保护研究所	964
3	中国热带农业科学院热带生物技术研究所	940
4	中国热带农业科学院橡胶研究所	738
5	中国热带农业科学院南亚热带作物研究所	515
6	中国热带农业科学院农产品加工研究所	308
7	中国热带农业科学院椰子研究所	288
8	中国热带农业科学院香料饮料研究所	286
9	中国热带农业科学院海口实验站	248
10	中国热带农业科学院分析测试中心	199

表 2-2　2012—2021 年中国热带农业科学院 CSCD 期刊高发文研究所 TOP10　　单位：篇

排序	研究所	发文量
1	中国热带农业科学院热带生物技术研究所	902
2	中国热带农业科学院热带作物品种资源研究所	885

(续表)

排序	研究所	发文量
3	中国热带农业科学院环境与植物保护研究所	866
4	中国热带农业科学院橡胶研究所	672
5	中国热带农业科学院南亚热带作物研究所	419
6	中国热带农业科学院香料饮料研究所	270
7	中国热带农业科学院农产品加工研究所	221
8	中国热带农业科学院椰子研究所	208
9	中国热带农业科学院海口实验站	197
10	中国热带农业科学院分析测试中心	159

2.3 高发文期刊TOP10

2012—2021年中国热带农业科学院高发文北大中文核心期刊TOP10见表2-3，2012—2021年中国热带农业科学院高发文CSCD期刊TOP10见表2-4。

表2-3　2012—2021年中国热带农业科学院高发文期刊（北大中文核心）TOP10　　单位：篇

排序	期刊名称	发文量	排序	期刊名称	发文量
1	热带作物学报	1 235	6	基因组学与应用生物学	130
2	分子植物育种	311	7	江苏农业科学	124
3	广东农业科学	290	8	中国农学通报	113
4	中国南方果树	169	9	西南农业学报	103
5	南方农业学报	146	10	食品工业科技	97

表2-4　2012—2021年中国热带农业科学院高发文期刊（CSCD）TOP10　　单位：篇

排序	期刊名称	发文量	排序	期刊名称	发文量
1	热带作物学报	1 670	6	中国农学通报	133
2	分子植物育种	283	7	西南农业学报	99
3	广东农业科学	203	8	果树学报	74
4	南方农业学报	158	9	生物技术通报	73
5	基因组学与应用生物学	135	10	环境昆虫学报	60

2.4 合作发文机构TOP10

2012—2021年中国热带农业科学院北大中文核心期刊合作发文机构TOP10见表2-5，2012—2021年中国热带农业科学院CSCD期刊合作发文机构TOP10见表2-6。

表2-5 2012—2021年中国热带农业科学院北大中文核心期刊合作发文机构TOP10 单位：篇

排序	合作发文机构	发文量	排序	合作发文机构	发文量
1	海南大学	1 558	6	云南农业大学	66
2	华中农业大学	172	7	黑龙江八一农垦大学	64
3	海南省农业科学院	94	8	中国农业科学院	58
4	华南农业大学	90	9	中国科学院	52
5	广东海洋大学	82	10	中国农业大学	44

表2-6 2012—2021年中国热带农业科学院CSCD期刊合作发文机构TOP10 单位：篇

排序	合作发文机构	发文量	排序	合作发文机构	发文量
1	海南大学	1 338	6	中国农业科学院	52
2	华中农业大学	109	7	云南农业大学	46
3	广东海洋大学	67	8	中国科学院	36
4	华南农业大学	65	9	黑龙江八一农垦大学	35
5	海南省农业科学院	53	10	南京农业大学	35

安徽省农业科学院

1 英文期刊论文分析

分析数据来源于科学引文索引数据库（Web of Science，WOS）收录的文献类型为期刊论文（ARTICLE）、会议论文（PROCEEDINGS PAPER）和述评（REVIEW）的 Science Citation Index Expanded（SCIE）论文数据，数据时间范围为 2012—2021 年，共检索到安徽省农业科学院作者发表的论文 999 篇。

1.1 发文量

2012—2021 年安徽省农业科学院历年 SCI 发文与被引情况见表 1-1，安徽省农业科学院英文文献历年发文趋势（2012—2021 年）见图 1-1。

表 1-1 2012—2021 年安徽省农业科学院历年 SCI 发文与被引情况

出版年	发文量（篇）	WOS 所有数据库总被引频次	WOS 核心库被引频次
2012 年	34	1 188	998
2013 年	45	1 105	938
2014 年	51	2 272	1 891
2015 年	79	2 863	2 518
2016 年	87	2 037	1 830
2017 年	90	2 170	1 967
2018 年	113	2 412	2 179
2019 年	143	2 024	1 869
2020 年	165	1 547	1 455
2021 年	192	590	560

图 1-1 安徽省农业科学院英文文献历年发文趋势（2012—2021 年）

1.2 发文期刊JCR分区

2012—2021年安徽省农业科学院SCI发文期刊WOSJCR分区情况见表1-2，安徽省农业科学院SCI发文期刊WOSJCR分区趋势图（2012—2021年）见图1-2。

表1-2 2012—2021年安徽省农业科学院SCI发文期刊WOSJCR分区情况   单位：篇

排序	出版年	Q1区发文量	Q2区发文量	Q3区发文量	Q4区发文量	其他发文量
1	2012年	11	12	6	5	0
2	2013年	16	14	8	4	3
3	2014年	23	16	6	6	0
4	2015年	34	18	13	13	1
5	2016年	39	15	19	4	10
6	2017年	36	28	15	8	3
7	2018年	47	26	19	20	1
8	2019年	65	39	14	21	4
9	2020年	81	47	10	16	10
10	2021年	101	39	19	7	24

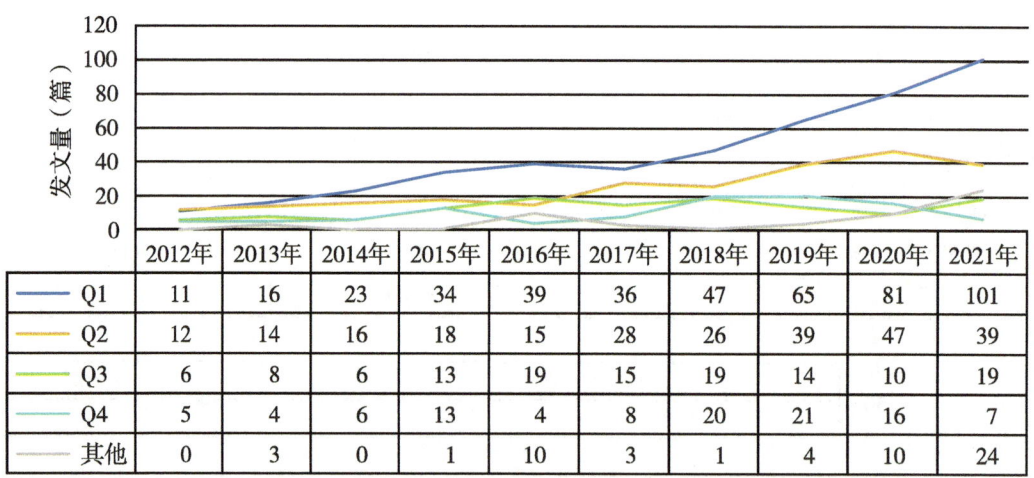

图1-2 安徽省农业科学院SCI发文期刊WOSJCR分区趋势（2012—2021年）

1.3 高发文研究所TOP10

2012—2021年安徽省农业科学院SCI高发文研究所TOP10见表1-3。

表1-3　2012—2021年安徽省农业科学院SCI高发文研究所TOP10　　　　单位：篇

排序	研究所	发文量
1	安徽省农业科学院畜牧兽医研究所	137
2	安徽省农业科学院植物保护与农产品质量安全研究所	131
2	安徽省农业科学院水稻研究所	131
3	安徽省农业科学院土壤肥料研究所	81
4	安徽省农业科学院作物研究所	78
5	安徽省农业科学院园艺研究所	66
6	安徽省农业科学院水产研究所	54
7	安徽省农业科学院烟草研究所	38
8	安徽省农业科学院农业工程研究所	35
9	安徽省农业科学院蚕桑研究所	34
10	安徽省农业科学院茶叶研究所	8

1.4　高发文期刊TOP10

2012—2021年安徽省农业科学院SCI高发文期刊TOP10见表1-4。

表1-4　2012—2021年安徽省农业科学院SCI高发文期刊TOP10

排序	期刊名称	发文量（篇）	WOS所有数据库总被引频次	WOS核心库被引频次	期刊影响因子（最近年度）
1	SCIENTIFIC REPORTS	41	1 008	918	4.996（2021）
2	PLOS ONE	40	834	752	3.752（2021）
3	FRONTIERS IN PLANT SCIENCE	23	269	249	6.627（2021）
4	ANIMALS	20	130	124	3.231（2021）
5	FOOD CHEMISTRY	16	577	522	9.231（2021）
6	GENETICS AND MOLECULAR RESEARCH	15	84	73	0.764（2015）
7	FIELD CROPS RESEARCH	11	243	199	6.145（2021）
8	ECOTOXICOLOGY AND ENVIRONMENTAL SAFETY	11	90	80	7.129（2021）
9	JOURNAL OF INTEGRATIVE AGRICULTURE	11	73	58	4.384（2021）
10	PLANT BIOTECHNOLOGY JOURNAL	10	439	398	13.263（2021）

1.5 合作发文国家与地区TOP10

2012—2021年安徽省农业科学院SCI合作发文国家与地区（合作发文1篇以上）TOP10见表1-5。

表1-5　2012—2021年安徽省农业科学院SCI合作发文国家与地区TOP10

排序	国家与地区	合作发文量（篇）	WOS所有数据库总被引频次	WOS核心库被引频次
1	美国	61	3 427	2 954
2	巴基斯坦	18	102	92
3	英格兰	14	734	648
4	澳大利亚	10	462	417
5	埃及	8	107	100
6	德国	7	148	138
7	中国台湾地区	7	80	74
8	新加坡	6	123	114
9	加拿大	6	33	30
10	菲律宾	5	50	38

1.6 合作发文机构TOP10

2012—2021年安徽省农业科学院SCI合作发文机构TOP10见表1-6。

表1-6　2012—2021年安徽省农业科学院SCI合作发文机构TOP10

排序	合作发文机构	发文量（篇）	WOS所有数据库总被引频次	WOS核心库被引频次
1	安徽农业大学	232	565	483
2	中国科学院	119	801	687
3	中国农业科学院	116	640	540
4	南京农业大学	80	699	606
5	中国农业大学	55	622	524
6	华中农业大学	45	455	379

（续表）

排序	合作发文机构	发文量（篇）	WOS所有数据库总被引频次	WOS核心库被引频次
7	合肥工业大学	38	232	213
8	中华人民共和国农业农村部	35	97	83
9	中国科学院大学	33	136	122
10	合肥大学	32	116	108

1.7 高频词TOP20

2012—2021年安徽省农业科学院SCI发文高频词（作者关键词）TOP20见表1-7。

表1-7 2012—2021年安徽省农业科学院SCI发文高频词（作者关键词）TOP20

排序	关键词（作者关键词）	频次	排序	关键词（作者关键词）	频次
1	Rice	31	11	Bombyx mori	7
2	Gene expression	13	12	Mitochondrial genome	7
3	Pig	11	13	Marker-assisted selection	7
4	RNA-seq	10	14	transcriptome	7
5	Sheep	9	15	Cattle	7
6	pear	9	16	Soybean	7
7	proteome	8	17	Polysaccharide	6
8	Long-term fertilization	8	18	Chemometrics	6
9	Baseline sensitivity	8	19	GWAS	6
10	Multispectral imaging	8	20	Expression analysis	6

2 中文期刊论文分析

2012—2021年，安徽省农业科学院作者共发表北大中文核心期刊论文1 509篇，中国科学引文数据库（CSCD）期刊论文985篇。

2.1 发文量

安徽省农业科学院中文文献历年发文趋势（2012—2021年）见图2-1。

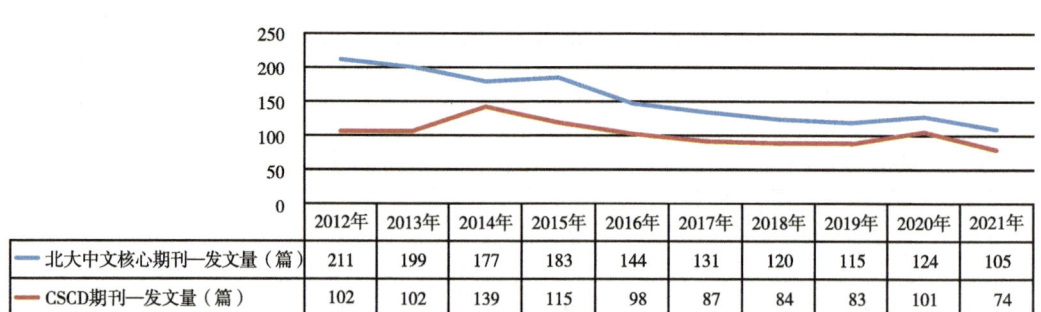

图 2-1　安徽省农业科学院中文文献历年发文趋势（2012—2021 年）

2.2　高发文研究所 TOP10

2012—2021 年安徽省农业科学院北大中文核心期刊高发文研究所 TOP10 见表 2-1，2012—2021 年安徽省农业科学院中国科学引文数据库（CSCD）期刊高发文研究所 TOP10 见表 2-2。

表 2-1　2012—2021 年安徽省农业科学院北大中文核心期刊高发文研究所 TOP10　　单位：篇

排序	研究所	发文量
1	安徽省农业科学院畜牧兽医研究所	234
2	安徽省农业科学院作物研究所	191
3	安徽省农业科学院土壤肥料研究所	182
4	安徽省农业科学院水稻研究所	162
5	安徽省农业科学院水产研究所	125
6	安徽省农业科学院植物保护与农产品质量安全研究所	118
7	安徽省农业科学院园艺研究所	108
8	安徽省农业科学院烟草研究所	87
9	安徽省农业科学院农产品加工研究所	65
10	安徽省农业科学院茶叶研究所	64
10	安徽省农业科学院	64

注："安徽省农业科学院"发文包括作者单位只标注为"安徽省农业科学院"、院属实验室等。

表 2-2　2012—2021 年安徽省农业科学院 CSCD 期刊高发文研究所 TOP10　　单位：篇

排序	研究所	发文量
1	安徽省农业科学院作物研究所	171
2	安徽省农业科学院土壤肥料研究所	152
3	安徽省农业科学院水稻研究所	120

(续表)

排序	研究所	发文量
4	安徽省农业科学院植物保护与农产品质量安全研究所	103
5	安徽省农业科学院水产研究所	86
6	安徽省农业科学院烟草研究所	80
7	安徽省农业科学院园艺研究所	67
8	安徽省农业科学院畜牧兽医研究所	67
9	安徽省农业科学院茶叶研究所	49
10	安徽省农业科学院	34

注:"安徽省农业科学院"发文包括作者单位只标注为"安徽省农业科学院"、院属实验室等。

2.3 高发文期刊 TOP10

2012—2021年安徽省农业科学院高发文北大中文核心期刊TOP10见表2-3,2012—2021年安徽省农业科学院高发文CSCD期刊TOP10见表2-4。

表2-3 2012—2021年安徽省农业科学院高发文期刊(北大中文核心)TOP10 单位:篇

排序	期刊名称	发文量	排序	期刊名称	发文量
1	安徽农业科学	136	6	中国畜牧兽医	34
2	安徽农业大学学报	60	7	麦类作物学报	33
3	中国农学通报	45	8	植物保护	31
4	中国家禽	45	9	中国油料作物学报	28
5	园艺学报	39	10	江苏农业科学	27

表2-4 2012—2021年安徽省农业科学院高发文期刊(CSCD)TOP10 单位:篇

排序	期刊名称	发文量	排序	期刊名称	发文量
1	安徽农业大学学报	68	6	中国土壤与肥料	27
2	中国农学通报	62	7	杂交水稻	26
3	麦类作物学报	31	8	土壤	25
4	植物保护	31	9	园艺学报	24
5	中国油料作物学报	27	10	农药	23

2.4 合作发文机构 TOP10

2012—2021年安徽省农业科学院北大中文核心期刊合作发文机构TOP10见表2-5,

2012—2021年安徽省农业科学院CSCD期刊合作发文机构TOP10见表2-6。

表2-5　2012—2021年安徽省农业科学院北大中文核心期刊合作发文机构TOP10　　单位：篇

排序	合作发文机构	发文量	排序	合作发文机构	发文量
1	安徽农业大学	227	6	华中农业大学	27
2	中国农业科学院	72	7	安徽省烟草公司	25
3	南京农业大学	42	8	中国农业大学	18
4	中国科学院	39	9	合肥工业大学	17
5	安徽科技学院	33	10	国家水稻改良中心	15

表2-6　2012—2021年安徽省农业科学院CSCD期刊合作发文机构TOP10　　单位：篇

排序	合作发文机构	发文量	排序	合作发文机构	发文量
1	安徽农业大学	153	6	华中农业大学	20
2	中国农业科学院	54	7	安徽科技学院	17
3	中国科学院	37	8	玉米研究中心	13
4	南京农业大学	28	9	国家水稻改良中心	11
5	安徽省烟草公司	26	10	合肥工业大学	10

北京市农林科学院

1 英文期刊论文分析

分析数据来源于科学引文索引数据库（Web of Science，WOS）收录的文献类型为期刊论文（ARTICLE）、会议论文（PROCEEDINGS PAPER）和述评（REVIEW）的 Science Citation Index Expanded（SCIE）论文数据，数据时间范围为 2012—2021 年，共检索到北京市农林科学院作者发表的论文 3 509 篇。

1.1 发文量

2012—2021 年北京市农林科学院历年 SCI 发文与被引情况见表 1-1，北京市农林科学院英文文献历年发文趋势（2012—2021 年）见图 1-1。

表 1-1 2012—2021 年北京市农林科学院历年 SCI 发文与被引情况

出版年	发文量（篇）	WOS 所有数据库总被引频次	WOS 核心库被引频次
2012 年	256	6 774	5 922
2013 年	263	4 956	4 319
2014 年	265	5 033	4 295
2015 年	285	6 618	5 740
2016 年	363	7 526	6 766
2017 年	357	7 898	7 117
2018 年	344	6 836	6 212
2019 年	433	7 444	6 881
2020 年	425	5 066	4 710
2021 年	518	2 831	2 719

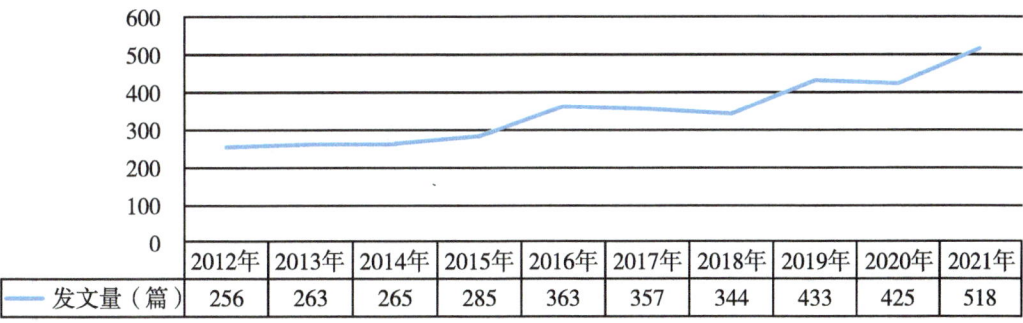

图 1-1 北京市农林科学院英文文献历年发文趋势（2012—2021 年）

1.2 发文期刊 JCR 分区

2012—2021 年北京市农林科学院 SCI 发文期刊 WOSJCR 分区情况见表 1-2，北京市农林科学院 SCI 发文期刊 WOSJCR 分区趋势图（2012—2021 年）见图 1-2。

表 1-2 2012—2021 年北京市农林科学院 SCI 发文期刊 WOSJCR 分区情况　　单位：篇

排序	出版年	Q1 区发文量	Q2 区发文量	Q3 区发文量	Q4 区发文量	其他发文量
1	2012 年	51	28	26	38	71
2	2013 年	65	36	33	47	66
3	2014 年	65	41	32	40	75
4	2015 年	87	53	32	16	89
5	2016 年	118	55	36	50	98
6	2017 年	139	74	46	29	22
7	2018 年	145	90	34	28	5
8	2019 年	213	90	39	24	7
9	2020 年	247	109	35	24	28
10	2021 年	347	102	23	37	53

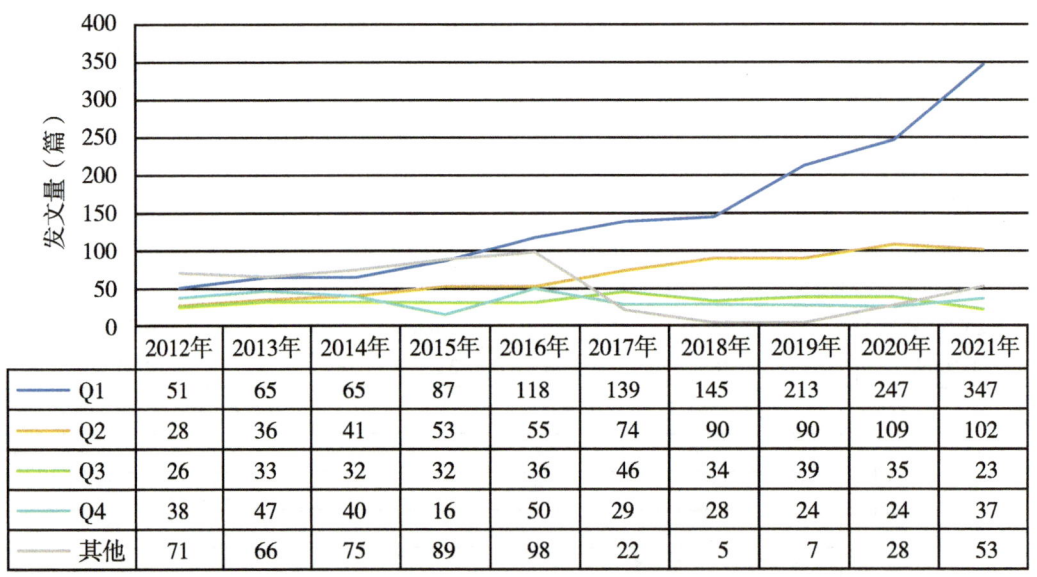

图 1-2　北京市农林科学院 SCI 发文期刊 WOSJCR 分区趋势（2012—2021 年）

1.3 高发文研究所 TOP10

2012—2021 年北京市农林科学院 SCI 高发文研究所 TOP10 见表 1-3。

表1-3　2012—2021年北京市农林科学院SCI高发文研究所TOP10　　　　　单位：篇

排序	研究所	发文量
1	北京市农林科学院北京农业信息技术研究中心	797
2	北京市农林科学院植物保护环境保护研究所	452
3	北京市农林科学院蔬菜研究中心	382
4	北京市农林科学院智能装备中心	286
5	北京市农林科学院农业质量标准与检测技术研究中心	198
6	北京市林业果树科学研究院	179
7	北京市农林科学院北京农业生物技术研究中心	166
8	北京市农林科学院畜牧兽医研究所	138
9	北京市农林科学院植物营养与资源研究所	116
10	北京市农林科学院北京杂交小麦工程技术研究中心	102

1.4　高发文期刊TOP10

2012—2021年北京市农林科学院SCI高发文期刊TOP10见表1-4。

表1-4　2012—2021年北京市农林科学院SCI高发文期刊TOP10

排序	期刊名称	发文量（篇）	WOS所有数据库总被引频次	WOS核心库被引频次	期刊影响因子（最近年度）
1	SPECTROSCOPY AND SPECTRAL ANALYSIS	114	803	396	0.609（2021）
2	SCIENTIFIC REPORTS	84	1 615	1 484	4.996（2021）
3	PLOS ONE	66	1 527	1 381	3.752（2021）
4	COMPUTERS AND ELECTRONICS IN AGRICULTURE	57	1 238	1 118	6.757（2021）
5	REMOTE SENSING	57	1 678	1 527	5.349（2021）
6	INTERNATIONAL JOURNAL OF AGRICULTURAL AND BIOLOGICAL ENGINEERING	55	603	520	1.885（2021）
7	FRONTIERS IN PLANT SCIENCE	49	1 125	1 044	6.627（2021）
8	JOURNAL OF INTEGRATIVE AGRICULTURE	45	693	608	4.384（2021）
9	SCIENTIA HORTICULTURAE	36	951	827	4.342（2021）
10	FUNGAL DIVERSITY	33	6 047	5 533	24.902（2021）

1.5 合作发文国家与地区 TOP10

2012—2021 年北京市农林科学院 SCI 合作发文国家与地区（合作发文 1 篇以上）TOP10 见表 1-5。

表 1-5　2012—2021 年北京市农林科学院 SCI 合作发文国家与地区 TOP10

排序	国家与地区	合作发文量（篇）	WOS 所有数据库总被引频次	WOS 核心库被引频次
1	美国	308	15 097	13 796
2	泰国	103	8 570	7 813
3	英格兰	73	7 621	7 027
4	澳大利亚	73	3 327	3 009
5	意大利	58	7 325	6 738
6	法国	54	6 304	5 792
7	德国	53	8 418	7 737
8	加拿大	50	2 436	2 182
9	日本	41	5 199	4 818
10	印度	35	7 990	7 338

1.6 合作发文机构 TOP10

2012—2021 年北京市农林科学院 SCI 合作发文机构 TOP10 见表 1-6。

表 1-6　2012—2021 年北京市农林科学院 SCI 合作发文机构 TOP10

排序	合作发文机构	发文量（篇）	WOS 所有数据库总被引频次	WOS 核心库被引频次
1	中国农业大学	440	2 834	2 579
2	中国科学院	336	4 721	4 397
3	中国农业科学院	281	2 425	2 210
4	皇太后大学	108	2 076	2 022
5	北京林业大学	106	1 425	1 379
6	浙江大学	94	729	612

（续表）

排序	合作发文机构	发文量（篇）	WOS 所有数据库总被引频次	WOS 核心库被引频次
7	西北农林科技大学	84	302	261
8	美国农业部	79	41	39
9	沈阳农业大学	72	115	104
10	中国科学院大学	66	267	244

1.7 高频词 TOP20

2012—2021 年北京市农林科学院 SCI 发文高频词（作者关键词）TOP20 见表 1-7。

表 1-7 2012—2021 年北京市农林科学院 SCI 发文高频词（作者关键词）TOP20

排序	关键词（作者关键词）	频次	排序	关键词（作者关键词）	频次
1	Winter Wheat	74	11	Mitochondrial genome	25
2	Maize	54	12	genetic diversity	22
3	Taxonomy	40	13	Phylogenetic analysis	21
4	Phylogeny	40	14	Soluble solids content	21
5	Remote sensing	40	15	Transcriptome	20
6	Hyperspectral Imaging	37	16	Hyperspectral remote sensing	19
7	Wheat	30	17	Soil	17
8	Gene expression	29	18	China	17
9	apple	28	19	Powdery mildew	17
10	Hyperspectral	25	20	Vegetation index	17

2 中文期刊论文分析

2012—2021 年，北京市农林科学院作者共发表北大中文核心期刊论文 5 209 篇，中国科学引文数据库（CSCD）期刊论文 2 902 篇。

2.1 发文量

北京市农林科学院中文文献历年发文趋势（2012—2021 年）见图 2-1。

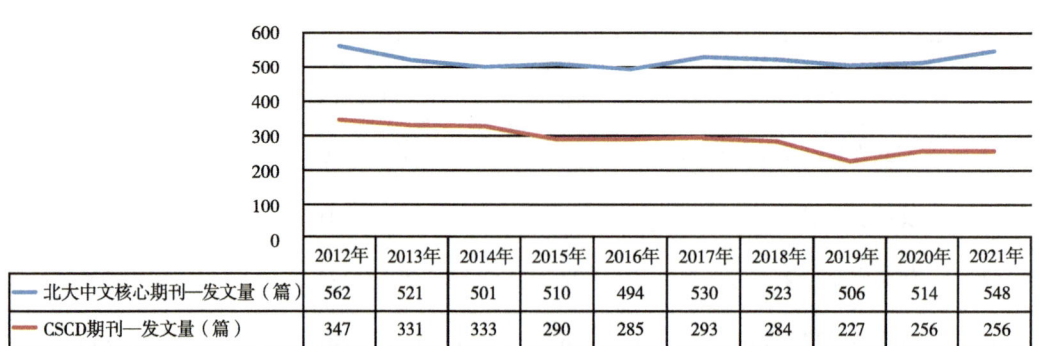

图 2-1 北京市农林科学院中文文献历年发文趋势（2012—2021 年）

2.2 高发文研究所 TOP10

2012—2021 年北京市农林科学院北大中文核心期刊高发文研究所 TOP10 见表 2-1，2012—2021 年北京市农林科学院中国科学引文数据库（CSCD）期刊高发文研究所 TOP10 见表 2-2。

表 2-1 2012—2021 年北京市农林科学院北大中文核心期刊高发文研究所 TOP10　　单位：篇

排序	研究所	发文量
1	北京市农林科学院北京农业信息技术研究中心	1 065
2	北京市农林科学院蔬菜研究中心	703
3	北京市农林科学院植物保护环境保护研究所	463
4	北京市农林科学院智能装备中心	451
5	北京市林业果树科学研究院	399
6	北京市农林科学院畜牧兽医研究所	316
7	北京市农林科学院植物营养与资源研究所	252
8	北京市农林科学院农业生物技术研究中心	209
9	北京市水产科学研究所	188
10	北京市农林科学院	177
11	北京市农林科学院农业信息与经济研究所	175

注："北京市农林科学院"发文包括作者单位只标注为"北京市农林科学院"、院属实验室等。

表 2-2 2012—2021 年北京市农林科学院 CSCD 期刊高发文研究所 TOP10　　单位：篇

排序	研究所	发文量
1	北京市农林科学院北京农业信息技术研究中心	692
2	北京市农林科学院蔬菜研究中心	327

(续表)

排序	研究所	发文量
3	北京市农林科学院植物保护环境保护研究所	298
4	北京市林业果树科学研究院	264
5	北京市农林科学院智能装备中心	218
6	北京市农林科学院植物营养与资源研究所	199
7	北京市农林科学院	180
8	北京市农林科学院北京草业与环境研究发展中心	145
9	北京市农林科学院玉米研究中心	132
10	北京市农林科学院北京农业生物技术研究中心	118
11	北京市水产科学研究所	108

注:"北京市农林科学院"发文包括作者单位只标注为"北京市农林科学院"、院属实验室等。

2.3 高发文期刊TOP10

2012—2021年北京市农林科学院高发文北大中文核心期刊TOP10见表2-3，2012—2021年北京市农林科学院高发文CSCD期刊TOP10见表2-4。

表2-3　2012—2021年北京市农林科学院高发文期刊（北大中文核心）TOP10　　单位：篇

排序	期刊名称	发文量	排序	期刊名称	发文量
1	农业工程学报	272	6	江苏农业科学	125
2	北方园艺	242	7	光谱学与光谱分析	120
3	中国蔬菜	212	8	中国农业科学	113
4	农业机械学报	185	9	食品工业科技	100
5	农机化研究	134	10	园艺学报	88

表2-4　2012—2021年北京市农林科学院高发文期刊（CSCD）TOP10　　单位：篇

排序	期刊名称	发文量	排序	期刊名称	发文量
1	农业工程学报	239	6	园艺学报	71
2	农业机械学报	152	7	食品科学	68
3	中国农业科学	120	8	中国农业科技导报	63
4	光谱学与光谱分析	105	9	农业环境科学学报	60
5	食品工业科技	79	10	中国农学通报	57

2.4 合作发文机构 TOP10

2012—2021 年北京市农林科学院北大中文核心期刊合作发文机构 TOP10 见表 2-5，2012—2021 年北京市农林科学院 CSCD 期刊合作发文机构 TOP10 见表 2-6。

表 2-5 2012—2021 年北京市农林科学院北大中文核心期刊合作发文机构 TOP10　　单位：篇

排序	合作发文机构	发文量	排序	合作发文机构	发文量
1	中国农业大学	319	6	北京林业大学	98
2	中国农业科学院	168	7	北京农学院	93
3	河北农业大学	144	8	北京市农业物联网工程技术研究中心	79
4	中国科学院	137	9	首都师范大学	79
5	沈阳农业大学	98	10	西北农林科技大学	70

表 2-6 2012—2021 年北京市农林科学院 CSCD 期刊合作发文机构 TOP10　　单位：篇

排序	合作发文机构	发文量	排序	合作发文机构	发文量
1	中国农业大学	212	6	沈阳农业大学	60
2	中国农业科学院	119	7	西北农林科技大学	47
3	中国科学院	93	8	山东农业大学	46
4	北京林业大学	77	9	北京农学院	44
5	河北农业大学	77	10	首都师范大学	43

重庆市农业科学院

1 英文期刊论文分析

分析数据来源于科学引文索引数据库（Web of Science，WOS）收录的文献类型为期刊论文（ARTICLE）、会议论文（PROCEEDINGS PAPER）和述评（REVIEW）的 Science Citation Index Expanded（SCIE）论文数据，数据时间范围为2012—2021年，共检索到重庆市农业科学院作者发表的论文281篇。

1.1 发文量

2012—2021年重庆市农业科学院历年SCI发文与被引情况见表1-1，重庆市农业科学院英文文献历年发文趋势（2012—2021年）见图1-1。

表1-1 2012—2021年重庆市农业科学院历年SCI发文与被引情况

出版年	发文量（篇）	WOS所有数据库总被引频次	WOS核心库被引频次
2012年	3	53	43
2013年	10	256	210
2014年	19	479	407
2015年	25	447	407
2016年	24	537	474
2017年	36	927	828
2018年	39	735	666
2019年	31	393	353
2020年	39	362	343
2021年	55	154	145

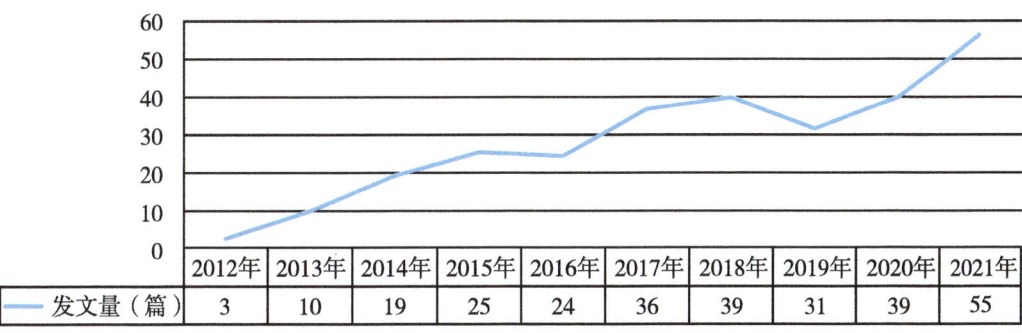

图1-1 重庆市农业科学院英文文献历年发文趋势（2012—2021年）

1.2 发文期刊 JCR 分区

2012—2021 年重庆市农业科学院 SCI 发文期刊 WOSJCR 分区情况见表 1-2，重庆市农业科学院 SCI 发文期刊 WOSJCR 分区趋势图（2012—2021 年）见图 1-2。

表 1-2 2012—2021 年重庆市农业科学院 SCI 发文期刊 WOSJCR 分区情况   单位：篇

排序	出版年	Q1 区发文量	Q2 区发文量	Q3 区发文量	Q4 区发文量	其他发文量
1	2012 年	2	0	0	1	0
2	2013 年	7	1	0	1	1
3	2014 年	9	4	4	2	0
4	2015 年	7	8	3	3	4
5	2016 年	12	8	1	3	0
6	2017 年	17	11	2	6	0
7	2018 年	15	11	10	3	0
8	2019 年	16	8	3	4	0
9	2020 年	16	13	2	3	5
10	2021 年	26	15	4	2	8

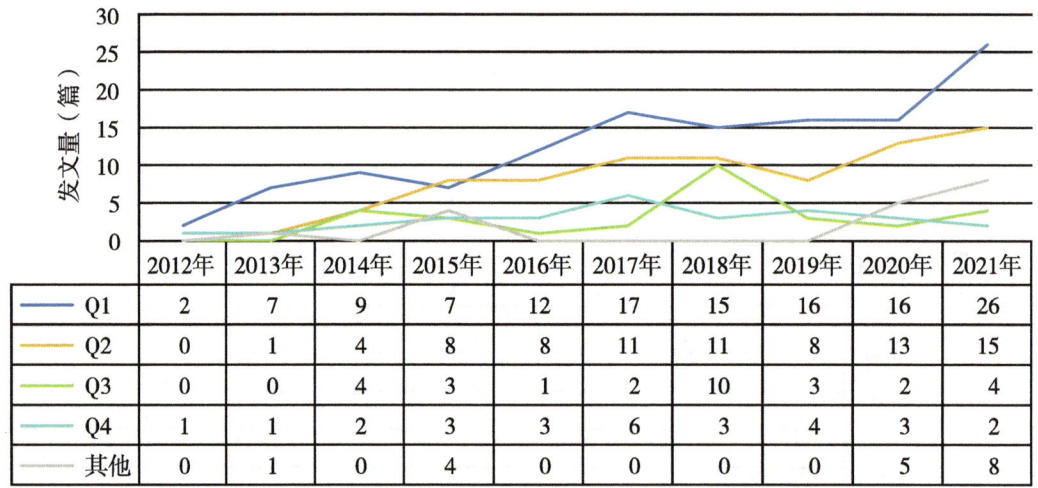

图 1-2 重庆市农业科学院 SCI 发文期刊 WOSJCR 分区趋势（2012—2021 年）

1.3 高发文研究所 TOP10

2012—2021 年重庆市农业科学院 SCI 高发文研究所 TOP10 见表 1-3。

表 1-3　2012—2021 年重庆市农业科学院 SCI 高发文研究所 TOP10　　　　单位：篇

排序	研究所	发文量
1	重庆市农业科学院农业资源与环境研究所	90
2	重庆市农业科学院蔬菜花卉研究所	18
3	重庆市农业科学院茶叶研究所	17
4	重庆市农业科学院水稻研究所	11
5	重庆市农业科学院农业工程研究所	10
6	重庆市农业科学院生物技术研究中心	10
7	重庆市农业科学院玉米研究所	6
8	重庆市农业科学院果树研究所	5
9	重庆市农业科学院农业科技信息中心	4
10	重庆市农业科学院特色作物研究所	1

1.4　高发文期刊 TOP10

2012—2021 年重庆市农业科学院 SCI 高发文期刊 TOP10 见表 1-4。

表 1-4　2012—2021 年重庆市农业科学院 SCI 高发文期刊 TOP10

排序	期刊名称	发文量（篇）	WOS 所有数据库总被引频次	WOS 核心库被引频次	期刊影响因子（最近年度）
1	ENVIRONMENTAL SCIENCEAND POLLUTION RESEARCH	13	194	180	5.19（2021）
2	MITOCHONDRIAL DNA PART B-RESOURCES	11	16	16	0.61（2021）
3	CHEMOSPHERE	11	246	215	8.943（2021）
4	ENVIRONMENTAL POLLUTION	9	286	259	9.988（2021）
5	ECOTOXICOLOGY AND ENVIRONMENTAL SAFETY	7	67	62	7.129（2021）
6	SCIENTIFIC REPORTS	7	206	191	4.996（2021）
7	JOURNAL OF ENVIRONMENTAL SCIENCES	6	150	138	6.796（2021）
8	BMC PLANT BIOLOGY	5	91	76	5.26（2021）
9	INTERNATIONAL JOURNAL OF MOLECULAR SCIENCES	5	65	62	6.208（2021）
10	FRONTIERS IN PLANT SCIENCE	5	85	76	6.627（2021）

1.5 合作发文国家与地区 TOP10

2012—2021年重庆市农业科学院SCI合作发文国家与地区（合作发文1篇以上）TOP10见表1-5。

表1-5 2012—2021年重庆市农业科学院SCI合作发文国家与地区TOP10

排序	国家与地区	合作发文量（篇）	WOS所有数据库总被引频次	WOS核心库被引频次
1	美国	18	523	461
2	瑞典	8	351	321
3	法国	4	76	72
4	英格兰	2	92	76
5	荷兰	1	36	33
6	马来西亚	1	6	6
7	西班牙	1	52	49
8	巴基斯坦	1	5	5
9	中国台湾地区	1	61	51
10	加拿大	1	14	13

1.6 合作发文机构 TOP10

2012—2021年重庆市农业科学院SCI合作发文机构TOP10见表1-6。

表1-6 2012—2021年重庆市农业科学院SCI合作发文机构TOP10

排序	合作发文机构	发文量（篇）	WOS所有数据库总被引频次	WOS核心库被引频次
1	西南大学	144	464	405
2	中国科学院	25	113	99
3	重庆大学	23	73	61
4	中国农业科学院	22	97	79
5	四川农业大学	15	32	31
6	南京农业大学	12	42	40

（续表）

排序	合作发文机构	发文量（篇）	WOS所有数据库总被引频次	WOS核心库被引频次
7	中华人民共和国教育部	10	11	10
8	中国农业大学	8	7	7
9	瑞典大学农业科学	8	72	65
10	中华人民共和国农业农村部	7	31	29

1.7 高频词TOP20

2012—2021年重庆市农业科学院SCI发文高频词（作者关键词）TOP20见表1-7。

表1-7 2012—2021年重庆市农业科学院SCI发文高频词（作者关键词）TOP20

排序	关键词（作者关键词）	频次	排序	关键词（作者关键词）	频次
1	Mercury	12	11	Heavy metals	4
2	mitochondrial genome	10	12	Dissolved organic matter	4
3	Methylmercury	10	13	maize	4
4	Cadmium	8	14	Tomato	4
5	Adsorption	7	15	eggplant	4
6	Three Gorges Reservoir	7	16	Chloroplast development	4
7	Rice	6	17	Three Gorges Reservoir Area	4
8	tea pest	6	18	phosphorus	4
9	HPLC-ESI-MS/MS	5	19	Water level fluctuation zone	3
10	Soil	5	20	natural organic matter	3

2 中文期刊论文分析

2012—2021年，重庆市农业科学院作者共发表北大中文核心期刊论文729篇，中国科学引文数据库（CSCD）期刊论文535篇。

2.1 发文量

重庆市农业科学院中文文献历年发文趋势（2012—2021年）见图2-1。

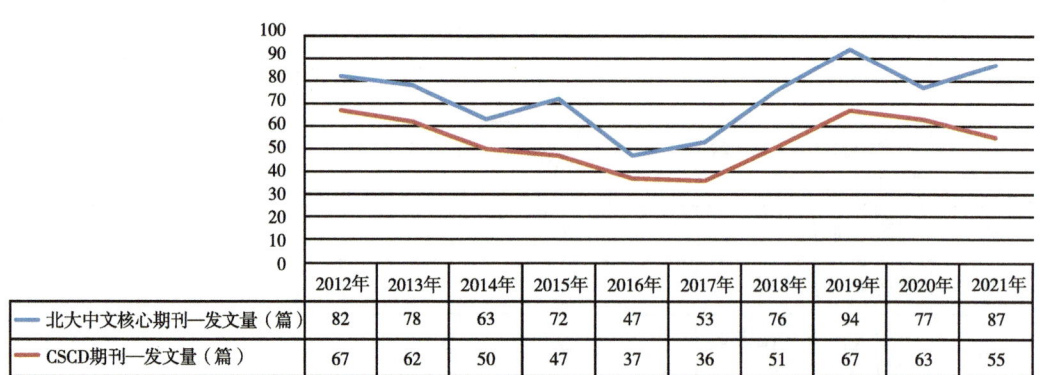

图 2-1　重庆市农业科学院中文文献历年发文趋势（2012—2021 年）

2.2　高发文研究所 TOP10

2012—2021 年重庆市农业科学院北大中文核心期刊高发文研究所 TOP10 见表 2-1，2012—2021 年重庆市农业科学院中国科学引文数据库（CSCD）期刊高发文研究所 TOP10 见表 2-2。

表 2-1　2012—2021 年重庆市农业科学院北大中文核心期刊高发文研究所 TOP10　　单位：篇

排序	研究所	发文量
1	重庆市农业科学院	239
2	重庆市农业科学院果树研究所	78
3	重庆市农业科学院水稻研究所	73
4	重庆市农业科学院茶叶研究所	60
5	重庆市农业科学院玉米研究所	49
6	重庆市农业科学院蔬菜花卉研究所	48
7	重庆市农业科学院生物技术研究中心	44
8	重庆市农业科学院特色作物研究所	43
9	重庆市农业科学院农产品贮藏加工研究所	42
10	重庆中一种业有限公司	29
11	重庆科光种苗有限公司	22

注："重庆市农业科学院"发文包括作者单位只标注为"重庆市农业科学院"、院属实验室等。

表 2-2　2012—2021 年重庆市农业科学院 CSCD 期刊高发文研究所 TOP10　　单位：篇

排序	研究所	发文量
1	重庆市农业科学院	148
2	重庆市农业科学院水稻研究所	59

(续表)

排序	研究所	发文量
3	重庆市农业科学院果树研究所	58
4	重庆市农业科学院茶叶研究所	56
5	重庆市农业科学院生物技术研究中心	43
6	重庆市农业科学院特色作物研究所	42
7	重庆市农业科学院农产品贮藏加工研究所	39
8	重庆市农业科学院蔬菜花卉研究所	35
9	重庆市农业科学院玉米研究所	33
10	重庆中一种业有限公司	27
11	重庆市农业科学院农业质量标准检测技术研究所	13

注："重庆市农业科学院"发文包括作者单位只标注为"重庆市农业科学院"、院属实验室等。

2.3 高发文期刊TOP10

2012—2021年重庆市农业科学院高发文北大中文核心期刊TOP10见表2-3，2012—2021年重庆市农业科学院高发文CSCD期刊TOP10见表2-4。

表2-3 2012—2021年重庆市农业科学院高发文期刊（北大中文核心）TOP10 单位：篇

排序	期刊名称	发文量	排序	期刊名称	发文量
1	西南农业学报	110	6	中国蔬菜	20
2	杂交水稻	59	7	湖北农业科学	19
3	分子植物育种	36	8	中国南方果树	17
4	种子	31	9	园艺学报	16
5	西南大学学报（自然科学版）	22	10	南方农业学报	15

表2-4 2012—2021年重庆市农业科学院高发文期刊（CSCD）TOP10 单位：篇

排序	期刊名称	发文量	排序	期刊名称	发文量
1	西南农业学报	107	6	中国农学通报	19
2	杂交水稻	59	7	食品与发酵工业	15
3	分子植物育种	28	8	食品科学	14
4	南方农业学报	23	9	植物遗传资源学报	13
5	西南大学学报（自然科学版）	21	10	园艺学报	11

2.4 合作发文机构 TOP10

2012—2021 年重庆市农业科学院北大中文核心期刊合作发文机构 TOP10 见表 2-5，2012—2021 年重庆市农业科学院 CSCD 期刊合作发文机构 TOP10 见表 2-6。

表 2-5 2012—2021 年重庆市农业科学院北大中文核心期刊合作发文机构 TOP10   单位：篇

排序	合作发文机构	发文量	排序	合作发文机构	发文量
1	西南大学	84	6	宜宾学院	8
2	中国农业科学院	29	7	重庆市农业技术推广总站	7
3	四川农业大学	18	8	重庆文理学院	7
4	重庆大学	9	9	东北农业大学	7
5	长江师范学院	9	10	中国人民银行重庆营业管理部	6

表 2-6 2012—2021 年重庆市农业科学院 CSCD 期刊合作发文机构 TOP10   单位：篇

排序	合作发文机构	发文量	排序	合作发文机构	发文量
1	西南大学	68	6	重庆师范大学	6
2	中国农业科学院	28	7	中国科学院	6
3	四川农业大学	12	8	东北农业大学	6
4	重庆大学	8	9	东北林业大学	5
5	长江师范学院	7	10	宜宾学院	5

福建省农业科学院

1 英文期刊论文分析

分析数据来源于科学引文索引数据库（Web of Science，WOS）收录的文献类型为期刊论文（ARTICLE）、会议论文（PROCEEDINGS PAPER）和述评（REVIEW）的 Science Citation Index Expanded（SCIE）论文数据，数据时间范围为 2012—2021 年，共检索到福建省农业科学院作者发表的论文 928 篇。

1.1 发文量

2012—2021 年福建省农业科学院历年 SCI 发文与被引情况见表 1-1，福建省农业科学院英文文献历年发文趋势（2012—2021 年）见图 1-1。

表 1-1 2012—2021 年福建省农业科学院历年 SCI 发文与被引情况

出版年	发文量（篇）	WOS 所有数据库总被引频次	WOS 核心库被引频次
2012 年	42	1 339	1 132
2013 年	33	785	687
2014 年	46	848	723
2015 年	53	1 147	1 018
2016 年	92	2 280	2 028
2017 年	99	1 615	1 370
2018 年	101	1 298	1 140
2019 年	129	1 213	1 100
2020 年	148	1 104	1 008
2021 年	185	497	468

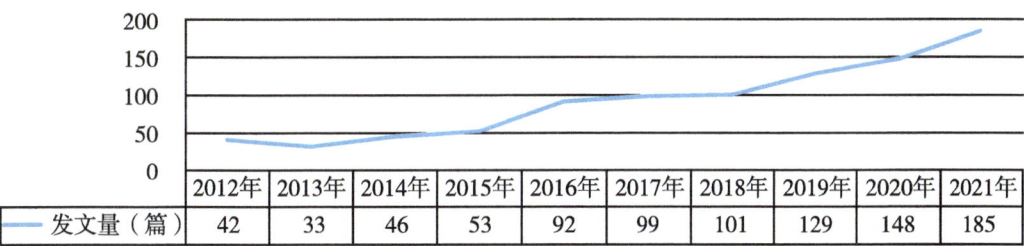

图 1-1 福建省农业科学院英文文献历年发文趋势（2012—2021 年）

1.2 发文期刊 JCR 分区

2012—2021 年福建省农业科学院 SCI 发文期刊 WOSJCR 分区情况见表 1-2，福建省农业科学院 SCI 发文期刊 WOSJCR 分区趋势图（2012—2021 年）见图 1-2。

表 1-2　2012—2021 年福建省农业科学院 SCI 发文期刊 WOSJCR 分区情况　　单位：篇

排序	出版年	Q1 区发文量	Q2 区发文量	Q3 区发文量	Q4 区发文量	其他发文量
1	2012 年	15	10	5	8	4
2	2013 年	9	13	5	5	1
3	2014 年	11	16	13	3	3
4	2015 年	18	14	15	6	0
5	2016 年	31	30	17	8	6
6	2017 年	34	23	23	17	2
7	2018 年	38	21	23	18	1
8	2019 年	43	35	25	17	9
9	2020 年	59	33	29	17	10
10	2021 年	97	42	16	12	18

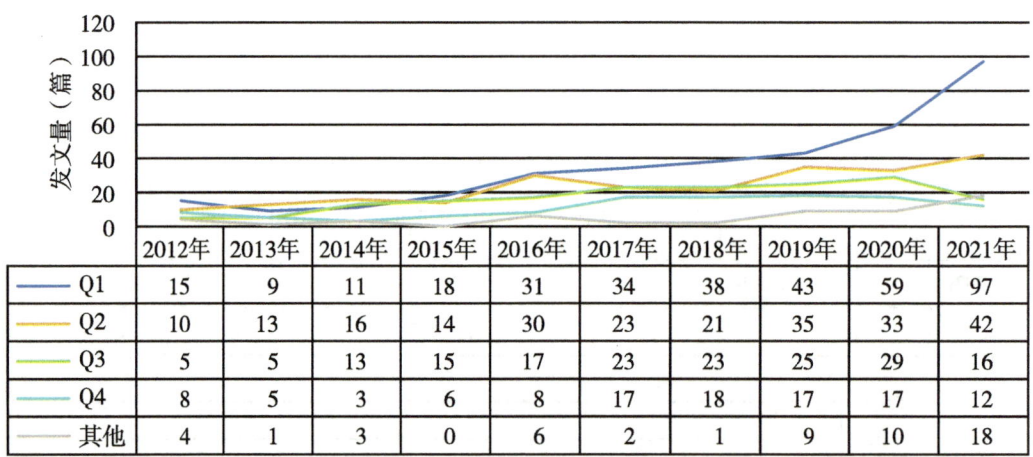

图 1-2　福建省农业科学院 SCI 发文期刊 WOSJCR 分区趋势（2012—2021 年）

1.3 高发文研究所 TOP10

2012—2021 年福建省农业科学院 SCI 高发文研究所 TOP10 见表 1-3。

表 1-3　2012—2021 年福建省农业科学院 SCI 高发文研究所 TOP10　　　　单位：篇

排序	研究所	发文量
1	福建省农业科学院植物保护研究所	122
2	福建省农业科学院畜牧兽医研究所	104
3	福建省农业科学院农业生物资源研究所	78
4	福建省农业科学院生物技术研究所	73
5	福建省农业科学院土壤肥料研究所	63
6	福建省农业科学院农业工程技术研究所	54
7	福建省农业科学院果树研究所	53
7	福建省农业科学院水稻研究所	53
8	福建省农业科学院茶叶研究所	33
8	福建省农业科学院食用菌研究所	33
9	福建省农业科学院作物研究所	23
9	福建省农业科学院农业生态研究所	23
10	福建省农业科学院农业质量标准与检测技术研究所	18

1.4　高发文期刊 TOP10

2012—2021 年福建省农业科学院 SCI 高发文期刊 TOP10 见表 1-4。

表 1-4　2012—2021 年福建省农业科学院 SCI 高发文期刊 TOP10

排序	期刊名称	发文量（篇）	WOS 所有数据库总被引频次	WOS 核心库被引频次	期刊影响因子（最近年度）
1	SCIENTIFIC REPORTS	26	257	230	4.996（2021）
2	PLOS ONE	21	285	238	3.752（2021）
3	INTERNATIONAL JOURNAL OF SYSTEMATIC AND EVOLUTIONARY MICROBIOLOGY	20	126	107	2.689（2021）
4	FRONTIERS IN PLANT SCIENCE	19	136	125	6.627（2021）
5	SCIENTIA HORTICULTURAE	15	153	131	4.342（2021）
6	INTERNATIONAL JOURNAL OF BIOLOGICAL MACROMOLECULES	13	319	270	8.025（2021）
7	INTERNATIONAL JOURNAL OF MOLECULAR SCIENCES	13	176	156	6.208（2021）

(续表)

排序	期刊名称	发文量（篇）	WOS所有数据库总被引频次	WOS核心库被引频次	期刊影响因子（最近年度）
8	SYSTEMATIC AND APPLIED ACAROLOGY	13	92	86	1.314（2021）
9	CANADIAN JOURNAL OF PLANT PATHOLOGY	12	58	46	2.074（2021）
10	JOURNAL OF VETERINARY MEDICAL SCIENCE	12	106	91	1.105（2021）

1.5 合作发文国家与地区TOP10

2012—2021年福建省农业科学院SCI合作发文国家与地区（合作发文1篇以上）TOP10见表1-5。

表1-5 2012—2021年福建省农业科学院SCI合作发文国家与地区TOP10

排序	国家与地区	合作发文量（篇）	WOS所有数据库总被引频次	WOS核心库被引频次
1	美国	67	1 891	1 718
2	德国	24	347	321
3	澳大利亚	24	392	355
4	日本	23	566	532
5	印度	23	709	687
6	意大利	22	817	790
7	加拿大	21	385	347
8	沙特阿拉伯	17	641	625
9	中国台湾地区	16	373	350
10	马来西亚	11	307	293

1.6 合作发文机构TOP10

2012—2021年福建省农业科学院SCI合作发文机构TOP10见表1-6。

表 1-6 2012—2021 年福建省农业科学院 SCI 合作发文机构 TOP10

排序	合作发文机构	发文量（篇）	WOS 所有数据库总被引频次	WOS 核心库被引频次
1	福建农林大学	257	516	447
2	中国科学院	72	449	385
3	厦门大学	42	167	160
4	中国农业科学院	41	493	435
5	福建师范大学	28	82	67
6	南京农业大学	26	47	40
7	华中农业大学	23	87	78
8	福建中医药大学	21	115	93
9	福州大学	20	28	25
10	巴拉蒂亚尔大学	19	282	277

1.7 高频词 TOP20

2012—2021 年福建省农业科学院 SCI 发文高频词（作者关键词）TOP20 见表 1-7。

表 1-7 2012—2021 年福建省农业科学院 SCI 发文高频词（作者关键词）TOP20

排序	关键词（作者关键词）	频次	排序	关键词（作者关键词）	频次
1	Rice	19	11	Plutella xylostella	7
2	Phylogenetic analysis	13	12	real-time PCR	7
3	Camellia sinensis	13	13	taxonomy	7
4	transcriptome	13	14	Yield	6
5	goose parvovirus	12	15	Nanobiotechnology	6
6	Pathogenicity	11	16	genetic diversity	6
7	Gene expression	9	17	Biosafety	6
8	Oryza sativa	8	18	detection	5
9	Muscovy duck parvovirus	7	19	alternative polyadenylation	5
10	Arbovirus	7	20	Ralstonia solanacearum	5

2 中文期刊论文分析

2012—2021年,福建省农业科学院作者共发表北大中文核心期刊论文2 537篇,中国科学引文数据库(CSCD)期刊论文1 825篇。

2.1 发文量

2012—2021年福建省农业科学院中文文献历年发文趋势(2012—2021年)见图2-1。

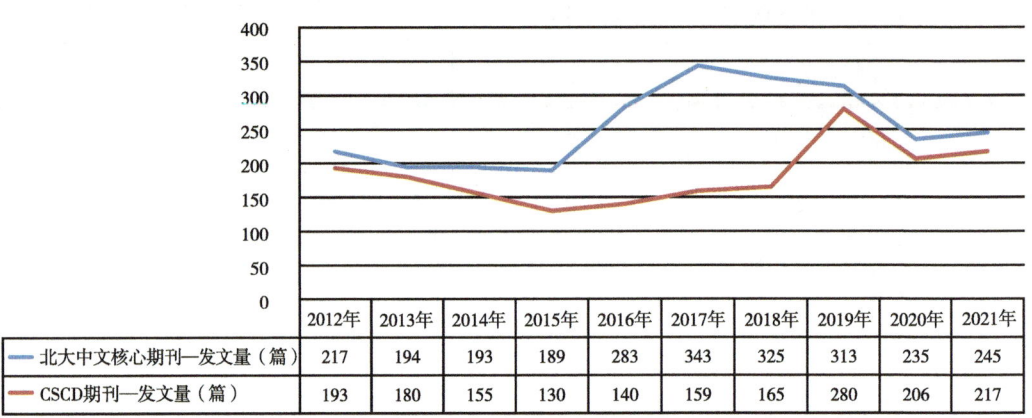

图2-1 福建省农业科学院中文文献历年发文趋势(2012—2021年)

2.2 高发文研究所TOP10

2012—2021年福建省农业科学院北大中文核心期刊高发文研究所TOP10见表2-1,2012—2021年福建省农业科学院中国科学引文数据库(CSCD)期刊高发文研究所TOP10见表2-2。

表2-1 2012—2021年福建省农业科学院北大中文核心期刊高发文研究所TOP10　　单位:篇

排序	研究所	发文量
1	福建省农业科学院畜牧兽医研究所	414
2	福建省农业科学院果树研究所	309
3	福建省农业科学院作物研究所	238
4	福建省农业科学院土壤肥料研究所	210
5	福建省农业科学院农业生态研究所	188
6	福建省农业科学院植物保护研究所	185
7	福建省农业科学院农业生物资源研究所	180
8	福建省农业科学院茶叶研究所	151

(续表)

排序	研究所	发文量
9	福建省农业科学院农业工程技术研究所	144
10	福建省农业科学院农业质量标准与检测技术研究所	135

表2-2 2012—2021年福建省农业科学院CSCD期刊高发文研究所TOP10　　单位：篇

排序	研究所	发文量
1	福建省农业科学院畜牧兽医研究所	251
2	福建省农业科学院作物研究所	195
3	福建省农业科学院土壤肥料研究所	189
4	福建省农业科学院植物保护研究所	181
5	福建省农业科学院果树研究所	173
6	福建省农业科学院农业生态研究所	162
7	福建省农业科学院农业生物资源研究所	140
8	福建省农业科学院茶叶研究所	116
9	福建省农业科学院水稻研究所	115
10	福建省农业科学院农业质量标准与检测技术研究所	105

2.3 高发文期刊TOP10

2012—2021年福建省农业科学院高发文北大中文核心期刊TOP10见表2-3，2012—2021年福建省农业科学院高发文CSCD期刊TOP10见表2-4。

表2-3 2012—2021年福建省农业科学院高发文期刊（北大中文核心）TOP10　　单位：篇

排序	期刊名称	发文量	排序	期刊名称	发文量
1	福建农业学报	406	6	茶叶科学	53
2	中国南方果树	113	7	园艺学报	52
3	热带作物学报	88	8	核农学报	52
4	农业生物技术学报	55	9	中国农学通报	50
5	分子植物育种	54	10	福建农林大学学报（自然科学版）	50

表 2-4 2012—2021 年福建省农业科学院高发文期刊（CSCD）TOP10   单位：篇

排序	期刊名称	发文量	排序	期刊名称	发文量
1	福建农业学报	241	6	农业生物技术学报	50
2	热带作物学报	135	7	核农学报	45
3	中国农学通报	61	8	福建农林大学学报（自然科学版）	42
4	茶叶科学	54	9	热带亚热带植物学报	41
5	分子植物育种	54	10	中国预防兽医学报	38

2.4 合作发文机构 TOP10

2012—2021 年福建省农业科学院北大中文核心期刊合作发文机构 TOP10 见表 2-5，2012—2021 年福建省农业科学院 CSCD 期刊合作发文机构 TOP10 见表 2-6。

表 2-5 2012—2021 年福建省农业科学院北大中文核心期刊合作发文机构 TOP10   单位：篇

排序	合作发文机构	发文量	排序	合作发文机构	发文量
1	福建农林大学	382	6	福建省建宁县农业农村局	14
2	福建师范大学	39	7	福建农业职业技术学院	13
3	福州大学	31	8	福州市蔬菜科学研究所	13
4	中国农业科学院	28	9	广东省农业科学院	12
5	浙江省农业科学院	19	10	江西省农业科学院	11

表 2-6 2012—2021 年福建省农业科学院 CSCD 期刊合作发文机构 TOP10   单位：篇

排序	合作发文机构	发文量	排序	合作发文机构	发文量
1	福建农林大学	262	6	福建农业职业技术学院	11
2	福建师范大学	30	7	福州市蔬菜科学研究所	10
3	中国农业科学院	27	8	福建省食用菌技术推广总站	8
4	福州大学	26	9	浙江省农业科学院	7
5	中国科学院	12	10	厦门大学	7

甘肃省农业科学院

1 英文期刊论文分析

分析数据来源于科学引文索引数据库（Web of Science，WOS）收录的文献类型为期刊论文（ARTICLE）、会议论文（PROCEEDINGS PAPER）和述评（REVIEW）的 Science Citation Index Expanded（SCIE）论文数据，数据时间范围为 2012—2021 年，共检索到甘肃省农业科学院作者发表的论文 327 篇。

1.1 发文量

2012—2021 年甘肃省农业科学院历年 SCI 发文与被引情况见表 1-1，甘肃省农业科学院英文文献历年发文趋势（2012—2021 年）见图 1-1。

表 1-1 2012—2021 年甘肃省农业科学院历年 SCI 发文与被引情况

出版年	发文量（篇）	WOS 所有数据库总被引频次	WOS 核心库被引频次
2012 年	17	481	406
2013 年	14	717	626
2014 年	21	336	302
2015 年	20	667	580
2016 年	29	523	441
2017 年	18	373	334
2018 年	28	536	479
2019 年	48	665	599
2020 年	76	599	556
2021 年	56	210	205

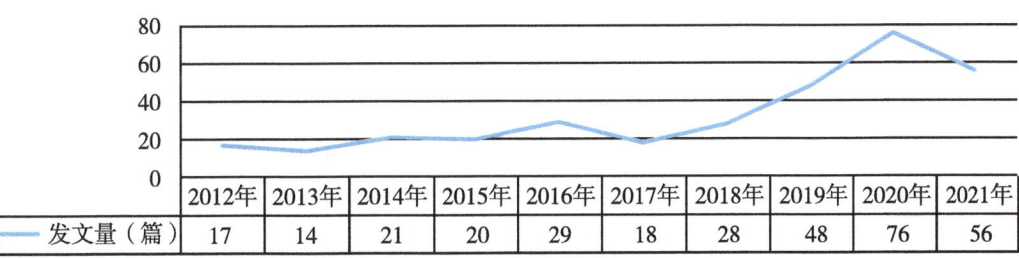

图 1-1 甘肃省农业科学院英文文献历年发文趋势（2012—2021 年）

1.2 发文期刊 JCR 分区

2012—2021 年甘肃省农业科学院 SCI 发文期刊 WOSJCR 分区情况见表 1-2，甘肃省农业科学院 SCI 发文期刊 WOSJCR 分区趋势图（2012—2021 年）见图 1-2。

表 1-2　2012—2021 年甘肃省农业科学院 SCI 发文期刊 WOSJCR 分区情况　　单位：篇

排序	出版年	Q1 区发文量	Q2 区发文量	Q3 区发文量	Q4 区发文量	其他发文量
1	2012 年	7	2	2	2	4
2	2013 年	6	4	3	0	1
3	2014 年	10	7	2	0	2
4	2015 年	15	2	0	3	0
5	2016 年	8	12	5	3	1
6	2017 年	11	2	3	2	0
7	2018 年	13	10	1	3	1
8	2019 年	26	9	3	8	2
9	2020 年	34	15	10	8	9
10	2021 年	33	13	1	0	8

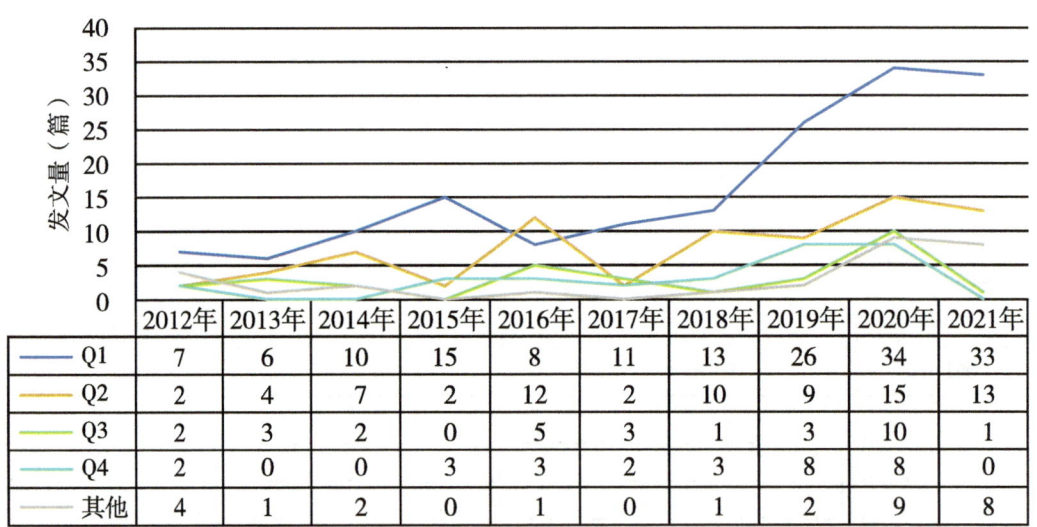

图 1-2　甘肃省农业科学院 SCI 发文期刊 WOSJCR 分区趋势（2012—2021 年）

1.3 高发文研究所 TOP10

2012—2021 年甘肃省农业科学院 SCI 高发文研究所 TOP10 见表 1-3。

表 1-3 2012—2021 年甘肃省农业科学院 SCI 高发文研究所 TOP10   单位：篇

排序	研究所	发文量
1	甘肃省农业科学院植物保护研究所	50
2	甘肃省农业科学院土壤肥料与节水农业研究所	40
3	甘肃省农业科学院作物研究所	30
4	甘肃省农业科学院旱地农业研究所	27
5	甘肃省农业科学院小麦研究所	18
6	甘肃省农业科学院林果花卉研究所	16
7	甘肃省农业科学院蔬菜研究所	10
8	甘肃省农业科学院马铃薯研究所	9
9	甘肃省农业科学院农产品贮藏加工研究所	3
10	甘肃省农业科学院生物技术研究所	2

1.4 高发文期刊 TOP10

2012—2021 年甘肃省农业科学院 SCI 高发文期刊 TOP10 见表 1-4。

表 1-4 2012—2021 年甘肃省农业科学院 SCI 高发文期刊 TOP10

排序	期刊名称	发文量（篇）	WOS 所有数据库总被引频次	WOS 核心库被引频次	期刊影响因子（最近年度）
1	JOURNAL OF INTEGRATIVE AGRICULTURE	12	103	92	4.384（2021）
2	FIELD CROPS RESEARCH	10	415	328	6.145（2021）
3	PLANT DISEASE	10	138	132	4.614（2021）
4	PLOS ONE	8	414	383	3.752（2021）
5	PLANT AND SOIL	8	240	199	4.993（2021）
6	JOURNAL OF AGRICULTURAL AND FOOD CHEMISTRY	8	228	220	5.895（2021）
7	AGRICULTURAL WATER MANAGEMENT	8	174	158	6.611（2021）
8	AGRONOMY JOURNAL	7	53	50	2.65（2021）
9	MITOCHONDRIAL DNA PART B-RESOURCES	7	7	5	0.61（2021）
10	THEORETICAL AND APPLIED GENETICS	6	205	189	5.574（2021）

1.5 合作发文国家与地区 TOP10

2012—2021 年甘肃省农业科学院 SCI 合作发文国家与地区（合作发文 1 篇以上）TOP10 见表 1-5。

表 1-5　2012—2021 年甘肃省农业科学院 SCI 合作发文国家与地区 TOP10

排序	国家与地区	合作发文量（篇）	WOS 所有数据库总被引频次	WOS 核心库被引频次
1	美国	41	687	624
2	澳大利亚	20	421	393
3	加拿大	13	247	233
4	荷兰	9	453	381
5	英格兰	7	61	51
6	西班牙	5	146	140
7	韩国	4	54	47
8	日本	4	50	25
9	新加坡	4	46	44
10	北爱尔兰	3	187	145

1.6 合作发文机构 TOP10

2012—2021 年甘肃省农业科学院 SCI 合作发文机构 TOP10 见表 1-6。

表 1-6　2012—2021 年甘肃省农业科学院 SCI 合作发文机构 TOP10

排序	合作发文机构	发文量（篇）	WOS 所有数据库总被引频次	WOS 核心库被引频次
1	甘肃农业大学	84	68	57
2	中国农业科学院	67	300	274
3	兰州大学	48	89	80
4	中国农业大学	37	268	214
5	西北农林科技大学	20	16	15
6	中国科学院	14	49	43

(续表)

排序	合作发文机构	发文量（篇）	WOS 所有数据库总被引频次	WOS 核心库被引频次
7	兰州理工大学	13	9	8
8	四川省农业科学院	9	62	59
9	西北师范大学	9	11	10
10	西澳大学	8	12	9

1.7 高频词 TOP20

2012—2021 年甘肃省农业科学院 SCI 发文高频词（作者关键词）TOP20 见表 1-7。

表 1-7　2012—2021 年甘肃省农业科学院 SCI 发文高频词（作者关键词）TOP20

排序	关键词（作者关键词）	频次	排序	关键词（作者关键词）	频次
1	Intercropping	9	11	Inclusion complex	3
2	Maize	6	12	Genotype	3
3	Potato	6	13	Alpine meadow	3
4	QTL	5	14	Stomatal conductance	3
5	drought tolerance	5	15	Genetic diversity	3
6	Root length density	5	16	lambs	3
7	Phosphorus	5	17	SNP	3
8	Yield	4	18	Quantitative trait locus	3
9	Triticum aestivum	4	19	Antifungal activity	3
10	Horizontal bending	3	20	Root distribution	3

2　中文期刊论文分析

2012—2021 年，甘肃省农业科学院作者共发表北大中文核心期刊论文 1 721 篇，中国科学引文数据库（CSCD）期刊论文 1 374 篇。

2.1　发文量

2012—2021 年甘肃省农业科学院中文文献历年发文趋势（2012—2021 年）见图 2-1。

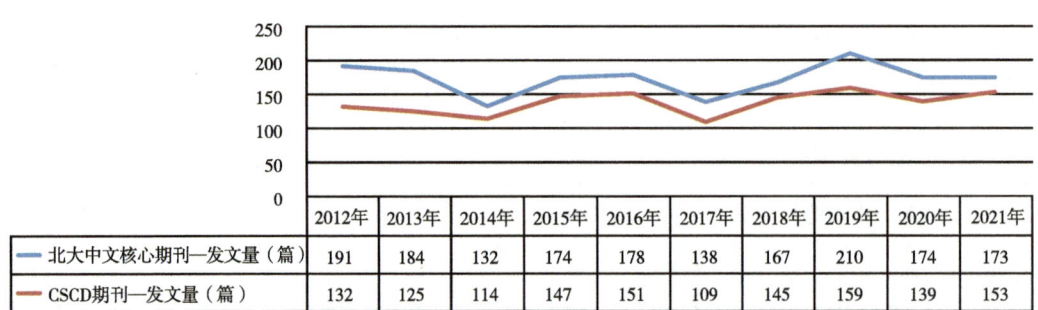

图 2-1　甘肃省农业科学院中文文献历年发文趋势（2012—2021 年）

2.2　高发文研究所 TOP10

2012—2021 年甘肃省农业科学院北大中文核心期刊高发文研究所 TOP10 见表 2-1，2012—2021 年甘肃省农业科学院中国科学引文数据库（CSCD）期刊高发文研究所 TOP10 见表 2-2。

表 2-1　2012—2021 年甘肃省农业科学院北大中文核心期刊高发文研究所 TOP10　　单位：篇

排序	研究所	发文量
1	甘肃省农业科学院植物保护研究所	264
2	甘肃省农业科学院旱地农业研究所	232
3	甘肃省农业科学院土壤肥料与节水农业研究所	202
4	甘肃省农业科学院林果花卉研究所	158
5	甘肃省农业科学院作物研究所	157
6	甘肃省农业科学院	152
7	甘肃省农业科学院蔬菜研究所	142
8	甘肃省农业科学院畜草与绿色农业研究所	124
9	甘肃省农业科学院农产品贮藏加工研究所	117
10	甘肃省农业科学院生物技术研究所	107
11	甘肃省农业科学院小麦研究所	59

注："甘肃省农业科学院"发文包括作者单位只标注为"甘肃省农业科学院"、院属实验室等。

表 2-2　2012—2021 年甘肃省农业科学院 CSCD 期刊高发文研究所 TOP10　　单位：篇

排序	研究所	发文量
1	甘肃省农业科学院植物保护研究所	235
2	甘肃省农业科学院旱地农业研究所	207
3	甘肃省农业科学院土壤肥料与节水农业研究所	188

(续表)

排序	研究所	发文量
4	甘肃省农业科学院作物研究所	149
5	甘肃省农业科学院	125
6	甘肃省农业科学院林果花卉研究所	115
7	甘肃省农业科学院生物技术研究所	99
8	甘肃省农业科学院畜草与绿色农业研究所	94
9	甘肃省农业科学院蔬菜研究所	80
10	甘肃省农业科学院小麦研究所	57
11	甘肃省农业科学院农产品贮藏加工研究所	53

注："甘肃省农业科学院"发文包括作者单位只标注为"甘肃省农业科学院"、院属实验室等。

2.3 高发文期刊TOP10

2012—2021年甘肃省农业科学院高发文北大中文核心期刊TOP10见表2-3，2012—2021年甘肃省农业科学院高发文CSCD期刊TOP10见表2-4。

表2-3 2012—2021年甘肃省农业科学院高发文期刊（北大中文核心）TOP10　　单位：篇

排序	期刊名称	发文量	排序	期刊名称	发文量
1	干旱地区农业研究	114	6	甘肃农业大学学报	60
2	西北农业学报	98	7	北方园艺	59
3	草业学报	79	8	中国蔬菜	59
4	麦类作物学报	74	9	核农学报	50
5	植物保护	70	10	应用生态学报	47

表2-4 2012—2021年甘肃省农业科学院高发文期刊（CSCD）TOP10　　单位：篇

排序	期刊名称	发文量	排序	期刊名称	发文量
1	干旱地区农业研究	112	6	甘肃农业大学学报	62
2	西北农业学报	96	7	核农学报	49
3	草业学报	77	8	应用生态学报	46
4	麦类作物学报	74	9	作物学报	37
5	植物保护	68	10	中国农业科学	35

2.4 合作发文机构TOP10

2012—2021年甘肃省农业科学院北大中文核心期刊合作发文机构TOP10见表2-5，2012—2021年甘肃省农业科学院CSCD期刊合作发文机构TOP10见表2-6。

表2-5 2012—2021年甘肃省农业科学院北大中文核心期刊合作发文机构TOP10　　单位：篇

排序	合作发文机构	发文量	排序	合作发文机构	发文量
1	甘肃农业大学	444	6	西北师范大学	15
2	中国农业科学院	122	7	兰州大学	15
3	天水市农业科学研究所	40	8	中国科学院	13
4	西北农林科技大学	36	9	西南科技大学	12
5	中国农业大学	27	10	河北省农林科学院	11

表2-6 2012—2021年甘肃省农业科学院CSCD期刊合作发文机构TOP10　　单位：篇

排序	合作发文机构	发文量	排序	合作发文机构	发文量
1	甘肃农业大学	366	6	兰州大学	18
2	中国农业科学院	102	7	中国科学院	14
3	天水市农业科学研究所	38	8	西北师范大学	13
4	西北农林科技大学	31	9	西南科技大学	10
5	中国农业大学	31	10	西南大学	8

广东省农业科学院

1 英文期刊论文分析

分析数据来源于科学引文索引数据库（Web of Science，WOS）收录的文献类型为期刊论文（ARTICLE）、会议论文（PROCEEDINGS PAPER）和述评（REVIEW）的 Science Citation Index Expanded（SCIE）论文数据，数据时间范围为 2012—2021 年，共检索到广东省农业科学院作者发表的论文 3 116 篇。

1.1 发文量

2012—2021 年广东省农业科学院历年 SCI 发文与被引情况见表 1-1，广东省农业科学院英文文献历年发文趋势（2012—2021 年）见图 1-1。

表 1-1　2012—2021 年广东省农业科学院历年 SCI 发文与被引情况

出版年	发文量（篇）	WOS 所有数据库总被引频次	WOS 核心库被引频次
2012 年	135	3 808	3 288
2013 年	171	4 726	4 108
2014 年	199	4 828	4 244
2015 年	224	6 558	5 846
2016 年	245	6 367	5 667
2017 年	266	6 314	5 625
2018 年	293	5 491	4 984
2019 年	431	5 725	5 285
2020 年	538	5 325	5 014
2021 年	614	2 760	2 646

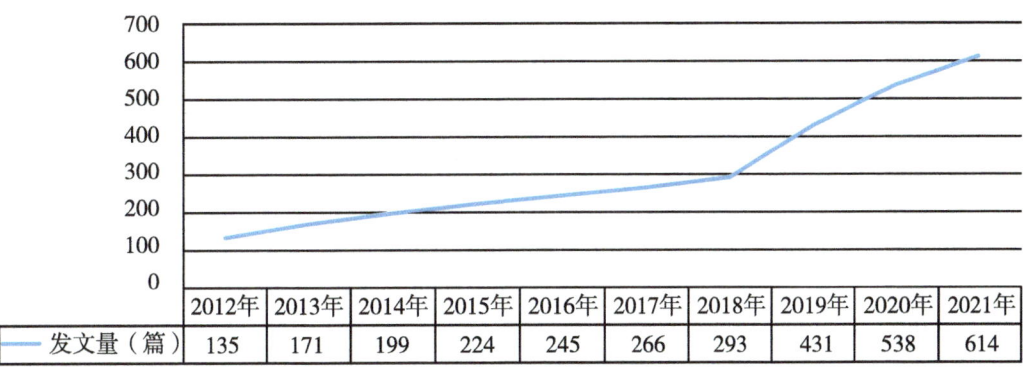

图 1-1　广东省农业科学院英文文献历年发文趋势（2012—2021 年）

1.2 发文期刊 JCR 分区

2012—2021 年广东省农业科学院 SCI 发文期刊 WOSJCR 分区情况见表 1-2，广东省农业科学院 SCI 发文期刊 WOSJCR 分区趋势（2012—2021 年）见图 1-2。

表 1-2　2012—2021 年广东省农业科学院 SCI 发文期刊 WOSJCR 分区情况　　　单位：篇

排序	出版年	Q1 区发文量	Q2 区发文量	Q3 区发文量	Q4 区发文量	其他发文量
1	2012 年	45	36	23	24	7
2	2013 年	58	47	28	27	11
3	2014 年	68	55	40	23	13
4	2015 年	82	61	42	32	7
5	2016 年	107	64	46	20	8
6	2017 年	137	67	38	19	5
7	2018 年	130	93	42	23	5
8	2019 年	187	129	55	46	13
9	2020 年	280	148	44	27	38
10	2021 年	357	118	30	20	89

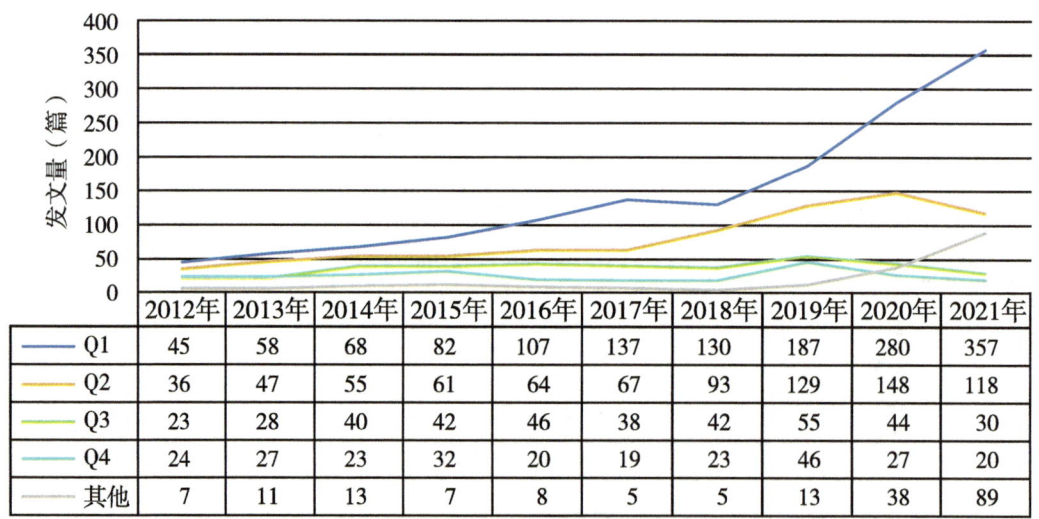

图 1-2　广东省农业科学院 SCI 发文期刊 WOSJCR 分区趋势（2012—2021 年）

1.3 高发文研究所 TOP10

2012—2021 年广东省农业科学院 SCI 高发文研究所 TOP10 见表 1-3。

表 1-3 2012—2021 年广东省农业科学院 SCI 高发文研究所 TOP10　　　　　　　单位：篇

排序	研究所	发文量
1	广东省农业科学院作物研究所	635
2	广东省农业科学院动物科学研究所	595
3	广东省农业科学院蚕业与农产品加工研究所	408
4	广东省农业科学院植物保护研究所	291
5	广东省农业科学院农业资源与环境研究所	259
6	广东省农业科学院果树研究所	208
7	广东省农业科学院动物卫生研究所	162
8	广东省农业科学院水稻研究所	156
9	广东省农业科学院蔬菜研究所	133
10	广东省农业科学院农业生物基因研究中心	125

1.4　高发文期刊 TOP10

2012—2021 年广东省农业科学院 SCI 高发文期刊 TOP10 见表 1-4。

表 1-4 2012—2021 年广东省农业科学院 SCI 高发文期刊 TOP10

排序	期刊名称	发文量（篇）	WOS 所有数据库总被引频次	WOS 核心库被引频次	期刊影响因子（最近年度）
1	PLOS ONE	81	2 375	2 091	3.752（2021）
2	POULTRY SCIENCE	73	910	810	4.014（2021）
3	INTERNATIONAL JOURNAL OF MOLECULAR SCIENCES	68	1 074	989	6.208（2021）
4	FRONTIERS IN PLANT SCIENCE	66	1 039	946	6.627（2021）
5	SCIENTIFIC REPORTS	65	1 359	1 254	4.996（2021）
6	FOOD CHEMISTRY	52	2 176	1 917	9.231（2021）
7	JOURNAL OF AGRICULTURAL AND FOOD CHEMISTRY	50	929	842	5.895（2021）
8	FRONTIERS IN MICROBIOLOGY	40	623	571	6.064（2021）
9	BMC GENOMICS	38	937	856	4.547（2021）
10	JOURNAL OF INTEGRATIVE AGRICULTURE	37	347	297	4.384（2021）

1.5 合作发文国家与地区 TOP10

2012—2021 年广东省农业科学院 SCI 合作发文国家与地区（合作发文 1 篇以上）TOP10 见表 1-5。

表 1-5　2012—2021 年广东省农业科学院 SCI 合作发文国家与地区 TOP10

排序	国家与地区	合作发文量（篇）	WOS 所有数据库总被引频次	WOS 核心库被引频次
1	美国	308	8 308	7 467
2	巴基斯坦	89	1 607	1 543
3	埃及	63	841	769
4	澳大利亚	60	1 887	1 750
5	加拿大	31	960	877
6	德国	29	699	653
7	印度	26	875	817
8	新西兰	22	377	359
9	英格兰	20	832	753
10	沙特阿拉伯	20	286	264

1.6 合作发文机构 TOP10

2012—2021 年广东省农业科学院 SCI 合作发文机构 TOP10 见表 1-6。

表 1-6　2012—2021 年广东省农业科学院 SCI 合作发文机构 TOP10

排序	合作发文机构	发文量（篇）	WOS 所有数据库总被引频次	WOS 核心库被引频次
1	中国科学院	241	1 619	1 439
2	华南理工大学	165	188	180
3	华中农业大学	131	794	695
4	中国农业科学院	118	420	376
5	中山大学	98	439	387
6	中国科学院大学	89	571	510

(续表)

排序	合作发文机构	发文量（篇）	WOS所有数据库总被引频次	WOS核心库被引频次
7	中华人民共和国农业农村部	67	60	59
8	华南农业大学	58	898	729
9	西南大学	56	593	502
10	暨南大学	56	104	91

1.7 高频词TOP20

2012—2021年广东省农业科学院SCI发文高频词（作者关键词）TOP20见表1-7。

表1-7 2012—2021年广东省农业科学院SCI发文高频词（作者关键词）TOP20

排序	关键词（作者关键词）	频次	排序	关键词（作者关键词）	频次
1	Chicken	63	11	Genetic diversity	23
2	Rice	55	12	China	23
3	antioxidant activity	50	13	Growth	23
4	gene expression	42	14	RNA-seq	21
5	phenolics	26	15	apoptosis	21
6	yield	25	16	Photosynthesis	19
7	growth performance	25	17	proliferation	19
8	Phylogenetic analysis	25	18	Tea	18
9	Pig	24	19	Flavonoids	16
10	Transcriptome	23	20	Plutella xylostella	16

2 中文期刊论文分析

2012—2021年，广东省农业科学院作者共发表北大中文核心期刊论文3 805篇，中国科学引文数据库（CSCD）期刊论文2 434篇。

2.1 发文量

2012—2021年广东省农业科学院中文文献历年发文趋势（2012—2021年）见图2-1。

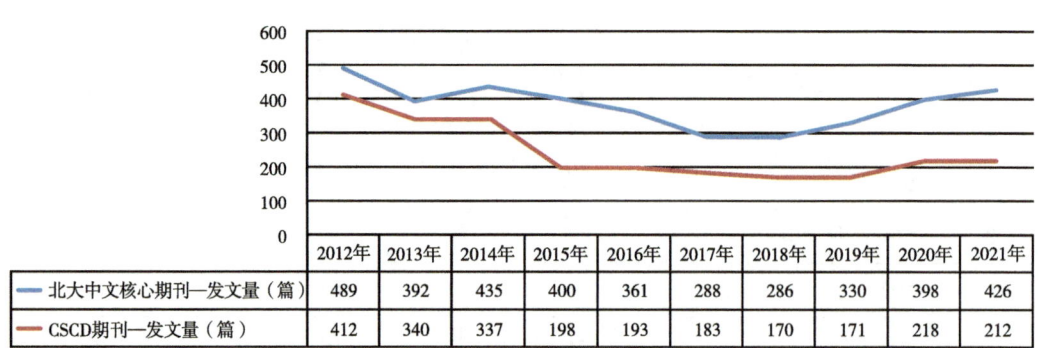

图 2-1 广东省农业科学院中文文献历年发文趋势（2012—2021 年）

2.2 高发文研究所 TOP10

2012—2021 年广东省农业科学院北大中文核心期刊高发文研究所 TOP10 见表 2-1，2012—2021 年广东省农业科学院中国科学引文数据库（CSCD）期刊高发文研究所 TOP10 见表 2-2。

表 2-1 2012—2021 年广东省农业科学院北大中文核心期刊高发文研究所 TOP10　　单位：篇

排序	研究所	发文量
1	广东省农业科学院蚕业与农产品加工研究所	639
2	广东省农业科学院果树研究所	529
3	广东省农业科学院植物保护研究所	470
4	广东省农业科学院动物科学研究所	411
5	广东省农业科学院农业经济与信息研究所	285
6	广东省农业科学院农业资源与环境研究所	223
7	广东省农业科学院动物卫生研究所	222
8	广东省农业科学院水稻研究所	220
9	广东省农业科学院作物研究所	216
10	广东省农业科学院蔬菜研究所	196

表 2-2 2012—2021 年广东省农业科学院 CSCD 期刊高发文研究所 TOP10　　单位：篇

排序	研究所	发文量
1	广东省农业科学院蚕业与农产品加工研究所	411
2	广东省农业科学院植物保护研究所	410

(续表)

排序	研究所	发文量
3	广东省农业科学院动物科学研究所	236
4	广东省农业科学院果树研究所	203
5	广东省农业科学院农业资源与环境研究所	189
6	广东省农业科学院水稻研究所	163
6	广东省农业科学院作物研究所	163
7	广东省农业科学院农业经济与信息研究所	151
8	广东省农业科学院蔬菜研究所	129
9	广东省农业科学院动物卫生研究所	115
10	广东省农业科学院茶叶研究所	102

2.3 高发文期刊TOP10

2012—2021年广东省农业科学院高发文北大中文核心期刊TOP10见表2-3，2012—2021年广东省农业科学院高发文CSCD期刊TOP10见表2-4。

表2-3 2012—2021年广东省农业科学院高发文期刊（北大中文核心）TOP10　　单位：篇

排序	期刊名称	发文量	排序	期刊名称	发文量
1	广东农业科学	827	6	分子植物育种	94
2	热带作物学报	162	7	蚕业科学	88
3	动物营养学报	153	8	环境昆虫学报	76
4	现代食品科技	125	9	食品科学	65
5	园艺学报	106	10	食品工业科技	64

表2-4 2012—2021年广东省农业科学院高发文期刊（CSCD）TOP10　　单位：篇

排序	期刊名称	发文量	排序	期刊名称	发文量
1	广东农业科学	413	6	环境昆虫学报	76
2	动物营养学报	157	7	食品科学	65
3	热带作物学报	146	8	分子植物育种	62
4	蚕业科学	98	9	南方农业学报	58
5	园艺学报	80	10	中国农业科学	51

2.4 合作发文机构 TOP10

2012—2021 年广东省农业科学院北大中文核心期刊合作发文机构 TOP10 见表 2-5，2012—2021 年广东省农业科学院 CSCD 期刊合作发文机构 TOP10 见表 2-6。

表 2-5 2012—2021 年广东省农业科学院北大中文核心期刊合作发文机构 TOP10　　单位：篇

排序	合作发文机构	发文量	排序	合作发文机构	发文量
1	华南农业大学	457	6	江西农业大学	54
2	中国热带农业科学院	293	7	仲恺农业工程学院	52
3	海南大学	111	8	华南师范大学	42
4	华中农业大学	109	9	华南理工大学	39
5	中国农业科学院	59	10	中国科学院	38

表 2-6 2012—2021 年广东省农业科学院 CSCD 期刊合作发文机构 TOP10　　单位：篇

排序	合作发文机构	发文量	排序	合作发文机构	发文量
1	华南农业大学	315	6	华南师范大学	30
2	华中农业大学	63	7	湖南农业大学	29
3	中国农业科学院	48	8	江西农业大学	27
4	中国热带农业科学院	33	9	西南大学	24
5	暨南大学	32	10	仲恺农业工程学院	23

广西农业科学院

1 英文期刊论文分析

分析数据来源于科学引文索引数据库（Web of Science，WOS）收录的文献类型为期刊论文（ARTICLE）、会议论文（PROCEEDINGS PAPER）和述评（REVIEW）的 Science Citation Index Expanded（SCIE）论文数据，数据时间范围为 2012—2021 年，共检索到广西农业科学院作者发表的论文 799 篇。

1.1 发文量

2012—2021 年广西农业科学院历年 SCI 发文与被引情况见表 1-1，广西农业科学院英文文献历年发文趋势（2012—2021 年）见图 1-1。

表 1-1　2012—2021 年广西农业科学院历年 SCI 发文与被引情况

出版年	发文量（篇）	WOS 所有数据库总被引频次	WOS 核心库被引频次
2012 年	31	996	811
2013 年	30	763	645
2014 年	29	1 101	963
2015 年	62	1 828	1 602
2016 年	44	712	614
2017 年	70	1 564	1 391
2018 年	65	1 377	1 185
2019 年	120	1 467	1 348
2020 年	149	1 281	1 212
2021 年	199	841	810

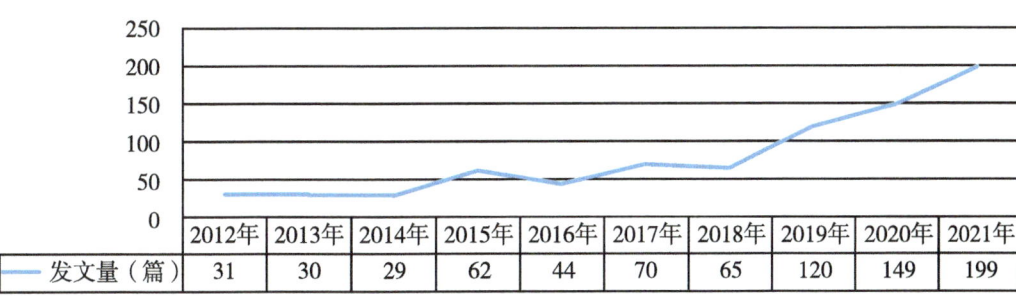

图 1-1　广西农业科学院英文文献历年发文趋势（2012—2021 年）

1.2 发文期刊 JCR 分区

2012—2021 年广西农业科学院 SCI 发文期刊 WOSJCR 分区情况见表 1-2，广西农业科学院 SCI 发文期刊 WOSJCR 分区趋势图（2012—2021 年）见图 1-2。

表 1-2 2012—2021 年广西农业科学院 SCI 发文期刊 WOSJCR 分区情况　　单位：篇

排序	出版年	Q1 区发文量	Q2 区发文量	Q3 区发文量	Q4 区发文量	其他发文量
1	2012 年	7	10	5	3	6
2	2013 年	7	11	6	4	2
3	2014 年	9	6	9	4	1
4	2015 年	19	10	17	10	6
5	2016 年	14	11	15	4	0
6	2017 年	30	14	19	7	0
7	2018 年	29	15	14	4	3
8	2019 年	38	35	25	18	4
9	2020 年	76	26	15	18	13
10	2021 年	102	38	18	13	28

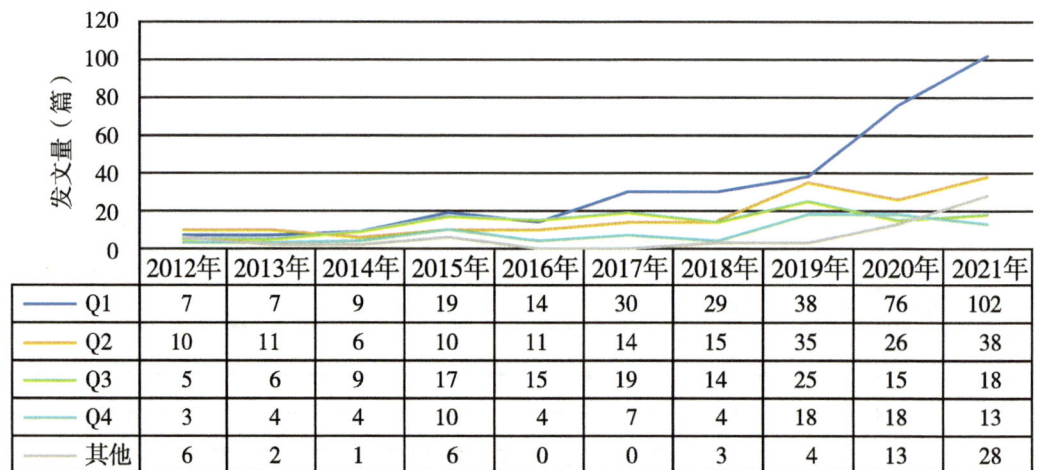

图 1-2 广西农业科学院 SCI 发文期刊 WOSJCR 分区趋势（2012—2021 年）

1.3 高发文研究所 TOP10

2012—2021 年广西农业科学院 SCI 高发文研究所 TOP10 见表 1-3。

表1-3 2012—2021年广西农业科学院SCI高发文研究所TOP10   单位：篇

排序	研究所	发文量
1	广西农业科学院甘蔗研究所	139
2	广西作物遗传改良生物技术重点开放实验室	122
3	广西农业科学院经济作物研究所	66
4	广西农业科学院植物保护研究所	61
5	广西农业科学院农产品加工研究所	57
6	广西农业科学院水稻研究所	54
7	广西农业科学院生物技术研究所	49
8	广西农业科学院农业资源与环境研究所	31
9	广西农业科学院葡萄与葡萄酒研究所	21
9	广西壮族自治区亚热带作物研究所	21
10	广西农业科学院玉米研究所	12

1.4 高发文期刊TOP10

2012—2021年广西农业科学院SCI高发文期刊TOP10见表1-4。

表1-4 2012—2021年广西农业科学院SCI高发文期刊TOP10

排序	期刊名称	发文量（篇）	WOS所有数据库总被引频次	WOS核心库被引频次	期刊影响因子（最近年度）
1	SUGAR TECH	63	1 030	888	1.872（2021）
2	FRONTIERS IN PLANT SCIENCE	25	662	544	6.627（2021）
3	SCIENTIFIC REPORTS	24	420	386	4.996（2021）
4	FRONTIERS IN MICROBIOLOGY	22	300	264	6.064（2021）
5	PLOS ONE	22	822	725	3.752（2021）
6	INTERNATIONAL JOURNAL OF MOLECULAR SCIENCES	15	139	126	6.208（2021）
7	MITOCHONDRIAL DNA PART B-RESOURCES	14	11	11	0.61（2021）
8	FOOD CHEMISTRY	13	141	134	9.231（2021）
9	BMC GENOMICS	13	248	232	4.547（2021）
10	BMC PLANT BIOLOGY	11	129	123	5.26（2021）

1.5 合作发文国家与地区TOP10

2012—2021年广西农业科学院SCI合作发文国家与地区（合作发文1篇以上）TOP10见表1-5。

表1-5 2012—2021年广西农业科学院SCI合作发文国家与地区TOP10

排序	国家与地区	合作发文量（篇）	WOS所有数据库总被引频次	WOS核心库被引频次
1	美国	48	1 251	1 117
2	澳大利亚	34	920	757
3	印度	14	446	407
4	埃及	13	237	228
5	土耳其	11	217	209
6	马来西亚	11	211	201
7	巴基斯坦	11	184	171
8	以色列	10	119	113
9	日本	9	520	470
10	加拿大	9	224	207

1.6 合作发文机构TOP10

2012—2021年广西农业科学院SCI合作发文机构TOP10见表1-6。

表1-6 2012—2021年广西农业科学院SCI合作发文机构TOP10

排序	合作发文机构	发文量（篇）	WOS所有数据库总被引频次	WOS核心库被引频次
1	广西大学	251	799	652
2	中国农业科学院	166	444	376
3	中国科学院	62	161	151
4	中国农业大学	49	197	184
5	华南农业大学	48	81	75

(续表)

排序	合作发文机构	发文量（篇）	WOS 所有数据库总被引频次	WOS 核心库被引频次
6	上海交通大学	28	63	61
7	昆士兰大学	26	27	26
8	湖南农业大学	25	92	83
9	中国热带农业科学院	25	74	56
10	西南大学	25	25	24

1.7 高频词 TOP20

2012—2021 年广西农业科学院 SCI 发文高频词（作者关键词）TOP20 见表 1-7。

表 1-7 2012—2021 年广西农业科学院 SCI 发文高频词（作者关键词）TOP20

排序	关键词（作者关键词）	频次	排序	关键词（作者关键词）	频次
1	Sugarcane	72	11	Photosynthesis	7
2	Gene expression	19	12	grapevine	7
3	Transcriptome	18	13	Downy mildew	6
4	Peanut	11	14	Abscisic acid	6
5	Plasmopara viticola	10	15	Abiotic stress	6
6	rice	9	16	China	6
7	Nitric oxide	9	17	Oxidative stress	6
8	Banana	8	18	biological control	5
9	genetic diversity	7	19	Nitrogen fixation	5
10	Reactive oxygen species	7	20	chloroplast	5

2 中文期刊论文分析

2012—2021 年，广西农业科学院作者共发表北大中文核心期刊论文 3 021 篇，中国科学引文数据库（CSCD）期刊论文 2 018 篇。

2.1 发文量

广西农业科学院中文文献历年发文趋势（2012—2021 年）见图 2-1。

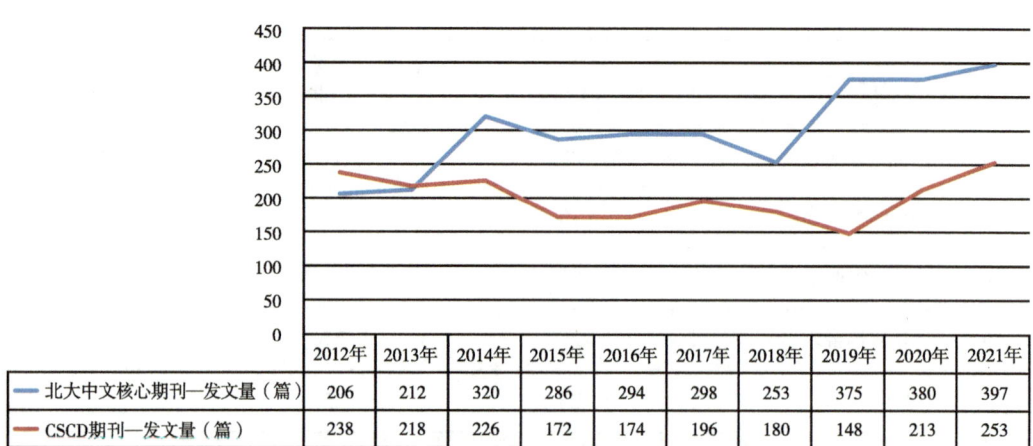

图 2-1 广西农业科学院中文文献历年发文趋势（2012—2021 年）

2.2 高发文研究所 TOP10

2012—2021 年广西农业科学院北大中文核心期刊高发文研究所 TOP10 见表 2-1，2012—2021 年广西农业科学院中国科学引文数据库（CSCD）期刊高发文研究所 TOP10 见表 2-2。

表 2-1 2012—2021 年广西农业科学院北大中文核心期刊高发文研究所 TOP10   单位：篇

排序	研究所	发文量
1	广西农业科学院甘蔗研究所	493
2	广西作物遗传改良生物技术重点开放实验室	287
3	广西农业科学院植物保护研究所	277
3	广西农业科学院农业资源与环境研究所	277
4	广西农业科学院经济作物研究所	256
5	广西农业科学院园艺研究所	233
6	广西农业科学院水稻研究所	226
7	广西农业科学院农产品加工研究所	196
8	广西农业科学院	165
9	广西农业科学院生物技术研究所	155
10	广西农业科学院蔬菜研究所	154
11	广西农业科学院微生物研究所	145

注："广西农业科学院"发文包括作者单位只标注为"广西农业科学院"、院属实验室等。

表 2-2 2012—2021 年广西农业科学院 CSCD 期刊高发文研究所 TOP10   单位：篇

排序	研究所	发文量
1	广西农业科学院甘蔗研究所	260

(续表)

排序	研究所	发文量
2	广西农业科学院经济作物研究所	232
3	广西农业科学院植物保护研究所	225
4	广西农业科学院水稻研究所	199
5	广西农业科学院农业资源与环境研究所	189
6	广西农业科学院微生物研究所	142
7	广西农业科学院园艺研究所	133
8	广西农业科学院农产品加工研究所	111
9	广西作物遗传改良生物技术重点开放实验室	110
10	广西农业科学院玉米研究所	102
10	广西农业科学院生物技术研究所	102

2.3 高发文期刊 TOP10

2012—2021年广西农业科学院高发文北大中文核心期刊 TOP10 见表 2-3，2012—2021年广西农业科学院高发文 CSCD 期刊 TOP10 见表 2-4。

表 2-3　2012—2021 年广西农业科学院高发文期刊（北大中文核心）TOP10　　单位：篇

排序	期刊名称	发文量	排序	期刊名称	发文量
1	南方农业学报	554	6	北方园艺	75
2	西南农业学报	379	7	种子	72
3	中国南方果树	145	8	江苏农业科学	63
4	热带作物学报	139	9	分子植物育种	62
5	广东农业科学	88	10	中国蔬菜	54

表 2-4　2012—2021 年广西农业科学院高发文期刊（CSCD）TOP10　　单位：篇

排序	期刊名称	发文量	排序	期刊名称	发文量
1	南方农业学报	690	6	分子植物育种	40
2	西南农业学报	337	7	中国农学通报	31
3	热带作物学报	139	8	杂交水稻	29
4	广东农业科学	56	9	植物保护	29
5	植物遗传资源学报	41	10	广西植物	23

2.4 合作发文机构TOP10

2012—2021年广西农业科学院北大中文核心期刊合作发文机构TOP10见表2-5，2012—2021年广西农业科学院CSCD期刊合作发文机构TOP10见表2-6。

表2-5 2012—2021年广西农业科学院北大中文核心期刊合作发文机构TOP10　　单位：篇

排序	合作发文机构	发文量	排序	合作发文机构	发文量
1	广西大学	603	6	中国热带农业科学院	29
2	中国农业科学院	233	7	广西特色作物研究院	27
3	广西科学院	76	8	湖南农业大学	23
4	华南农业大学	72	9	广西农业职业技术学院	21
5	中国科学院	49	10	国家水稻改良中心	21

表2-6 2012—2021年广西农业科学院CSCD期刊合作发文机构TOP10　　单位：篇

排序	合作发文机构	发文量	排序	合作发文机构	发文量
1	广西大学	361	6	广西农业职业技术学院	15
2	中国农业科学院	175	7	广西特色作物研究院	15
3	中国科学院	28	8	国家水稻改良中心	14
4	中国热带农业科学院	24	9	湖南农业大学	14
5	华南农业大学	21	10	中国农业大学	14

贵州省农业科学院

1 英文期刊论文分析

分析数据来源于科学引文索引数据库（Web of Science，WOS）收录的文献类型为期刊论文（ARTICLE）、会议论文（PROCEEDINGS PAPER）和述评（REVIEW）的 Science Citation Index Expanded（SCIE）论文数据，数据时间范围为 2012—2021 年，共检索到贵州省农业科学院作者发表的论文 549 篇。

1.1 发文量

2012—2021 年贵州省农业科学院历年 SCI 发文与被引情况见表 1-1，贵州省农业科学院英文文献历年发文趋势（2012—2021 年）见图 1-1。

表 1-1 2012—2021 年贵州省农业科学院历年 SCI 发文与被引情况

出版年	发文量（篇）	WOS 所有数据库总被引频次	WOS 核心库被引频次
2012 年	7	196	159
2013 年	16	1 076	954
2014 年	18	582	534
2015 年	29	2 587	2 360
2016 年	55	1 901	1 748
2017 年	52	1 726	1 565
2018 年	72	1 578	1 394
2019 年	94	1 336	1 220
2020 年	89	1 369	1 263
2021 年	117	345	333

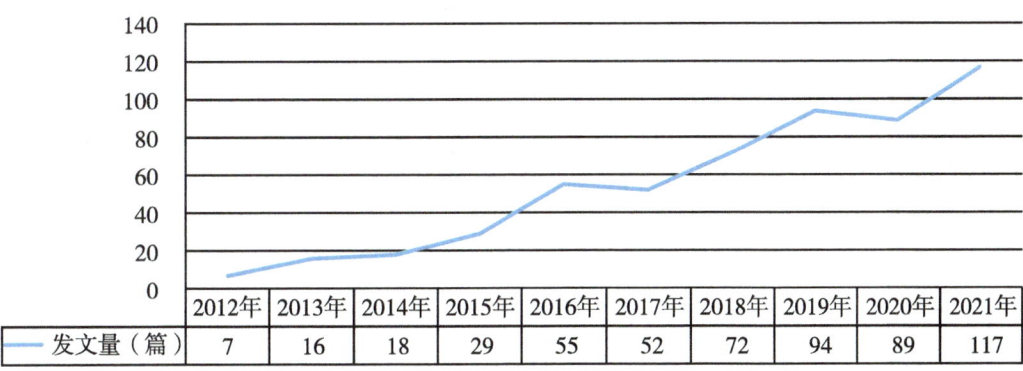

图 1-1 贵州省农业科学院英文文献历年发文趋势（2012—2021 年）

1.2 发文期刊 JCR 分区

2012—2021年贵州省农业科学院SCI发文期刊WOSJCR分区情况见表1-2，贵州省农业科学院SCI发文期刊WOSJCR分区趋势图（2012—2021年）见图1-2。

表1-2 2012—2021年贵州省农业科学院SCI发文期刊WOSJCR分区情况   单位：篇

排序	出版年	Q1区发文量	Q2区发文量	Q3区发文量	Q4区发文量	其他发文量
1	2012年	2	0	0	4	1
2	2013年	7	3	4	2	0
3	2014年	6	4	8	0	0
4	2015年	10	4	5	7	3
5	2016年	13	4	27	11	0
6	2017年	19	11	15	5	2
7	2018年	24	13	24	11	0
8	2019年	28	18	31	13	4
9	2020年	36	23	16	8	6
10	2021年	51	27	12	14	13

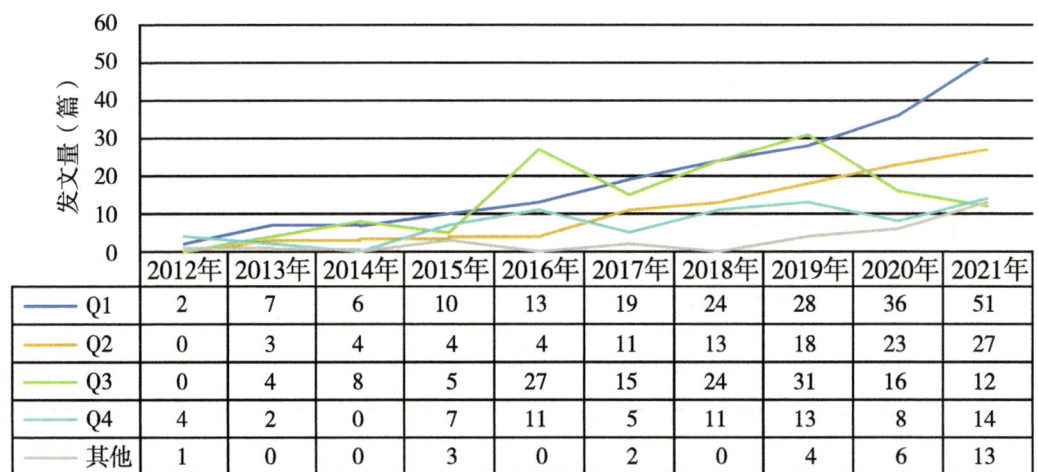

图1-2 贵州省农业科学院SCI发文期刊WOSJCR分区趋势（2012—2021年）

1.3 高发文研究所 TOP10

2012—2021年贵州省农业科学院SCI高发文研究所TOP10见表1-3。

表1-3 2012—2021年贵州省农业科学院SCI高发文研究所TOP10　　　　　单位：篇

排序	研究所	发文量
1	贵州省农业生物技术研究所	173
2	贵州省植物保护研究所	49
3	贵州省草业研究所	24
4	贵州省茶叶研究所	21
5	贵州省油菜研究所	19
5	贵州省旱粮研究所	19
6	贵州省农业科学院果树科学（柑橘/火龙果）研究所	14
7	贵州省园艺研究所	9
8	贵州省水稻研究所	5
9	贵州省油料（香料）研究所	3
9	贵州省亚热带作物（生物质能源）研究所	3
9	贵州省农作物品种资源研究所（贵州省现代中药材研究所）	3
10	贵州省蚕业（辣椒）研究所	1
10	贵州省畜牧兽医研究所	1
10	贵州省农业科技信息研究所	1

1.4 高发文期刊TOP10

2012—2021年贵州省农业科学院SCI高发文期刊TOP10见表1-4。

表1-4 2012—2021年贵州省农业科学院SCI高发文期刊TOP10

排序	期刊名称	发文量（篇）	WOS所有数据库总被引频次	WOS核心库被引频次	期刊影响因子（最近年度）
1	PHYTOTAXA	44	415	383	1.05（2021）
2	FUNGAL DIVERSITY	37	6 363	5 804	24.902（2021）
3	MYCOSPHERE	33	994	916	16.525（2021）
4	INTERNATIONAL JOURNAL OF MOLECULAR SCIENCES	17	276	255	6.208（2021）
5	PLOS ONE	13	335	295	3.752（2021）

(续表)

排序	期刊名称	发文量（篇）	WOS所有数据库总被引频次	WOS核心库被引频次	期刊影响因子（最近年度）
6	MYCOLOGICAL PROGRESS	13	252	234	2.538（2021）
7	SCIENTIFIC REPORTS	12	222	199	4.996（2021）
8	FRONTIERS IN PLANT SCIENCE	12	175	155	6.627（2021）
9	CRYPTOGAMIE MYCOLOGIE	9	191	172	2.231（2020）
10	MOLECULES	7	74	69	4.927（2021）

1.5 合作发文国家与地区TOP10

2012—2021年贵州省农业科学院SCI合作发文国家与地区（合作发文1篇以上）TOP10见表1-5。

表1-5 2012—2021年贵州省农业科学院SCI合作发文国家与地区TOP10

排序	国家与地区	合作发文量（篇）	WOS所有数据库总被引频次	WOS核心库被引频次
1	泰国	150	8 734	7 976
2	沙特阿拉伯	64	6 462	5 917
3	印度	55	5 999	5 475
4	意大利	37	5 004	4 586
5	新西兰	36	4 992	4 581
6	美国	35	4 759	4 320
7	德国	27	4 373	4 019
8	阿曼	25	2 470	2 249
9	毛里求斯	24	3 708	3 356
10	葡萄牙	22	3 224	2 908

1.6 合作发文机构TOP10

2012—2021年贵州省农业科学院SCI合作发文机构TOP10见表1-6。

表1-6 2012—2021年贵州省农业科学院SCI合作发文机构TOP10

排序	合作发文机构	发文量（篇）	WOS所有数据库总被引频次	WOS核心库被引频次
1	泰国皇太后大学	144	2 181	2 132
2	贵州大学	133	1 646	1 603
3	中国科学院	114	2 171	2 107
4	沙特国王大学	59	1 695	1 663
5	清迈大学	49	772	763
6	中国农业科学院	38	77	74
7	阿扎德住房协会	35	1 210	1 195
8	印度果阿大学	33	1 274	1 258
9	北京市农林科学院	29	1 406	1 392
10	华中农业大学	28	110	96

1.7 高频词TOP20

2012—2021年贵州省农业科学院SCI发文高频词（作者关键词）TOP20见表1-7。

表1-7 2012—2021年贵州省农业科学院SCI发文高频词（作者关键词）TOP20

排序	关键词（作者关键词）	频次	排序	关键词（作者关键词）	频次
1	taxonomy	86	11	Brassica napus	10
2	phylogeny	85	12	Basidiomycota	9
3	Dothideomycetes	36	13	Deltamethrin	8
4	Sordariomycetes	25	14	New genus	8
5	New species	22	15	RNA-Seq	8
6	morphology	22	16	Classification	7
7	asexual morph	16	17	Freshwater fungi	7
8	Ascomycota	15	18	2 new taxa	7
9	Pleosporales	14	19	Pezizomycetes	6
10	Asexual fungi	11	20	LSU	6

2 中文期刊论文分析

2012—2021年，贵州省农业科学院作者共发表北大中文核心期刊论文3 085篇，中国科学引文数据库（CSCD）期刊论文1 268篇。

2.1 发文量

2012—2021年贵州省农业科学院中文文献历年发文趋势（2012—2021年）见图2-1。

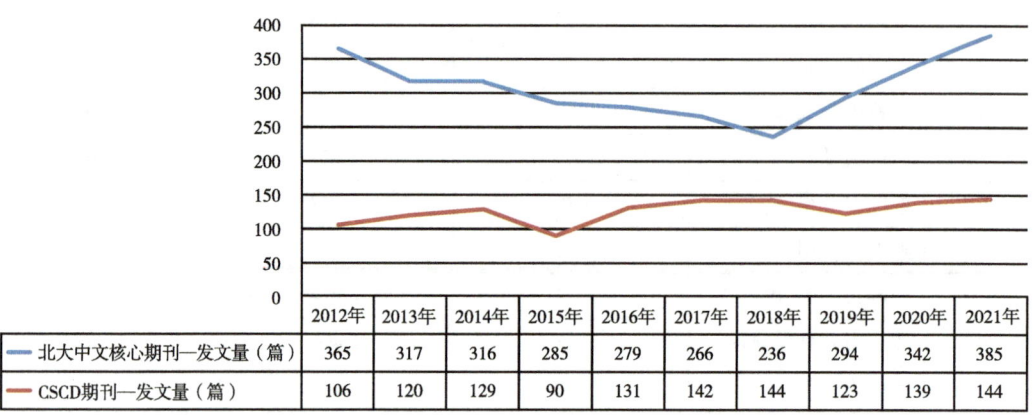

图2-1 贵州省农业科学院中文文献历年发文趋势（2012—2021年）

2.2 高发文研究所TOP10

2012—2021年贵州省农业科学院北大中文核心期刊高发文研究所TOP10见表2-1，2012—2021年贵州省农业科学院中国科学引文数据库（CSCD）期刊高发文研究所TOP10见表2-2。

表2-1 2012—2021年贵州省农业科学院北大中文核心期刊高发文研究所TOP10 单位：篇

排序	研究所	发文量
1	贵州省畜牧兽医研究所	323
2	贵州省农业生物技术研究所	315
3	贵州省草业研究所	300
4	贵州省土壤肥料研究所	256
5	贵州省植物保护研究所	202
6	贵州省旱粮研究所	182
7	贵州省农业科学院果树科学（柑橘/火龙果）研究所	176
8	贵州省油菜研究所	162
9	贵州省水稻研究所	160
10	贵州省茶叶研究所	157

表 2-2 2012—2021 年贵州省农业科学院 CSCD 期刊高发文研究所 TOP10　　　单位：篇

排序	研究所	发文量
1	贵州省草业研究所	172
2	贵州省土壤肥料研究所	162
3	贵州省植物保护研究所	118
4	贵州省农业生物技术研究所	106
5	贵州省茶叶研究所	94
6	贵州省农业科学院果树科学（柑橘/火龙果）研究所	80
7	贵州省畜牧兽医研究所	78
8	贵州省水稻研究所	69
8	贵州省亚热带作物（生物质能源）研究所	69
9	贵州省旱粮研究所	66
10	贵州省油料（香料）研究所	55

2.3　高发文期刊 TOP10

2012—2021 年贵州省农业科学院高发文北大中文核心期刊 TOP10 见表 2-3，2012—2021 年贵州省农业科学院高发文 CSCD 期刊 TOP10 见表 2-4。

表 2-3 2012—2021 年贵州省农业科学院高发文期刊（北大中文核心）TOP10　　　单位：篇

排序	期刊名称	发文量	排序	期刊名称	发文量
1	贵州农业科学	658	6	分子植物育种	75
2	种子	331	7	北方园艺	58
3	西南农业学报	212	8	安徽农业科学	54
4	黑龙江畜牧兽医	106	9	南方农业学报	52
5	江苏农业科学	98	10	湖北农业科学	50

表 2-4 2012—2021 年贵州省农业科学院高发文期刊（CSCD）TOP10　　　单位：篇

排序	期刊名称	发文量	排序	期刊名称	发文量
1	西南农业学报	200	6	热带作物学报	36
2	种子	100	7	基因组学与应用生物学	34
3	南方农业学报	57	8	草业科学	31
4	分子植物育种	43	9	广东农业科学	24
5	草业学报	37	10	植物遗传资源学报	23

2.4 合作发文机构TOP10

2012—2021年贵州省农业科学院北大中文核心期刊合作发文机构TOP10见表2-5，2012—2021年贵州省农业科学院CSCD期刊合作发文机构TOP10见表2-6。

表2-5 2012—2021年贵州省农业科学院北大中文核心期刊合作发文机构TOP10　　单位：篇

排序	合作发文机构	发文量	排序	合作发文机构	发文量
1	贵州大学	608	6	中国热带农业科学院	45
2	西南大学	97	7	南京农业大学	28
3	贵州师范大学	94	8	中国科学院	26
4	中国农业科学院	51	9	农业生物工程研究院	22
5	四川农业大学	45	10	中国农业大学	18

表2-6 2012—2021年贵州省农业科学院CSCD期刊合作发文机构TOP10　　单位：篇

排序	合作发文机构	发文量	排序	合作发文机构	发文量
1	贵州大学	252	6	中国热带农业科学院	26
2	西南大学	59	7	中国科学院	16
3	贵州师范大学	48	8	南京农业大学	14
4	中国农业科学院	36	9	农业生物工程研究院	14
5	四川农业大学	29	10	贵州省烟草科学研究院	11

海南省农业科学院

1 英文期刊论文分析

分析数据来源于科学引文索引数据库（Web of Science, WOS）收录的文献类型为期刊论文（ARTICLE）、会议论文（PROCEEDINGS PAPER）和述评（REVIEW）的 Science Citation Index Expanded（SCIE）论文数据，数据时间范围为2012—2021年，共检索到海南省农业科学院作者发表的论文186篇。

1.1 发文量

2012—2021年海南省农业科学院历年 SCI 发文与被引情况见表1-1，海南省农业科学院英文文献历年发文趋势（2012—2021年）见图1-1。

表1-1　2012—2021年海南省农业科学院历年 SCI 发文与被引情况

出版年	发文量（篇）	WOS 所有数据库总被引频次	WOS 核心库被引频次
2012年	13	504	436
2013年	5	141	117
2014年	6	110	101
2015年	15	103	83
2016年	27	343	313
2017年	26	510	464
2018年	20	307	291
2019年	23	190	177
2020年	19	154	148
2021年	32	73	72

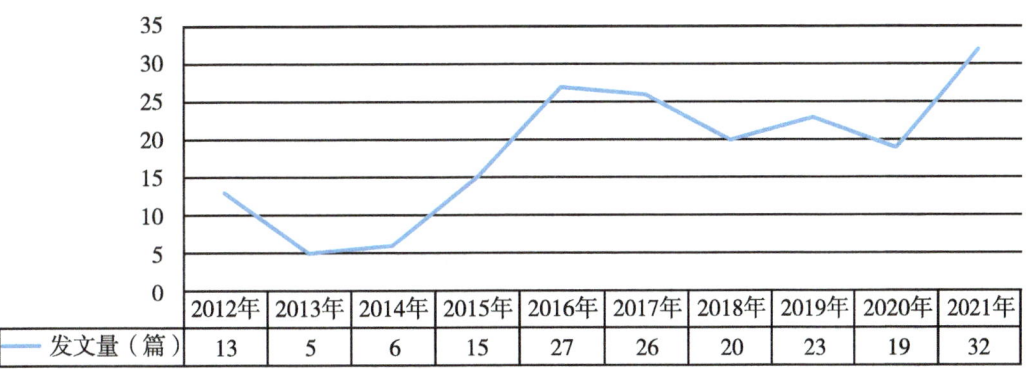

图1-1　海南省农业科学院英文文献历年发文趋势（2012—2021年）

1.2 发文期刊 JCR 分区

2012—2021 年海南省农业科学院 SCI 发文期刊 WOSJCR 分区情况见表 1-2，海南省农业科学院 SCI 发文期刊 WOSJCR 分区趋势图（2012—2021 年）见图 1-2。

表 1-2 2012—2021 年海南省农业科学院 SCI 发文期刊 WOSJCR 分区情况　　单位：篇

排序	出版年	Q1 区发文量	Q2 区发文量	Q3 区发文量	Q4 区发文量	其他发文量
1	2012 年	6	4	2	1	0
2	2013 年	1	2	0	2	0
3	2014 年	0	3	1	0	2
4	2015 年	3	5	4	1	2
5	2016 年	13	3	3	3	5
6	2017 年	15	6	4	1	0
7	2018 年	8	6	2	3	1
8	2019 年	9	11	2	1	0
9	2020 年	10	6	0	2	1
10	2021 年	17	7	4	1	3

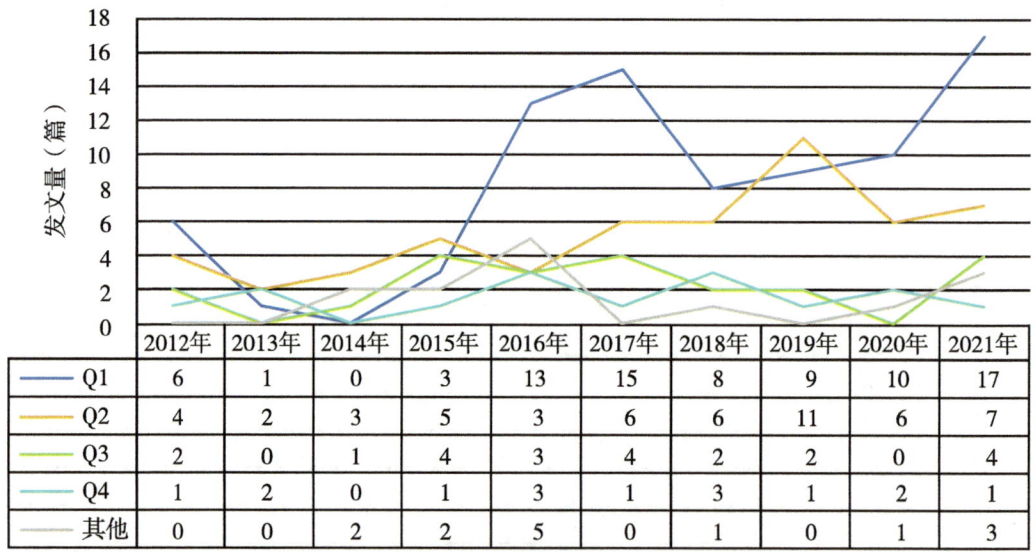

图 1-2 海南省农业科学院 SCI 发文期刊 WOSJCR 分区趋势（2012—2021 年）

1.3 高发文研究所 TOP10

2012—2021 年海南省农业科学院 SCI 高发文研究所 TOP10 见表 1-3。

表 1-3　2012—2021 年海南省农业科学院 SCI 高发文研究所 TOP10　　　单位：篇

排序	研究所	发文量
1	海南省农业科学院畜牧兽医研究所	43
2	海南省农业科学院热带果树研究所	17
3	海南省农业科学院植物保护研究所	10
4	海南省农业科学院热带园艺研究所	7
5	海南省农业科学院粮食作物研究所	3

注：全部发文研究所数量不足 10 个。

1.4　高发文期刊 TOP10

2012—2021 年海南省农业科学院 SCI 高发文期刊 TOP10 见表 1-4。

表 1-4　2012—2021 年海南省农业科学院 SCI 高发文期刊 TOP10

排序	期刊名称	发文量（篇）	WOS 所有数据库总被引频次	WOS 核心库被引频次	期刊影响因子（最近年度）
1	PLOS ONE	14	305	271	3.752（2021）
2	SCIENTIFIC REPORTS	11	149	138	4.996（2021）
3	MANAGEMENT SCIENCE	6	73	73	6.172（2021）
4	PRODUCTION AND OPERATIONS MANAGEMENT	4	37	35	4.638（2021）
5	ENVIRONMENTAL SCIENCE AND POLLUTION RESEARCH	4	77	65	5.19（2021）
6	PROCEEDINGS OF THE NATIONAL ACADEMY OF SCIENCES OF THE UNITED STATES OF AMERICA	4	58	57	12.779（2021）
7	MICROBIAL PATHOGENESIS	3	23	21	3.848（2021）
8	BMC GENOMICS	3	47	40	4.547（2021）
9	ANIMALS	3	11	10	3.231（2021）
10	PARASITE	3	20	20	3.02（2021）

1.5　合作发文国家与地区 TOP10

2012—2021 年海南省农业科学院 SCI 合作发文国家与地区（合作发文 1 篇以上）TOP10 见表 1-5。

表1-5 2012—2021年海南省农业科学院SCI合作发文国家与地区TOP10

排序	国家与地区	合作发文量（篇）	WOS所有数据库总被引频次	WOS核心库被引频次
1	美国	42	863	793
2	俄罗斯	4	36	29
3	巴基斯坦	4	158	152
4	德国	4	116	114
5	新加坡	3	29	28
6	英国	3	105	102
7	巴西	2	164	136
8	瑞士	2	47	47
9	法国	2	164	136
10	印度	2	164	136

1.6 合作发文机构TOP10

2012—2021年海南省农业科学院SCI合作发文机构TOP10见表1-6。

表1-6 2012—2021年海南省农业科学院SCI合作发文机构TOP10

排序	合作发文机构	发文量（篇）	WOS所有数据库总被引频次	WOS核心库被引频次
1	海南大学	28	28	25
2	中国农业科学院	25	70	61
3	加州大学伯克利分校	25	83	82
4	华南农业大学	23	44	39
5	中国科学院	8	22	21
6	北京大学	6	3	3
7	西北农林科技大学	6	24	20
8	四川农业大学	5	9	9
9	中国农业大学	5	67	56
10	浙江农林大学	5	5	5

1.7 高频词TOP20

2012—2021年海南省农业科学院SCI发文高频词（作者关键词）TOP20见表1-7。

表 1-7 2012—2021 年海南省农业科学院 SCI 发文高频词（作者关键词）TOP20

排序	关键词（作者关键词）	频次	排序	关键词（作者关键词）	频次
1	Gene expression	4	11	Antioxidative enzyme	2
2	pig	4	12	GSK3 beta	2
3	Sesuvium portulacastrum	4	13	Pekin duck	2
4	Salt tolerance	3	14	Enterocytozoon bieneusi	2
5	promoter	3	15	Genotype	2
6	genetic diversity	3	16	biological control	2
7	Cadmium	3	17	Myogenesis	2
8	Cuminaldehyde	3	18	Sesame	2
9	Suppression subtractive hybridization	2	19	Rice	2
10	graphene scaffold	2	20	meat quality	2

2 中文期刊论文分析

2012—2021 年，海南省农业科学院作者共发表北大中文核心期刊论文 786 篇，中国科学引文数据库（CSCD）期刊论文 379 篇。

2.1 发文量

海南省农业科学院中文文献历年发文趋势（2012—2021 年）见图 2-1。

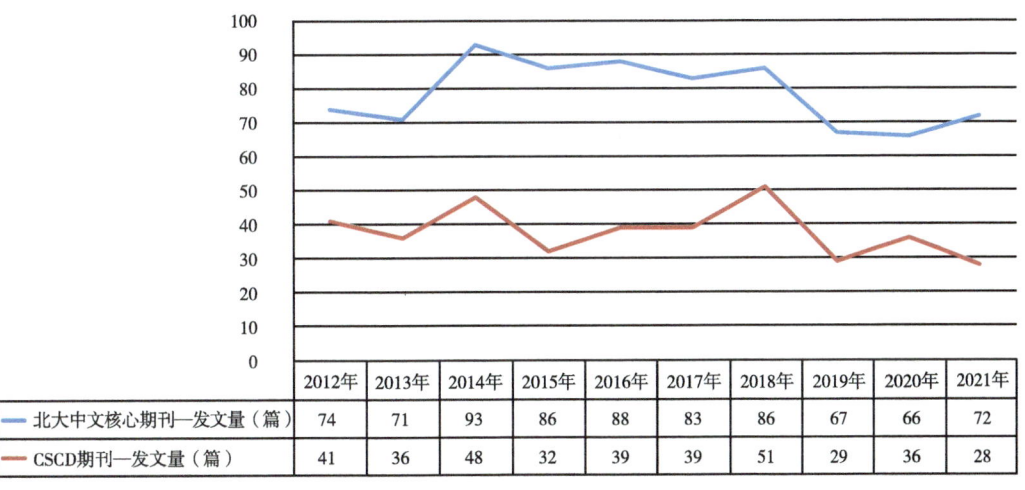

	2012年	2013年	2014年	2015年	2016年	2017年	2018年	2019年	2020年	2021年
北大中文核心期刊—发文量（篇）	74	71	93	86	88	83	86	67	66	72
CSCD期刊—发文量（篇）	41	36	48	32	39	39	51	29	36	28

图 2-1 海南省农业科学院中文文献历年发文趋势（2012—2021 年）

2.2 高发文研究所 TOP10

2012—2021年海南省农业科学院北大中文核心期刊高发文研究所 TOP10 见表 2-1，2012—2021年海南省农业科学院中国科学引文数据库（CSCD）期刊高发文研究所 TOP10 见表 2-2。

表 2-1 2012—2021 年海南省农业科学院北大中文核心期刊高发文研究所 TOP10　　单位：篇

排序	研究所	发文量
1	海南省农业科学院畜牧兽医研究所	162
2	海南省农业科学院植物保护研究所	145
3	海南省农业科学院粮食作物研究所	102
4	海南省农业科学院蔬菜研究所	91
5	海南省农业科学院热带果树研究所	83
6	海南省农业科学院农业环境与土壤研究所	79
6	海南省农业科学院农产品加工设计研究所	79
7	海南省农业科学院热带园艺研究所	49
8	海南省农业科学院	34
9	海南省农业科学院南繁育种研究中心	1

注："海南省农业科学院"发文包括作者单位只标注为"海南省农业科学院"、院属实验室等。

表 2-2 2012—2021 年海南省农业科学院 CSCD 期刊高发文研究所 TOP10　　单位：篇

排序	研究所	发文量
1	海南省农业科学院植物保护研究所	88
2	海南省农业科学院粮食作物研究所	83
3	海南省农业科学院热带果树研究所	48
4	海南省农业科学院蔬菜研究所	43
5	海南省农业科学院农业环境与土壤研究所	36
6	海南省农业科学院	32
7	海南省农业科学院热带园艺研究所	25
8	海南省农业科学院畜牧兽医研究所	23
8	海南省农业科学院农产品加工设计研究所	23

注："海南省农业科学院"发文包括作者单位只标注为"海南省农业科学院"、院属实验室等。全部发文研究所数量不足 10 个。

2.3 高发文期刊 TOP10

2012—2021年海南省农业科学院高发文北大中文核心期刊TOP10见表2-3，2012—2021年海南省农业科学院高发文CSCD期刊TOP10见表2-4。

表2-3　2012—2021年海南省农业科学院高发文期刊（北大中文核心）TOP10　　单位：篇

排序	期刊名称	发文量	排序	期刊名称	发文量
1	分子植物育种	70	6	基因组学与应用生物学	27
2	广东农业科学	65	7	中国南方果树	27
3	热带作物学报	41	8	中国家禽	26
4	黑龙江畜牧兽医	38	9	北方园艺	26
5	江苏农业科学	28	10	杂交水稻	24

表2-4　2012—2021年海南省农业科学院高发文期刊（CSCD）TOP10　　单位：篇

排序	期刊名称	发文量	排序	期刊名称	发文量
1	广东农业科学	50	6	西南农业学报	15
2	分子植物育种	49	7	植物遗传资源学报	11
3	热带作物学报	43	8	食品工业科技	10
4	基因组学与应用生物学	27	9	农药	8
5	杂交水稻	25	10	中国农学通报	7

2.4 合作发文机构 TOP10

2012—2021年海南省农业科学院北大中文核心期刊合作发文机构TOP10见表2-5，2012—2021年海南省农业科学院CSCD期刊合作发文机构TOP10见表2-6。

表2-5　2012—2021年海南省农业科学院北大中文核心期刊合作发文机构TOP10　　单位：篇

排序	合作发文机构	发文量	排序	合作发文机构	发文量
1	海南大学	124	6	南京农业大学	8
2	中国热带农业科学院	104	7	西南民族大学	7
3	华南农业大学	44	8	海南省食品检验检测中心	7
4	中国农业科学院	24	9	湖南农业大学	7
5	广东省农业科学院	15	10	华中农业大学	7

表 2-6　2012—2021 年海南省农业科学院 CSCD 期刊合作发文机构 TOP10　　　单位：篇

排序	合作发文机构	发文量	排序	合作发文机构	发文量
1	海南大学	70	6	琼中县农业技术推广服务中心	5
2	中国热带农业科学院	53	7	中国科学院	5
3	华南农业大学	18	8	云南省农业科学院	5
4	中国农业科学院	15	9	中国医学科学院	4
5	广东省农业科学院	10	10	南京农业大学	4

河北省农林科学院

1 英文期刊论文分析

分析数据来源于科学引文索引数据库（Web of Science，WOS）收录的文献类型为期刊论文（ARTICLE）、会议论文（PROCEEDINGS PAPER）和述评（REVIEW）的 Science Citation Index Expanded（SCIE）论文数据，数据时间范围为 2012—2021 年，共检索到河北省农林科学院作者发表的论文 725 篇。

1.1 发文量

2012—2021 年河北省农林科学院历年 SCI 发文与被引情况见表 1-1，河北省农林科学院英文文献历年发文趋势（2012—2021 年）见图 1-1。

表1-1 2012—2021 年河北省农林科学院历年 SCI 发文与被引情况

出版年	发文量（篇）	WOS 所有数据库总被引频次	WOS 核心库被引频次
2012 年	40	1 465	1 216
2013 年	47	1 706	1 464
2014 年	50	1 353	1 130
2015 年	61	1 031	878
2016 年	54	1 478	1 241
2017 年	67	1 212	1 066
2018 年	79	2 050	1 805
2019 年	93	1 414	1 257
2020 年	111	846	763
2021 年	123	389	365

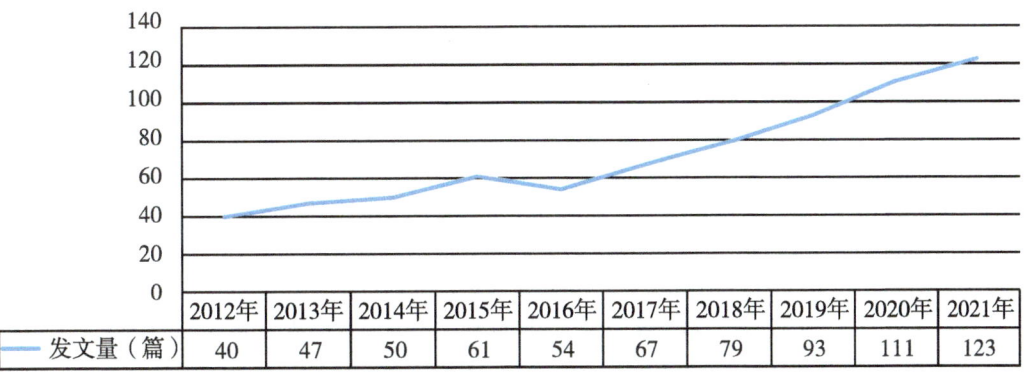

图1-1 河北省农林科学院英文文献历年发文趋势（2012—2021 年）

1.2 发文期刊 JCR 分区

2012—2021 年河北省农林科学院 SCI 发文期刊 WOSJCR 分区情况见表 1-2，河北省农林科学院 SCI 发文期刊 WOSJCR 分区趋势图（2012—2021 年）见图 1-2。

表 1-2　2012—2021 年河北省农林科学院 SCI 发文期刊 WOSJCR 分区情况　　单位：篇

排序	出版年	Q1 区发文量	Q2 区发文量	Q3 区发文量	Q4 区发文量	其他发文量
1	2012 年	12	12	9	5	2
2	2013 年	24	10	8	4	1
3	2014 年	13	22	6	4	5
4	2015 年	20	18	11	9	3
5	2016 年	16	18	12	6	2
6	2017 年	32	10	15	10	0
7	2018 年	26	28	17	8	0
8	2019 年	50	19	16	7	1
9	2020 年	51	26	12	13	9
10	2021 年	69	32	6	7	9

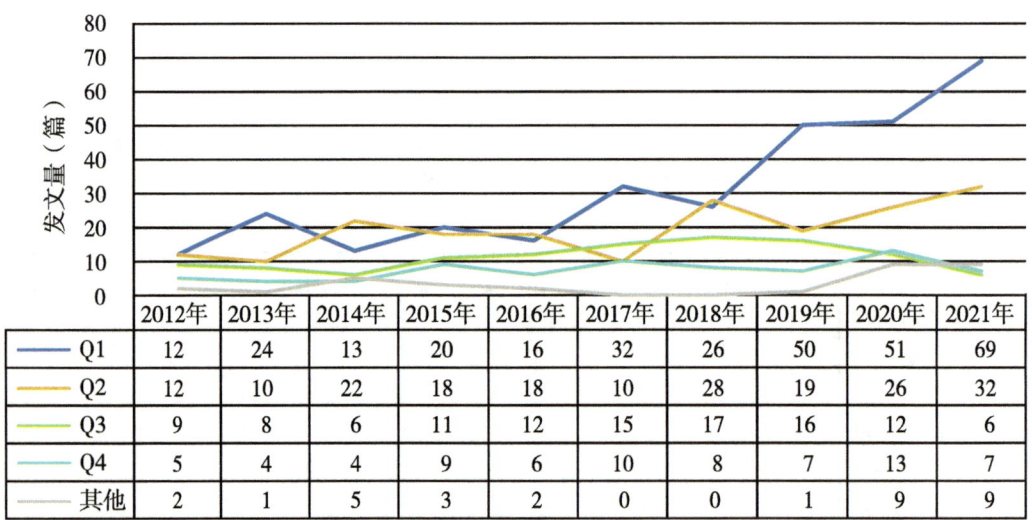

图 1-2　河北省农林科学院 SCI 发文期刊 WOSJCR 分区趋势（2012—2021 年）

1.3 高发文研究所TOP10

2012—2021年河北省农林科学院SCI高发文研究所TOP10见表1-3。

表1-3 2012—2021年河北省农林科学院SCI高发文研究所TOP10　　　　单位：篇

排序	研究所	发文量
1	河北省农林科学院粮油作物研究所	158
2	河北省农林科学院植物保护研究所	107
3	河北省农林科学院遗传生理研究所	89
4	河北省农林科学院谷子研究所	77
5	河北省农林科学院旱作农业研究所	49
6	河北省农林科学院昌黎果树研究所	38
7	河北省农林科学院农业资源环境研究所	33
8	河北省农林科学院棉花研究所	18
9	河北省农林科学院经济作物研究所	14
9	河北省农林科学院滨海农业研究所	14
10	河北省农林科学院石家庄果树研究所	13

1.4 高发文期刊TOP10

2012—2021年河北省农林科学院SCI高发文期刊TOP10见表1-4。

表1-4 2012—2021年河北省农林科学院SCI高发文期刊TOP10

排序	期刊名称	发文量（篇）	WOS所有数据库总被引频次	WOS核心库被引频次	期刊影响因子（最近年度）
1	JOURNAL OF INTEGRATIVE AGRICULTURE	33	248	197	4.384（2021）
2	PLOS ONE	31	654	559	3.752（2021）
3	FRONTIERS IN PLANT SCIENCE	23	323	301	6.627（2021）
4	SCIENTIFIC REPORTS	19	274	244	4.996（2021）
5	THEORETICAL AND APPLIED GENETICS	18	330	280	5.574（2021）
6	EUPHYTICA	17	158	137	2.185（2021）
7	BMC GENOMICS	16	565	513	4.547（2021）

（续表）

排序	期刊名称	发文量（篇）	WOS所有数据库总被引频次	WOS核心库被引频次	期刊影响因子（最近年度）
8	FIELD CROPS RESEARCH	12	353	300	6.145（2021）
9	INTERNATIONAL JOURNAL OF MOLECULAR SCIENCES	12	261	223	6.208（2021）
10	BMC PLANT BIOLOGY	11	175	166	5.26（2021）

1.5 合作发文国家与地区TOP10

2012—2021年河北省农林科学院SCI合作发文国家与地区（合作发文1篇以上）TOP10见表1-5。

表1-5 2012—2021年河北省农林科学院SCI合作发文国家与地区TOP10

排序	国家与地区	合作发文量（篇）	WOS所有数据库总被引频次	WOS核心库被引频次
1	美国	83	2 624	2 362
2	澳大利亚	26	700	641
3	巴基斯坦	12	122	107
4	比利时	8	186	140
5	德国	7	270	249
6	荷兰	7	136	124
7	瑞士	7	176	155
8	加拿大	6	305	247
9	新西兰	6	111	100
10	墨西哥	6	167	151

1.6 合作发文机构TOP10

2012—2021年河北省农林科学院SCI合作发文机构TOP10见表1-6。

表1-6 2012—2021年河北省农林科学院SCI合作发文机构TOP10

排序	合作发文机构	发文量（篇）	WOS所有数据库总被引频次	WOS核心库被引频次
1	中国农业科学院	167	969	826

(续表)

排序	合作发文机构	发文量（篇）	WOS所有数据库总被引频次	WOS核心库被引频次
2	中国农业大学	108	417	361
3	河北农业大学	76	249	197
4	中国科学院	68	609	521
5	河北师范大学	34	464	388
6	美国农业部农业研究院	22	38	37
7	中国科学院大学	21	38	31
8	阿肯色大学	21	107	97
9	南京农业大学	17	138	127
10	四川农业大学	17	55	52

1.7 高频词TOP20

2012—2021年河北省农林科学院SCI发文高频词（作者关键词）TOP20见表1-7。

表1-7 2012—2021年河北省农林科学院SCI发文高频词（作者关键词）TOP20

排序	关键词（作者关键词）	频次	排序	关键词（作者关键词）	频次
1	maize	20	11	Pear	7
2	Wheat	17	12	Genetic diversity	7
3	yield	15	13	phylogenetic analysis	7
4	Soybean	14	14	winter wheat	7
5	Triticum aestivum	14	15	1-methylcyclopropene	7
6	foxtail millet	11	16	biomass	6
7	Microplitis mediator	10	17	transcriptome	6
8	thermotolerance	10	18	Drought tolerance	6
9	QTL	8	19	Salt tolerance	6
10	Gene expression	8	20	Vigna unguiculata	6

2 中文期刊论文分析

2012—2021年,河北省农林科学院作者共发表北大中文核心期刊论文1 894篇,中国科学引文数据库(CSCD)期刊论文1 221篇。

2.1 发文量

2012—2021年河北省农林科学院中文文献历年发文趋势(2012—2021年)见图2-1。

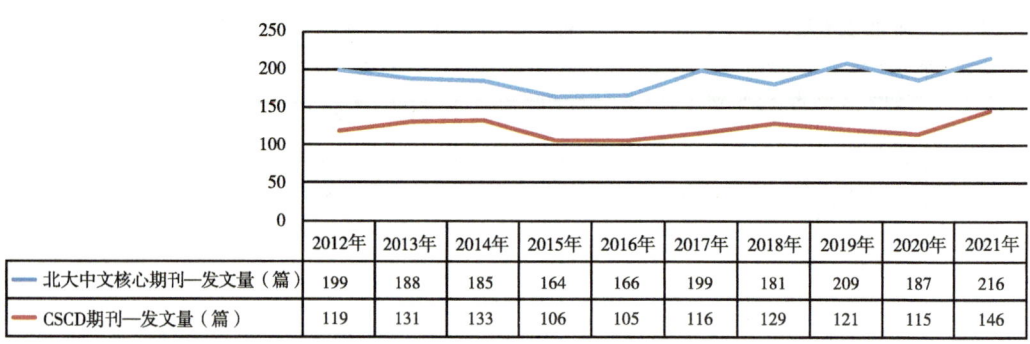

年份	2012年	2013年	2014年	2015年	2016年	2017年	2018年	2019年	2020年	2021年
北大中文核心期刊—发文量(篇)	199	188	185	164	166	199	181	209	187	216
CSCD期刊—发文量(篇)	119	131	133	106	105	116	129	121	115	146

图2-1 河北省农林科学院中文文献历年发文趋势(2012—2021年)

2.2 高发文研究所TOP10

2012—2021年河北省农林科学院北大中文核心期刊高发文研究所TOP10见表2-1,2012—2021年河北省农林科学院中国科学引文数据库(CSCD)期刊高发文研究所TOP10见表2-2。

表2-1 2012—2021年河北省农林科学院北大中文核心期刊高发文研究所TOP10　　单位:篇

排序	研究所	发文量
1	河北省农林科学院植物保护研究所	347
2	河北省农林科学院粮油作物研究所	227
3	河北省农林科学院旱作农业研究所	180
4	河北省农林科学院遗传生理研究所	177
5	河北省农林科学院谷子研究所	171
6	河北省农林科学院经济作物研究所	148
7	河北省农林科学院农业资源环境研究所	139
8	河北省农林科学院昌黎果树研究所	138
9	河北省农林科学院棉花研究所	102

(续表)

排序	研究所	发文量
10	河北省农林科学院	92
11	河北省农林科学院滨海农业研究所	83

注:"河北省农林科学院"发文包括作者单位只标注为"河北省农林科学院"、院属实验室等。

表 2-2　2012—2021 年河北省农林科学院 CSCD 期刊高发文研究所 TOP10　　单位:篇

排序	研究所	发文量
1	河北省农林科学院植物保护研究所	295
2	河北省农林科学院粮油作物研究所	161
3	河北省农林科学院旱作农业研究所	135
4	河北省农林科学院遗传生理研究所	114
5	河北省农林科学院谷子研究所	97
6	河北省农林科学院农业资源环境研究所	96
7	河北省农林科学院昌黎果树研究所	87
8	河北省农林科学院棉花研究所	75
9	河北省农林科学院经济作物研究所	73
10	河北省农林科学院滨海农业研究所	40

注:"河北省农林科学院"发文包括作者单位只标注为"河北省农林科学院"、院属实验室等。

2.3　高发文期刊 TOP10

2012—2021 年河北省农林科学院高发文北大中文核心期刊 TOP10 见表 2-3,2012—2021 年河北省农林科学院高发文 CSCD 期刊 TOP10 见表 2-4。

表 2-3　2012—2021 年河北省农林科学院高发文期刊(北大中文核心)TOP10　　单位:篇

排序	期刊名称	发文量	排序	期刊名称	发文量
1	华北农学报	228	6	中国植保导刊	50
2	中国农业科学	75	7	植物病理学报	49
3	北方园艺	74	8	麦类作物学报	40
4	河北农业大学学报	61	9	中国生物防治学报	38
5	园艺学报	52	10	作物杂志	38

表 2-4　2012—2021 年河北省农林科学院高发文期刊（CSCD）TOP10　　单位：篇

排序	期刊名称	发文量	排序	期刊名称	发文量
1	华北农学报	92	6	中国生物防治学报	39
2	中国农业科学	70	7	植物保护	36
3	河北农业大学学报	57	8	中国农学通报	35
4	植物病理学报	49	9	植物保护学报	34
5	园艺学报	40	10	麦类作物学报	32

2.4　合作发文机构 TOP10

2012—2021 年河北省农林科学院北大中文核心期刊合作发文机构 TOP10 见表 2-5，2012—2021 年河北省农林科学院 CSCD 期刊合作发文机构 TOP10 见表 2-6。

表 2-5　2012—2021 年河北省农林科学院北大中文核心期刊合作发文机构 TOP10　　单位：篇

排序	合作发文机构	发文量	排序	合作发文机构	发文量
1	河北农业大学	213	6	河北师范大学	28
2	中国农业科学院	129	7	国家大豆改良中心	25
3	中国农业大学	82	8	河北大学	20
4	中国科学院	37	9	衡水学院	19
5	河北科技大学	30	10	河北科技师范学院	18

表 2-6　2012—2021 年河北省农林科学院 CSCD 期刊合作发文机构 TOP10　　单位：篇

排序	合作发文机构	发文量	排序	合作发文机构	发文量
1	河北农业大学	133	6	国家大豆改良中心	17
2	中国农业科学院	98	7	南京农业大学	16
3	中国农业大学	60	8	河北科技大学	15
4	中国科学院	22	9	河北科技师范学院	14
5	河北师范大学	20	10	北京市农林科学院	11

河南省农业科学院

1 英文期刊论文分析

分析数据来源于科学引文索引数据库（Web of Science，WOS）收录的文献类型为期刊论文（ARTICLE）、会议论文（PROCEEDINGS PAPER）和述评（REVIEW）的 Science Citation Index Expanded（SCIE）论文数据，数据时间范围为 2012—2021 年，共检索到河南省农业科学院作者发表的论文 1 105 篇。

1.1 发文量

2012—2021 年河南省农业科学院历年 SCI 发文与被引情况见表 1-1，河南省农业科学院英文文献历年发文趋势（2012—2021 年）见图 1-1。

表 1-1 2012—2021 年河南省农业科学院历年 SCI 发文与被引情况

出版年	发文量（篇）	WOS 所有数据库总被引频次	WOS 核心库被引频次
2012 年	48	1 177	975
2013 年	46	1 040	842
2014 年	59	1 662	1 361
2015 年	83	2 323	2 025
2016 年	113	2 840	2 525
2017 年	124	2 623	2 384
2018 年	113	2 593	2 326
2019 年	137	2 299	2 075
2020 年	172	1 400	1 265
2021 年	210	665	638

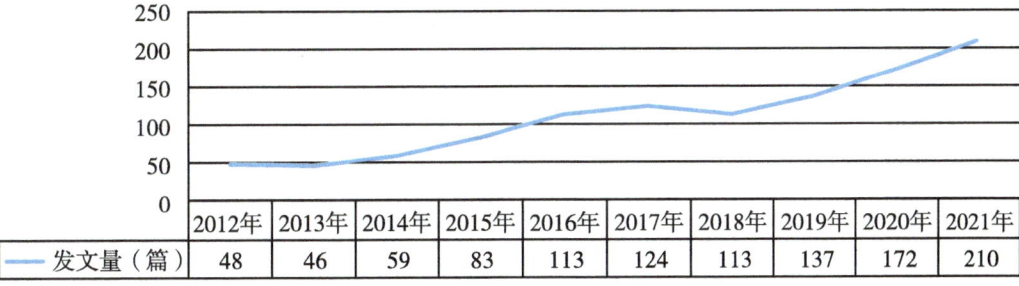

图 1-1 河南省农业科学院英文文献历年发文趋势（2012—2021 年）

1.2 发文期刊 JCR 分区

2012—2021 年河南省农业科学院 SCI 发文期刊 WOSJCR 分区情况见表 1-2，河南省农业科学院 SCI 发文期刊 WOSJCR 分区趋势图（2012—2021 年）见图 1-2。

表 1-2 2012—2021 年河南省农业科学院 SCI 发文期刊 WOSJCR 分区情况 单位：篇

排序	出版年	Q1 区发文量	Q2 区发文量	Q3 区发文量	Q4 区发文量	其他发文量
1	2012 年	16	12	6	14	0
2	2013 年	17	14	7	3	5
3	2014 年	26	16	11	4	2
4	2015 年	32	23	14	12	2
5	2016 年	42	32	25	13	1
6	2017 年	65	34	12	11	2
7	2018 年	54	34	13	11	1
8	2019 年	55	53	16	8	5
9	2020 年	88	38	18	11	16
10	2021 年	99	51	24	9	27

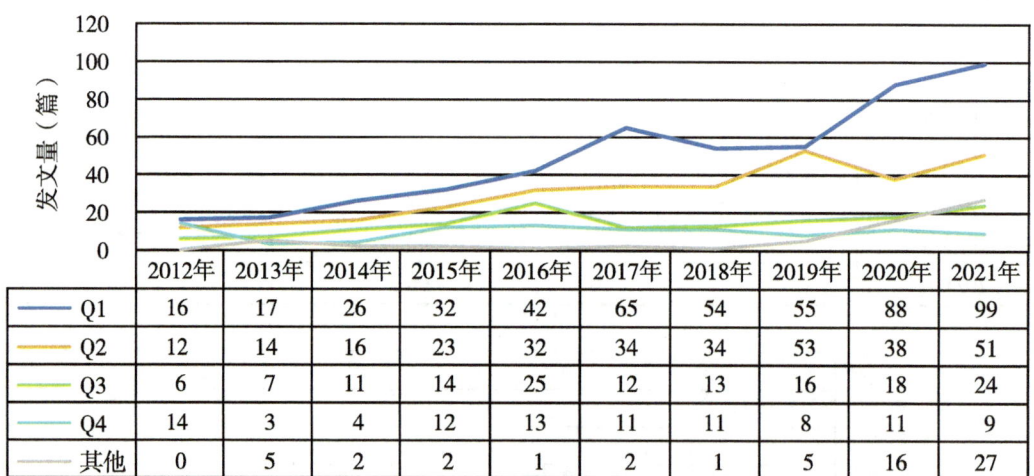

图 1-2 河南省农业科学院 SCI 发文期刊 WOSJCR 分区趋势（2012—2021 年）

1.3 高发文研究所 TOP10

2012—2021 年河南省农业科学院 SCI 高发文研究所 TOP10 见表 1-3。

表 1-3 2012—2021 年河南省农业科学院 SCI 高发文研究所 TOP10   单位：篇

排序	研究所	发文量
1	河南省动物免疫学重点实验室	184
2	河南省农业科学院植物保护研究所	162
3	河南省农业科学院植物营养与资源环境研究所	100
4	河南省农业科学院经济作物研究所	71
4	河南省农业科学院畜牧兽医研究所	71
5	河南省农业科学院小麦研究所	53
6	河南省农业科学院农业质量标准与检测技术研究所	51
7	河南省农业科学院粮食作物研究所	47
8	河南省农业科学院园艺研究所	33
9	河南省芝麻研究中心	32
10	河南省农业科学院农副产品加工研究所	23

1.4 高发文期刊 TOP10

2012—2021 年河南省农业科学院 SCI 高发文期刊 TOP10 见表 1-4。

表 1-4 2012—2021 年河南省农业科学院 SCI 高发文期刊 TOP10

排序	期刊名称	发文量（篇）	WOS 所有数据库总被引频次	WOS 核心库被引频次	期刊影响因子（最近年度）
1	PLOS ONE	53	1 052	926	3.752（2021）
2	SCIENTIFIC REPORTS	36	643	584	4.996（2021）
3	FRONTIERS IN PLANT SCIENCE	29	576	540	6.627（2021）
4	JOURNAL OF INTEGRATIVE AGRICULTURE	25	201	156	4.384（2021）
5	BMC PLANT BIOLOGY	19	146	132	5.26（2021）
6	FRONTIERS IN MICROBIOLOGY	18	382	351	6.064（2021）
7	INTERNATIONAL JOURNAL OF BIOLOGICAL MACROMOLECULES	16	62	56	8.025（2021）
8	INTERNATIONAL JOURNAL OF MOLECULAR SCIENCES	15	236	204	6.208（2021）
9	SENSORS AND ACTUATORS B-CHEMICAL	14	548	538	9.221（2021）
10	ARCHIVES OF VIROLOGY	14	110	81	2.685（2021）

1.5 合作发文国家与地区TOP10

2012—2021年河南省农业科学院SCI合作发文国家与地区（合作发文1篇以上）TOP10见表1-5。

表1-5　2012—2021年河南省农业科学院SCI合作发文国家与地区TOP10

排序	国家与地区	合作发文量（篇）	WOS所有数据库总被引频次	WOS核心库被引频次
1	美国	111	4 290	3 812
2	英格兰	29	788	669
3	澳大利亚	22	1 058	929
4	加拿大	13	228	197
5	墨西哥	8	231	219
6	法国	7	285	264
7	德国	7	173	155
8	印度	7	1 142	1 046
9	荷兰	6	75	69
10	土耳其	6	157	147

1.6 合作发文机构TOP10

2012—2021年河南省农业科学院SCI合作发文机构TOP10见表1-6。

表1-6　2012—2021年河南省农业科学院SCI合作发文机构TOP10

排序	合作发文机构	发文量（篇）	WOS所有数据库总被引频次	WOS核心库被引频次
1	河南农业大学	287	722	625
2	中国农业科学院	127	558	479
3	郑州大学	121	318	292
4	西北农林科技大学	102	347	279
5	中国农业大学	77	344	290

（续表）

排序	合作发文机构	发文量（篇）	WOS所有数据库总被引频次	WOS核心库被引频次
6	中国科学院	73	355	315
7	南京农业大学	51	331	291
8	河南科技大学	46	91	67
9	扬州大学	42	52	49
10	河南科技学院	31	104	80

1.7 高频词TOP20

2012—2021年河南省农业科学院SCI发文高频词（作者关键词）TOP20见表1-7。

表1-7 2012—2021年河南省农业科学院SCI发文高频词（作者关键词）TOP20

排序	关键词（作者关键词）	频次	排序	关键词（作者关键词）	频次
1	maize	29	11	Immunochromatographic strip	10
2	Wheat	19	12	Fluorescence	10
3	Long-term fertilization	14	13	gene expression	9
4	Transcriptome	13	14	meat quality	8
5	China	12	15	Yield	8
6	PRRSV	12	16	new species	8
7	Phylogenetic analysis	12	17	Auxin	8
8	monoclonal antibody	11	18	genetic diversity	7
9	colloidal gold	11	19	Evolution	7
10	Broiler	10	20	immunoassay	6

2 中文期刊论文分析

2012—2021年，河南省农业科学院作者共发表北大中文核心期刊论文2 724篇，中国科学引文数据库（CSCD）期刊论文1 947篇。

2.1 发文量

河南省农业科学院中文文献历年发文趋势（2012—2021年）见图2-1。

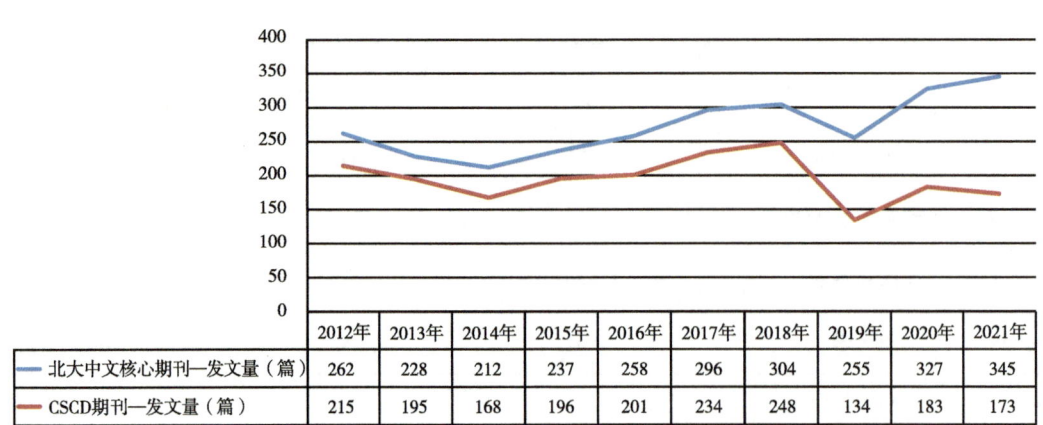

图 2-1　河南省农业科学院中文文献历年发文趋势（2012—2021 年）

2.2　高发文研究所 TOP10

2012—2021 年河南省农业科学院北大中文核心期刊高发文研究所 TOP10 见表 2-1，2012—2021 年河南省农业科学院中国科学引文数据库（CSCD）期刊高发文研究所 TOP10 见表 2-2。

表 2-1　2012—2021 年河南省农业科学院北大中文核心期刊高发文研究所 TOP10　　单位：篇

排序	研究所	发文量
1	河南省农业科学院植物保护研究所	329
2	河南省农业科学院植物营养与资源环境研究所	324
3	河南省农业科学院	264
4	河南省农业科学院农副产品加工研究所	260
5	河南省农业科学院经济作物研究所	238
6	河南省农业科学院园艺研究所	214
6	河南省动物免疫学重点实验室	214
7	河南省农业科学院农业经济与信息研究所	208
8	河南省农业科学院粮食作物研究所	197
9	河南省农业科学院畜牧兽医研究所	192
10	河南省农业科学院小麦研究所	165
11	河南省农业科学院烟草研究所	109

注："河南省农业科学院"发文包括作者单位只标注为"河南省农业科学院"、院属实验室等。

表 2-2 2012—2021 年河南省农业科学院 CSCD 期刊高发文研究所 TOP10   单位：篇

排序	研究所	发文量
1	河南省农业科学院植物保护研究所	292
2	河南省农业科学院植物营养与资源环境研究所	277
3	河南省农业科学院	233
4	河南省农业科学院粮食作物研究所	166
5	河南省农业科学院农业经济与信息研究所	158
6	河南省农业科学院经济作物研究所	156
7	河南省农业科学院农副产品加工研究所	142
8	河南省农业科学院小麦研究所	134
9	河南省农业科学院园艺研究所	121
10	河南省农业科学院畜牧兽医研究所	96
11	河南省农业科学院烟草研究所	91

注："河南省农业科学院"发文包括作者单位只标注为"河南省农业科学院"、院属实验室等。

2.3 高发文期刊 TOP10

2012—2021 年河南省农业科学院高发文北大中文核心期刊 TOP10 见表 2-3，2012—2021 年河南省农业科学院高发文 CSCD 期刊 TOP10 见表 2-4。

表 2-3 2012—2021 年河南省农业科学院高发文期刊（北大中文核心）TOP10   单位：篇

排序	期刊名称	发文量	排序	期刊名称	发文量
1	河南农业科学	708	6	江苏农业科学	53
2	华北农学报	96	7	玉米科学	52
3	植物保护	77	8	食品工业科技	49
4	麦类作物学报	62	9	作物学报	43
5	分子植物育种	56	10	中国土壤与肥料	42

表 2-4 2012—2021 年河南省农业科学院高发文期刊（CSCD）TOP10   单位：篇

排序	期刊名称	发文量	排序	期刊名称	发文量
1	河南农业科学	538	6	玉米科学	52
2	华北农学报	91	7	中国农业科学	42
3	植物保护	79	8	作物学报	41
4	麦类作物学报	55	9	中国土壤与肥料	40
5	分子植物育种	53	10	核农学报	38

2.4 合作发文机构TOP10

2012—2021年河南省农业科学院北大中文核心期刊合作发文机构TOP10见表2-5，2012—2021年河南省农业科学院CSCD期刊合作发文机构TOP10见表2-6。

表2-5　2012—2021年河南省农业科学院北大中文核心期刊合作发文机构TOP10　　单位：篇

排序	合作发文机构	发文量	排序	合作发文机构	发文量
1	河南农业大学	422	6	河南工业大学	67
2	中国农业科学院	124	7	河南省烟草公司	50
3	郑州大学	98	8	中国农业大学	33
4	河南科技大学	89	9	信阳市农业科学院	31
5	西北农林科技大学	75	10	南京农业大学	31

表2-6　2012—2021年河南省农业科学院CSCD期刊合作发文机构TOP10　　单位：篇

排序	合作发文机构	发文量	排序	合作发文机构	发文量
1	河南农业大学	299	6	河南省烟草公司	35
2	中国农业科学院	101	7	信阳市农业科学院	26
3	河南科技大学	74	8	河南工业大学	26
4	郑州大学	74	9	南京农业大学	24
5	西北农林科技大学	48	10	中国农业大学	22

黑龙江省农业科学院

1 英文期刊论文分析

分析数据来源于科学引文索引数据库（Web of Science，WOS）收录的文献类型为期刊论文（ARTICLE）、会议论文（PROCEEDINGS PAPER）和述评（REVIEW）的 Science Citation Index Expanded（SCIE）论文数据，数据时间范围为 2012—2021 年，共检索到黑龙江省农业科学院作者发表的论文 1 051 篇。

1.1 发文量

2012—2021 年黑龙江省农业科学院历年 SCI 发文与被引情况见表 1-1，黑龙江省农业科学院英文文献历年发文趋势（2012—2021 年）见图 1-1。

表 1-1　2012—2021 年黑龙江省农业科学院历年 SCI 发文与被引情况

出版年	发文量（篇）	WOS 所有数据库总被引频次	WOS 核心库被引频次
2012 年	45	2 615	2 386
2013 年	35	625	483
2014 年	51	768	648
2015 年	70	1 926	1 680
2016 年	87	1 830	1 641
2017 年	127	3 342	2 946
2018 年	124	1 765	1 555
2019 年	151	1 406	1 238
2020 年	171	1 536	1 426
2021 年	190	465	440

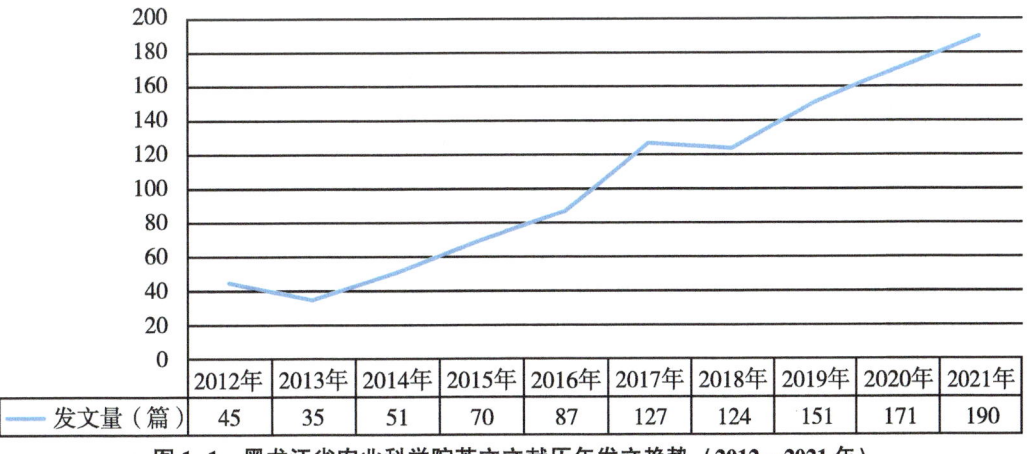

图 1-1　黑龙江省农业科学院英文文献历年发文趋势（2012—2021 年）

1.2 发文期刊 JCR 分区

2012—2021 年黑龙江省农业科学院 SCI 发文期刊 WOSJCR 分区情况见表 1-2，黑龙江省农业科学院 SCI 发文期刊 WOSJCR 分区趋势图（2012—2021 年）见图 1-2。

表 1-2 2012—2021 年黑龙江省农业科学院 SCI 发文期刊 WOSJCR 分区情况   单位：篇

排序	出版年	Q1 区发文量	Q2 区发文量	Q3 区发文量	Q4 区发文量	其他发文量
1	2012 年	4	6	13	11	11
2	2013 年	5	9	5	8	8
3	2014 年	7	9	23	7	5
4	2015 年	25	13	14	13	5
5	2016 年	26	25	16	14	6
6	2017 年	61	21	20	21	4
7	2018 年	42	41	23	17	1
8	2019 年	50	43	23	29	6
9	2020 年	76	42	13	20	20
10	2021 年	85	51	10	21	21

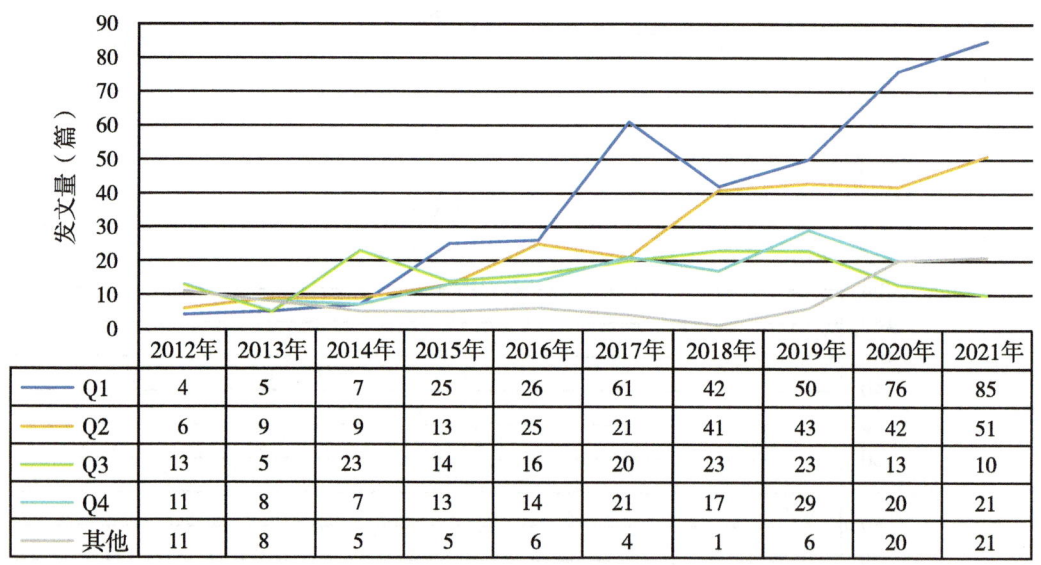

图 1-2 黑龙江省农业科学院 SCI 发文期刊 WOSJCR 分区趋势（2012—2021 年）

1.3 高发文研究所 TOP10

2012—2021 年黑龙江省农业科学院 SCI 高发文研究所 TOP10 见表 1-3。

表 1-3 2012—2021 年黑龙江省农业科学院 SCI 高发文研究所 TOP10　　　　单位：篇

排序	研究所	发文量
1	黑龙江省农业科学院畜牧研究所	123
2	黑龙江省农业科学院土壤肥料与环境资源研究所	82
3	黑龙江省农业科学院院机关	71
4	黑龙江省农业科学院作物育种研究所	44
4	黑龙江省农业科学院草业研究所	44
4	黑龙江省农业科学院大豆研究所	44
4	黑龙江省农业科学院佳木斯分院	44
5	黑龙江省农业科学院耕作栽培研究所	35
6	黑龙江省农业科学院经济作物研究所	35
7	黑龙江省农业科学院黑河分院	32
8	黑龙江省农业科学院牡丹江分院	30
8	黑龙江省农业科学院园艺分院	30
9	黑龙江省农业科学院植物保护研究所	28
10	黑龙江省农业科学院农产品质量安全研究所	26

1.4 高发文期刊 TOP10

2012—2021 年黑龙江省农业科学院 SCI 高发文期刊 TOP10 见表 1-4。

表 1-4 2012—2021 年黑龙江省农业科学院 SCI 高发文期刊 TOP10

排序	期刊名称	发文量（篇）	WOS 所有数据库总被引频次	WOS 核心库被引频次	期刊影响因子（最近年度）
1	FRONTIERS IN PLANT SCIENCE	45	911	838	6.627（2021）
2	PLOS ONE	33	584	508	3.752（2021）
3	JOURNAL OF INTEGRATIVE AGRICULTURE	24	307	278	4.384（2021）
4	SCIENTIFIC REPORTS	24	453	414	4.996（2021）
5	BMC PLANT BIOLOGY	19	259	242	5.26（2021）
6	ACTA AGRICULTURAE SCANDINAVICA SECTION B-SOIL AND PLANT SCIENCE	17	83	64	1.931（2021）
7	INTERNATIONAL JOURNAL OF AGRICULTURE AND BIOLOGY	15	14	12	0.822（2019）

(续表)

排序	期刊名称	发文量（篇）	WOS所有数据库总被引频次	WOS核心库被引频次	期刊影响因子（最近年度）
8	INTERNATIONAL JOURNAL OF MOLECULAR SCIENCES	15	234	222	6.208（2021）
9	CROP JOURNAL	13	123	107	4.647（2021）
10	FRONTIERS IN MICROBIOLOGY	11	162	154	6.064（2021）

1.5 合作发文国家与地区 TOP10

2012—2021年黑龙江省农业科学院SCI合作发文国家与地区（合作发文1篇以上）TOP10见表1-5。

表1-5 2012—2021年黑龙江省农业科学院SCI合作发文国家与地区 TOP10

排序	国家与地区	合作发文量（篇）	WOS所有数据库总被引频次	WOS核心库被引频次
1	美国	84	4 206	3 816
2	加拿大	24	383	357
3	日本	22	2 305	2 143
4	澳大利亚	15	377	348
5	挪威	12	173	158
6	德国	9	2 306	2 110
7	荷兰	9	2 476	2 213
8	巴基斯坦	8	175	166
9	苏格兰	7	2 323	2 114
10	墨西哥	7	167	165

1.6 合作发文机构 TOP10

2012—2021年黑龙江省农业科学院SCI合作发文机构TOP10见表1-6。

表1-6 2012—2021年黑龙江省农业科学院SCI合作发文机构 TOP10

排序	合作发文机构	发文量（篇）	WOS所有数据库总被引频次	WOS核心库被引频次
1	东北农业大学	329	586	509

(续表)

排序	合作发文机构	发文量（篇）	WOS所有数据库总被引频次	WOS核心库被引频次
2	中国农业科学院	175	1 742	1 607
3	中国科学院	166	1 705	1 581
4	中国农业大学	72	1 413	1 335
5	沈阳农业大学	72	99	90
6	东北林业大学	64	148	123
7	黑龙江八一农垦大学	52	48	43
8	中国科学院大学	51	189	152
9	吉林省农业科学院	31	63	50
10	哈尔滨师范大学	28	21	20

1.7 高频词TOP20

2012—2021年黑龙江省农业科学院SCI发文高频词（作者关键词）TOP20见表1-7。

表1-7 2012—2021年黑龙江省农业科学院SCI发文高频词（作者关键词）TOP20

排序	关键词（作者关键词）	频次	排序	关键词（作者关键词）	频次
1	soybean	56	11	Genetic diversity	11
2	Maize	21	12	Yield	11
3	RNA-seq	18	13	Transcriptome	11
4	rice	15	14	salt stress	11
5	Black soil	15	15	Triticum aestivum	10
6	Gene expression	14	16	Potato	10
7	Glycine max	14	17	Flax	10
8	QTL	13	18	candidate genes	9
9	Pig	13	19	expression	8
10	Phytophthora sojae	12	20	Cold stress	8

2 中文期刊论文分析

2012—2021年，黑龙江省农业科学院作者共发表北大中文核心期刊论文2 327篇，中国科学引文数据库（CSCD）期刊论文1 381篇。

2.1 发文量

黑龙江省农业科学院中文文献历年发文趋势（2012—2021年）见图2-1。

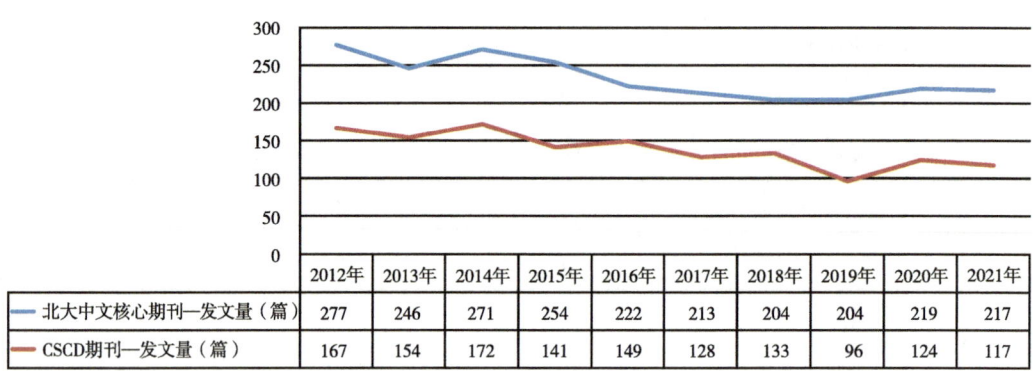

图2-1 黑龙江省农业科学院中文文献历年发文趋势（2012—2021年）

2.2 高发文研究所TOP10

2012—2021年黑龙江省农业科学院北大中文核心期刊高发文研究所TOP10见表2-1，2012—2021年黑龙江省农业科学院中国科学引文数据库（CSCD）期刊高发文研究所TOP10见表2-2。

表2-1 2012—2021年黑龙江省农业科学院北大中文核心期刊高发文研究所TOP10 单位：篇

排序	研究所	发文量
1	黑龙江省农业科学院	233
2	黑龙江省农业科学院佳木斯分院	192
3	黑龙江省农业科学院耕作栽培研究所	189
4	黑龙江省农业科学院畜牧研究所	182
5	黑龙江省农业科学院土壤肥料与环境资源研究所	177
6	黑龙江省农业科学院院机关	170
7	黑龙江省农业科学院园艺分院	142
8	黑龙江省农业科学院牡丹江分院	125
9	黑龙江省农业科学院草业研究所	117
10	黑龙江省农业科学院大豆研究所	116
11	黑龙江省农业科学院大庆分院	100

注："黑龙江省农业科学院"发文包括作者单位只标注为"黑龙江省农业科学院"、院属实验室等。

表2-2 2012—2021年黑龙江省农业科学院CSCD期刊高发文研究所TOP10　　单位：篇

排序	研究所	发文量
1	黑龙江省农业科学院佳木斯分院	165
2	黑龙江省农业科学院土壤肥料与环境资源研究所	152
3	黑龙江省农业科学院耕作栽培研究所	133
4	黑龙江省农业科学院	113
5	黑龙江省农业科学院大豆研究所	94
6	黑龙江省农业科学院院机关	84
7	黑龙江省农业科学院牡丹江分院	79
8	黑龙江省农业科学院大庆分院	68
9	黑龙江省农业科学院草业研究所	63
10	黑龙江省农业科学院植物保护研究所	52
11	黑龙江省农业科学院作物育种研究所	49

注："黑龙江省农业科学院"发文包括作者单位只标注为"黑龙江省农业科学院"、院属实验室等。

2.3　高发文期刊TOP10

2012—2021年黑龙江省农业科学院高发文北大中文核心期刊TOP10见表2-3，2012—2021年黑龙江省农业科学院高发文CSCD期刊TOP10见表2-4。

表2-3　2012—2021年黑龙江省农业科学院高发文期刊（北大中文核心）TOP10　　单位：篇

排序	期刊名称	发文量	排序	期刊名称	发文量
1	大豆科学	270	6	玉米科学	51
2	北方园艺	161	7	核农学报	40
3	黑龙江畜牧兽医	147	8	中国农业科学	40
4	作物杂志	122	9	农业工程学报	38
5	东北农业大学学报	99	10	中国农学通报	37

表2-4　2012—2021年黑龙江省农业科学院高发文期刊（CSCD）TOP10　　单位：篇

排序	期刊名称	发文量	排序	期刊名称	发文量
1	大豆科学	240	6	核农学报	36
2	东北农业大学学报	95	7	中国农业科学	34
3	作物杂志	63	8	作物学报	33
4	中国农学通报	52	9	植物遗传资源学报	33
5	玉米科学	51	10	农业工程学报	33

2.4 合作发文机构TOP10

2012—2021年黑龙江省农业科学院北大中文核心期刊合作发文机构TOP10见表2-5，2012—2021年黑龙江省农业科学院CSCD期刊合作发文机构TOP10见表2-6。

表2-5　2012—2021年黑龙江省农业科学院北大中文核心期刊合作发文机构TOP10　单位：篇

排序	合作发文机构	发文量	排序	合作发文机构	发文量
1	东北农业大学	442	6	中国科学院	70
2	中国农业科学院	156	7	哈尔滨师范大学	45
3	黑龙江八一农垦大学	138	8	齐齐哈尔大学	43
4	沈阳农业大学	117	9	中国农业大学	33
5	东北林业大学	99	10	佳木斯大学	29

表2-6　2012—2021年黑龙江省农业科学院CSCD期刊合作发文机构TOP10　单位：篇

排序	合作发文机构	发文量	排序	合作发文机构	发文量
1	东北农业大学	279	6	中国科学院	35
2	中国农业科学院	107	7	哈尔滨师范大学	33
3	沈阳农业大学	89	8	佳木斯大学	23
4	黑龙江八一农垦大学	87	9	中国农业大学	22
5	东北林业大学	74	10	吉林省农业科学院	21

湖北省农业科学院

1 英文期刊论文分析

分析数据来源于科学引文索引数据库(Web of Science,WOS)收录的文献类型为期刊论文(ARTICLE)、会议论文(PROCEEDINGS PAPER)和述评(REVIEW)的 Science Citation Index Expanded(SCIE)论文数据,数据时间范围为 2012—2021 年,共检索到湖北省农业科学院作者发表的论文 1 036 篇。

1.1 发文量

2012—2021 年湖北省农业科学院历年 SCI 发文与被引情况见表 1-1,湖北省农业科学院英文文献历年发文趋势(2012—2021 年)见图 1-1。

表 1-1 2012—2021 年湖北省农业科学院历年 SCI 发文与被引情况

出版年	发文量(篇)	WOS 所有数据库总被引频次	WOS 核心库被引频次
2012 年	58	1 676	1 440
2013 年	54	1 401	1 239
2014 年	62	1 074	959
2015 年	68	1 902	1 662
2016 年	85	1 776	1 640
2017 年	83	1 917	1 714
2018 年	102	1 539	1 381
2019 年	153	1 977	1 809
2020 年	169	1 429	1 314
2021 年	202	674	641

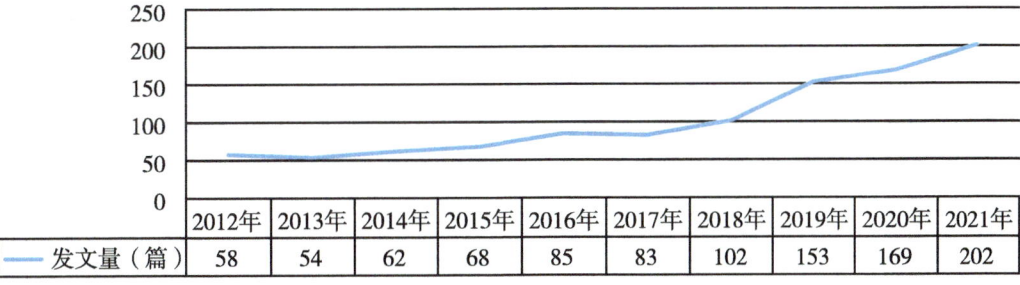

图 1-1 湖北省农业科学院英文文献历年发文趋势(2012—2021 年)

1.2 发文期刊 JCR 分区

2012—2021 年湖北省农业科学院 SCI 发文期刊 WOSJCR 分区情况见表 1-2，湖北省农业科学院 SCI 发文期刊 WOSJCR 分区趋势图（2012—2021 年）见图 1-2。

表 1-2 2012—2021 年湖北省农业科学院 SCI 发文期刊 WOSJCR 分区情况　　单位：篇

排序	出版年	Q1 区发文量	Q2 区发文量	Q3 区发文量	Q4 区发文量	其他发文量
1	2012 年	24	14	11	7	2
2	2013 年	15	10	22	4	3
3	2014 年	16	23	9	10	4
4	2015 年	27	17	15	8	1
5	2016 年	31	26	20	7	1
6	2017 年	41	14	16	11	1
7	2018 年	40	31	15	15	1
8	2019 年	74	46	19	8	6
9	2020 年	91	34	21	13	10
10	2021 年	93	61	17	9	21

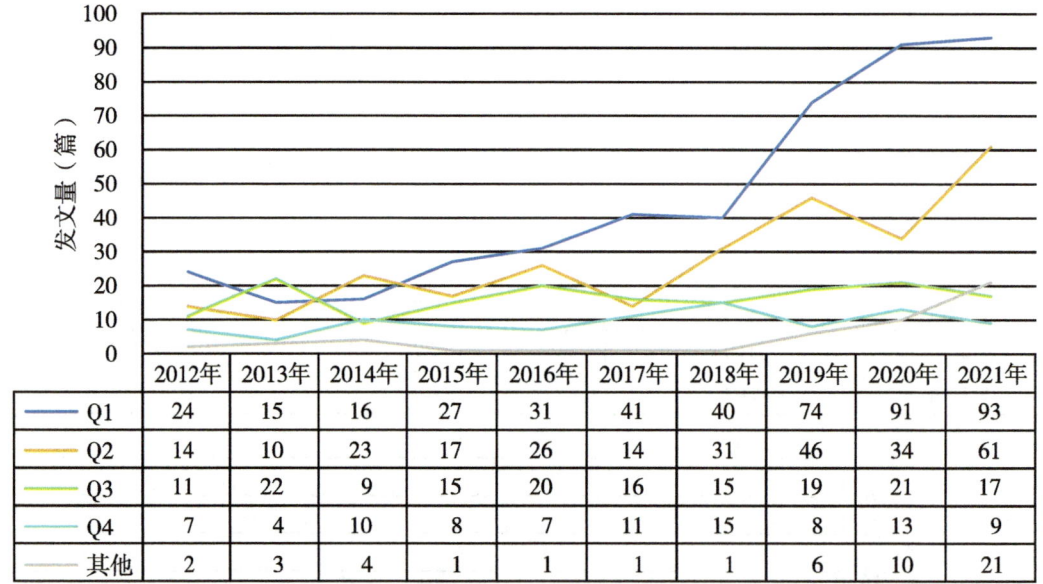

图 1-2 湖北省农业科学院 SCI 发文期刊 WOSJCR 分区趋势（2012—2021 年）

1.3 高发文研究所 TOP10

2012—2021 年湖北省农业科学院 SCI 高发文研究所 TOP10 见表 1-3。

表 1-3　2012—2021 年湖北省农业科学院 SCI 高发文研究所 TOP10　　　　　　　单位：篇

排序	研究所	发文量
1	湖北省农业科学院畜牧兽医研究所	177
2	湖北省农业科学院植保土肥研究所	121
3	湖北省农业科学院农产品加工与核农技术研究所	115
4	湖北省农业科学院经济作物研究所	107
5	湖北省生物农药工程研究中心	103
6	湖北省农业科学院农业质量标准与检测技术研究所	70
7	湖北省农业科学院粮食作物研究所	59
8	湖北省农业科学院果树茶叶研究所	52
9	湖北省农业科学院农业经济技术研究所	6

注：全部发文研究所数量不足 10 个。

1.4　高发文期刊 TOP10

2012—2021 年湖北省农业科学院 SCI 高发文期刊 TOP10 见表 1-4。

表 1-4　2012—2021 年湖北省农业科学院 SCI 高发文期刊 TOP10

排序	期刊名称	发文量（篇）	WOS 所有数据库总被引频次	WOS 核心库被引频次	期刊影响因子（最近年度）
1	SCIENTIFIC REPORTS	37	524	477	4.996（2021）
2	PLOS ONE	34	749	653	3.752（2021）
3	FRONTIERS IN MICROBIOLOGY	17	110	103	6.064（2021）
4	FOOD CHEMISTRY	17	469	429	9.231（2021）
5	LWT-FOOD SCIENCE AND TECHNOLOGY	15	293	258	6.056（2021）
6	JOURNAL OF INTEGRATIVE AGRICULTURE	13	198	164	4.384（2021）
7	FRONTIERS IN PLANT SCIENCE	13	139	120	6.627（2021）
8	INTERNATIONAL JOURNAL OF MOLECULAR SCIENCES	12	161	148	6.208（2021）
9	BMC GENOMICS	11	345	314	4.547（2021）
10	ENVIRONMENTAL POLLUTION	10	338	328	9.988（2021）

1.5 合作发文国家与地区 TOP10

2012—2021年湖北省农业科学院SCI合作发文国家与地区（合作发文1篇以上）TOP10见表1-5。

表1-5　2012—2021年湖北省农业科学院SCI合作发文国家与地区TOP10

排序	国家与地区	合作发文量（篇）	WOS所有数据库总被引频次	WOS核心库被引频次
1	美国	106	2 908	2 609
2	巴基斯坦	15	214	200
3	加拿大	12	297	266
4	埃及	11	148	133
5	澳大利亚	7	270	244
6	泰国	7	124	114
7	新西兰	6	461	422
8	德国	6	202	187
9	以色列	5	156	150
10	韩国	4	175	138

1.6 合作发文机构 TOP10

2012—2021年湖北省农业科学院SCI合作发文机构TOP10见表1-6。

表1-6　2012—2021年湖北省农业科学院SCI合作发文机构TOP10

排序	合作发文机构	发文量（篇）	WOS所有数据库总被引频次	WOS核心库被引频次
1	华中农业大学	330	1 175	1 054
2	中国农业科学院	117	510	437
3	中国农业大学	77	295	261
4	中国科学院	74	589	508
5	武汉大学	71	363	315

（续表）

排序	合作发文机构	发文量（篇）	WOS 所有数据库总被引频次	WOS 核心库被引频次
6	长江大学	66	91	83
7	武汉理工大学	51	167	151
8	华中师范大学	22	71	64
9	湖北工业大学	21	14	13
10	浙江大学	21	53	53

1.7 高频词 TOP20

2012—2021 年湖北省农业科学院 SCI 发文高频词（作者关键词）TOP20 见表 1-7。

表 1-7　2012—2021 年湖北省农业科学院 SCI 发文高频词（作者关键词）TOP20

排序	关键词（作者关键词）	频次	排序	关键词（作者关键词）	频次
1	Synthesis	18	11	Wheat	8
2	Upland cotton	13	12	rice	8
3	Gene expression	13	13	SNP	8
4	Virulence	10	14	gamma-Fe2O3 NPs	7
5	Apoptosis	10	15	promoter	7
6	Pig	10	16	MCLR	7
7	RNA-seq	9	17	Monascus ruber	7
8	phylogenetic analysis	9	18	Diversity	6
9	Gossypium	9	19	Transcriptome	6
10	Streptococcus suis	9	20	QTL mapping	6

2　中文期刊论文分析

2012—2021 年，湖北省农业科学院作者共发表北大中文核心期刊论文 2 508 篇，中国科学引文数据库（CSCD）期刊论文 834 篇。

2.1　发文量

湖北省农业科学院中文文献历年发文趋势（2012—2021 年）见图 2-1。

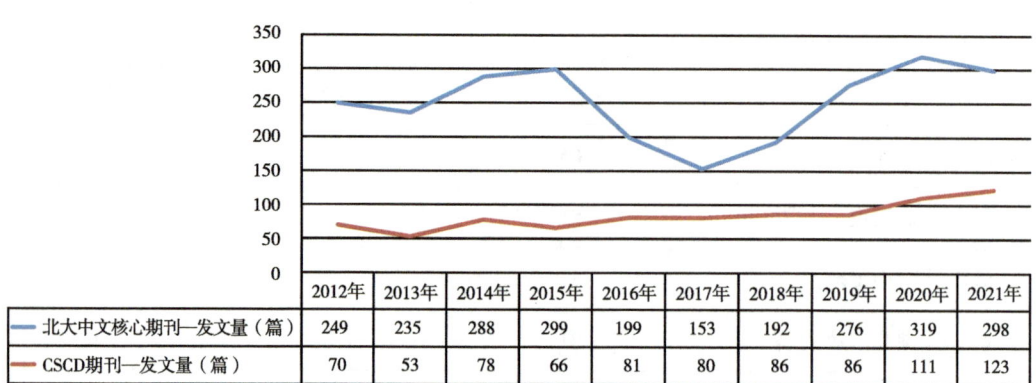

图 2-1　湖北省农业科学院中文文献历年发文趋势（2012—2021 年）

2.2　高发文研究所 TOP10

2012—2021 年湖北省农业科学院北大中文核心期刊高发文研究所 TOP10 见表 2-1，2012—2021 年湖北省农业科学院中国科学引文数据库（CSCD）期刊高发文研究所 TOP10 见表 2-2。

表 2-1　2012—2021 年湖北省农业科学院北大中文核心期刊高发文研究所 TOP10　　单位：篇

排序	研究所	发文量
1	湖北省农业科学院畜牧兽医研究所	514
2	湖北省农业科学院农产品加工与核农技术研究所	362
3	湖北省农业科学院植保土肥研究所	360
4	湖北省农业科学院粮食作物研究所	317
5	湖北省农业科学院果树茶叶研究所	252
6	湖北省农业科学院经济作物研究所	241
7	湖北省农业科学院	160
8	湖北省农业科学院农业质量标准与检测技术研究所	122
9	湖北省生物农药工程研究中心	112
10	湖北省农业科学院中药材研究所	82
11	湖北省农业科学院农业经济技术研究所	68

注："湖北省农业科学院"发文包括作者单位只标注为"湖北省农业科学院"、院属实验室等。

表 2-2　2012—2021 年湖北省农业科学院 CSCD 期刊高发文研究所 TOP10　　单位：篇

排序	研究所	发文量
1	湖北省农业科学院植保土肥研究所	182

(续表)

排序	研究所	发文量
2	湖北省农业科学院粮食作物研究所	125
3	湖北省农业科学院畜牧兽医研究所	117
4	湖北省农业科学院果树茶叶研究所	113
5	湖北省农业科学院农产品加工与核农技术研究所	112
6	湖北省农业科学院经济作物研究所	83
7	湖北省农业科学院中药材研究所	40
8	湖北省农业科学院农业质量标准与检测技术研究所	33
9	湖北省农业科学院	31
10	湖北省生物农药工程研究中心	24
11	湖北省农业科学院农业经济技术研究所	8

注:"湖北省农业科学院"发文包括作者单位只标注为"湖北省农业科学院"、院属实验室等。

2.3 高发文期刊TOP10

2012—2021年湖北省农业科学院高发文北大中文核心期刊TOP10见表2-3,2012—2021年湖北省农业科学院高发文CSCD期刊TOP10见表2-4。

表2-3　2012—2021年湖北省农业科学院高发文期刊(北大中文核心)TOP10　　单位:篇

排序	期刊名称	发文量	排序	期刊名称	发文量
1	湖北农业科学	976	6	食品科学	45
2	现代食品科技	61	7	食品科技	43
3	食品工业科技	58	8	分子植物育种	39
4	中国家禽	55	9	黑龙江畜牧兽医	38
5	中国南方果树	48	10	华中农业大学学报	36

表2-4　2012—2021年湖北省农业科学院高发文期刊(CSCD)TOP10　　单位:篇

排序	期刊名称	发文量	排序	期刊名称	发文量
1	食品科学	44	6	蚕业科学	21
2	分子植物育种	38	7	麦类作物学报	20
3	华中农业大学学报	36	8	中国土壤与肥料	18
4	食品工业科技	30	9	中国农业科学	18
5	植物保护	24	10	园艺学报	17

2.4 合作发文机构TOP10

2012—2021年湖北省农业科学院北大中文核心期刊合作发文机构TOP10见表2-5，2012—2021年湖北省农业科学院CSCD期刊合作发文机构TOP10见表2-6。

表2-5 2012—2021年湖北省农业科学院北大中文核心期刊合作发文机构TOP10　　单位：篇

排序	合作发文机构	发文量	排序	合作发文机构	发文量
1	华中农业大学	222	6	中国农业大学	26
2	中国农业科学院	91	7	武汉轻工大学	25
3	长江大学	90	8	湖北省烟草公司	23
4	湖北工业大学	68	9	湖南农业大学	19
5	武汉大学	37	10	武汉理工大学	15

表2-6 2012—2021年湖北省农业科学院CSCD期刊合作发文机构TOP10　　单位：篇

排序	合作发文机构	发文量	排序	合作发文机构	发文量
1	华中农业大学	87	6	湖北工业大学	22
2	中国农业科学院	57	7	湖北省烟草公司	12
3	长江大学	38	8	南京农业大学	11
4	武汉大学	28	9	湖南农业大学	11
5	中国农业大学	23	10	中国科学院	11

湖南省农业科学院

1 英文期刊论文分析

分析数据来源于科学引文索引数据库（Web of Science，WOS）收录的文献类型为期刊论文（ARTICLE）、会议论文（PROCEEDINGS PAPER）和述评（REVIEW）的 Science Citation Index Expanded（SCIE）论文数据，数据时间范围为 2012—2021 年，共检索到湖南省农业科学院作者发表的论文 801 篇。

1.1 发文量

2012—2021 年湖南省农业科学院历年 SCI 发文与被引情况见表 1-1，湖南省农业科学院英文文献历年发文趋势（2012—2021 年）见图 1-1。

表 1-1 2012—2021 年湖南省农业科学院历年 SCI 发文与被引情况

出版年	发文量（篇）	WOS 所有数据库总被引频次	WOS 核心库被引频次
2012 年	27	763	620
2013 年	22	913	791
2014 年	30	1 047	884
2015 年	44	900	803
2016 年	60	1 293	1 130
2017 年	64	1 384	1 195
2018 年	85	1 570	1 415
2019 年	116	2 005	1 794
2020 年	146	1 527	1 392
2021 年	207	872	832

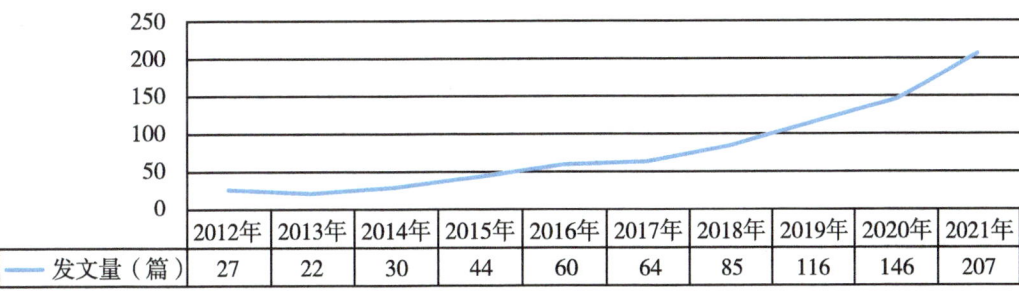

图 1-1 湖南省农业科学院英文文献历年发文趋势（2012—2021 年）

1.2 发文期刊 JCR 分区

2012—2021 年湖南省农业科学院 SCI 发文期刊 WOSJCR 分区情况见表 1-2，湖南省农业科学院 SCI 发文期刊 WOSJCR 分区趋势图（2012—2021 年）见图 1-2。

表 1-2　2012—2021 年湖南省农业科学院 SCI 发文期刊 WOSJCR 分区情况　　单位：篇

排序	出版年	Q1 区发文量	Q2 区发文量	Q3 区发文量	Q4 区发文量	其他发文量
1	2012 年	7	8	4	6	2
2	2013 年	10	3	7	2	0
3	2014 年	9	9	6	5	1
4	2015 年	15	10	8	8	3
5	2016 年	16	24	13	7	0
6	2017 年	35	9	12	8	0
7	2018 年	31	24	18	11	1
8	2019 年	43	39	19	11	3
9	2020 年	63	43	15	7	16
10	2021 年	123	39	17	7	20

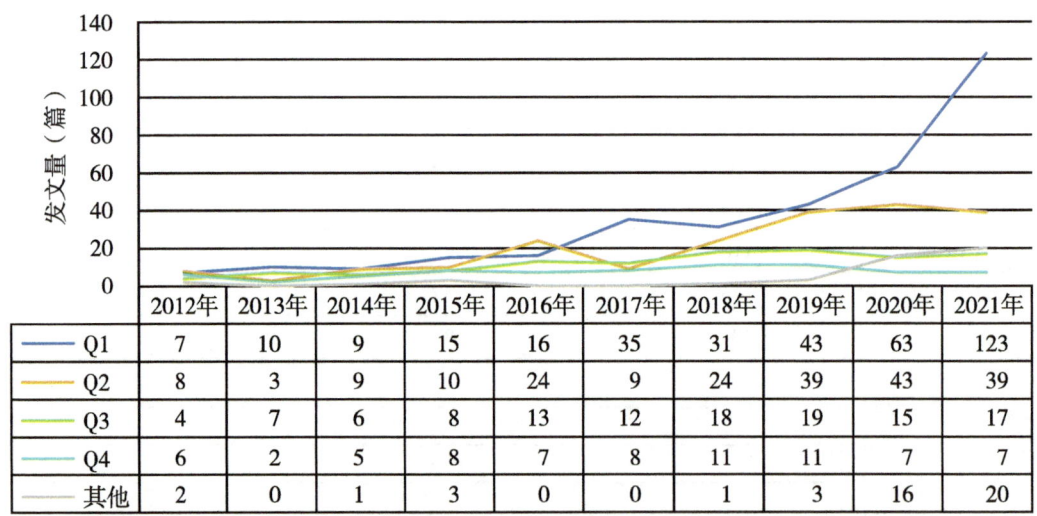

图 1-2　湖南省农业科学院 SCI 发文期刊 WOSJCR 分区趋势（2012—2021 年）

1.3 高发文研究所 TOP10

2012—2021 年湖南省农业科学院 SCI 高发文研究所 TOP10 见表 1-3。

表1-3　2012—2021年湖南省农业科学院SCI高发文研究所TOP10　　　　　　单位：篇

排序	研究所	发文量
1	湖南省植物保护研究所	141
2	湖南杂交水稻研究中心	115
3	湖南省农产品加工研究所	85
4	湖南省土壤肥料研究所	42
5	湖南省蔬菜研究所	34
6	湖南省水稻研究所	30
7	湖南省农业生物技术研究所	25
8	湖南省核农学与航天育种研究所	15
9	湖南省茶叶研究所	9
10	湖南省园艺研究所	7

1.4　高发文期刊TOP10

2012—2021年湖南省农业科学院SCI高发文期刊TOP10见表1-4。

表1-4　2012—2021年湖南省农业科学院SCI高发文期刊TOP10

排序	期刊名称	发文量（篇）	WOS所有数据库总被引频次	WOS核心库被引频次	期刊影响因子（最近年度）
1	SCIENTIFIC REPORTS	23	518	440	4.996（2021）
2	PLOS ONE	23	418	378	3.752（2021）
3	INTERNATIONAL JOURNAL OF MOLECULAR SCIENCES	20	281	248	6.208（2021）
4	FRONTIERS IN MICROBIOLOGY	19	100	95	6.064（2021）
5	FRONTIERS IN PLANT SCIENCE	18	201	177	6.627（2021）
6	PEST MANAGEMENT SCIENCE	16	140	125	4.462（2021）
7	FOOD CHEMISTRY	15	699	663	9.231（2021）
8	JOURNAL OF INTEGRATIVE AGRICULTURE	14	239	161	4.384（2021）
9	ECOTOXICOLOGY AND ENVIRONMENTAL SAFETY	13	193	174	7.129（2021）
10	RICE	11	171	153	5.638（2021）

1.5 合作发文国家与地区 TOP10

2012—2021年湖南省农业科学院SCI合作发文国家与地区（合作发文1篇以上）TOP10见表1-5。

表1-5 2012—2021年湖南省农业科学院SCI合作发文国家与地区TOP10

排序	国家与地区	合作发文量（篇）	WOS所有数据库总被引频次	WOS核心库被引频次
1	美国	82	2 521	2 213
2	澳大利亚	14	358	335
3	日本	8	422	357
4	英格兰	8	515	457
5	德国	7	506	448
6	巴基斯坦	7	215	197
7	加拿大	7	258	213
8	埃及	6	47	43
9	苏格兰	5	86	69
10	菲律宾	4	49	44

1.6 合作发文机构 TOP10

2012—2021年湖南省农业科学院SCI合作发文机构TOP10见表1-6。

表1-6 2012—2021年湖南省农业科学院SCI合作发文机构TOP10

排序	合作发文机构	发文量（篇）	WOS所有数据库总被引频次	WOS核心库被引频次
1	湖南农业大学	294	718	607
2	湖南大学	123	176	162
3	中国农业科学院	108	676	542
4	中国科学院	79	441	351
5	中南大学	46	216	192

(续表)

排序	合作发文机构	发文量（篇）	WOS所有数据库总被引频次	WOS核心库被引频次
6	肯塔基大学	37	144	129
7	南京农业大学	37	281	221
8	中国农业大学	36	188	165
9	华中农业大学	23	98	86
10	浙江大学	21	73	65

1.7 高频词TOP20

2012—2021年湖南省农业科学院SCI发文高频词（作者关键词）TOP20见表1-7。

表1-7 2012—2021年湖南省农业科学院SCI发文高频词（作者关键词）TOP20

排序	关键词（作者关键词）	频次	排序	关键词（作者关键词）	频次
1	Rice	49	11	Oryza sativa	6
2	Transcriptome	14	12	Cytoplasmic male sterility	6
3	Gene expression	10	13	Cadmium	6
4	Pepper	9	14	pathogenicity	5
5	Bemisia tabaci	9	15	Proteomics	5
6	Helicoverpa armigera	7	16	Oxidative stress	5
7	apoptosis	7	17	Rice blast	5
8	Magnaporthe oryzae	6	18	temperature	5
9	Heavy metals	6	19	Capsicum annuum L.	4
10	Paddy soil	6	20	hybrid rice	4

2 中文期刊论文分析

2012—2021年，湖南省农业科学院作者共发表北大中文核心期刊论文1 620篇，中国科学引文数据库（CSCD）期刊论文1 221篇。

2.1 发文量

湖南省农业科学院中文文献历年发文趋势（2012—2021年）见图2-1。

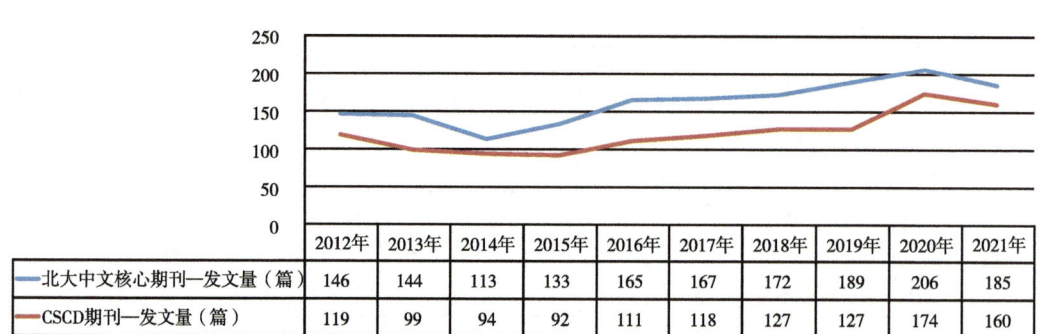

图 2-1　湖南省农业科学院中文文献历年发文趋势（2012—2021 年）

2.2　高发文研究所 TOP10

2012—2021 年湖南省农业科学院北大中文核心期刊高发文研究所 TOP10 见表 2-1，2012—2021 年湖南省农业科学院中国科学引文数据库（CSCD）期刊高发文研究所 TOP10 见表 2-2。

表 2-1　2012—2021 年湖南省农业科学院北大中文核心期刊高发文研究所 TOP10　　单位：篇

排序	研究所	发文量
1	湖南杂交水稻研究中心	417
2	湖南省土壤肥料研究所	281
3	湖南省农产品加工研究所	188
4	湖南省植物保护研究所	168
5	湖南省蔬菜研究所	118
6	湖南省水稻研究所	113
7	湖南省农业科学院	90
8	湖南省园艺研究所	75
9	湖南省茶叶研究所	65
10	湖南省农业环境生态研究所	54
11	湖南省作物研究所	50

注："湖南省农业科学院"发文包括作者单位只标注为"湖南省农业科学院"、院属实验室等。

表 2-2　2012—2021 年湖南省农业科学院 CSCD 期刊高发文研究所 TOP10　　单位：篇

排序	研究所	发文量
1	湖南杂交水稻研究中心	295
2	湖南省土壤肥料研究所	262

(续表)

排序	研究所	发文量
3	湖南省植物保护研究所	146
4	湖南省农产品加工研究所	137
5	湖南省水稻研究所	101
6	湖南省蔬菜研究所	68
7	湖南省农业科学院	53
8	湖南省农业环境生态研究所	48
9	湖南省核农学与航天育种研究所	46
10	湖南省园艺研究所	43
11	湖南省茶叶研究所	40

注："湖南省农业科学院"发文包括作者单位只标注为"湖南省农业科学院"、院属实验室等。

2.3 高发文期刊TOP10

2012—2021年湖南省农业科学院高发文北大中文核心期刊TOP10见表2-3，2012—2021年湖南省农业科学院高发文CSCD期刊TOP10见表2-4。

表2-3 2012—2021年湖南省农业科学院高发文期刊（北大中文核心）TOP10　　单位：篇

排序	期刊名称	发文量	排序	期刊名称	发文量
1	杂交水稻	241	6	食品与机械	41
2	分子植物育种	72	7	中国蔬菜	41
3	湖南农业大学学报（自然科学版）	52	8	食品工业科技	39
4	中国食品学报	46	9	核农学报	38
5	植物保护	44	10	农业环境科学学报	34

表2-4 2012—2021年湖南省农业科学院高发文期刊（CSCD）TOP10　　单位：篇

排序	期刊名称	发文量	排序	期刊名称	发文量
1	杂交水稻	195	6	农业环境科学学报	34
2	分子植物育种	57	7	核农学报	30
3	中国食品学报	46	8	植物遗传资源学报	29
4	湖南农业大学学报.自然科学版	43	9	南方农业学报	29
5	植物保护	42	10	食品科学	27

2.4 合作发文机构TOP10

2012—2021年湖南省农业科学院北大中文核心期刊合作发文机构TOP10见表2-5，2012—2021年湖南省农业科学院CSCD期刊合作发文机构TOP10见表2-6。

表2-5 2012—2021年湖南省农业科学院北大中文核心期刊合作发文机构TOP10　　单位：篇

排序	合作发文机构	发文量	排序	合作发文机构	发文量
1	湖南农业大学	421	6	武汉大学	48
2	湖南大学	161	7	中南林业科技大学	28
3	中南大学	121	8	福建省农业科学院	25
4	中国农业科学院	95	9	南方粮油作物协同创新中心	23
5	中国科学院	55	10	中国农业大学	21

表2-6 2012—2021年湖南省农业科学院CSCD期刊合作发文机构TOP10　　单位：篇

排序	合作发文机构	发文量	排序	合作发文机构	发文量
1	湖南农业大学	271	6	中南林业科技大学	21
2	湖南大学	113	7	华中农业大学	20
3	中南大学	94	8	福建省农业科学院	18
4	中国农业科学院	81	9	华南农业大学	16
5	中国科学院	40	10	福州（国家）水稻改良分中心	14

吉林省农业科学院

1 英文期刊论文分析

分析数据来源于科学引文索引数据库（Web of Science，WOS）收录的文献类型为期刊论文（ARTICLE）、会议论文（PROCEEDINGS PAPER）和述评（REVIEW）的 Science Citation Index Expanded（SCIE）论文数据，数据时间范围为 2012—2021 年，共检索到吉林省农业科学院作者发表的论文 761 篇。

1.1 发文量

2012—2021 年吉林省农业科学院历年 SCI 发文与被引情况见表 1-1，吉林省农业科学院英文文献历年发文趋势（2012—2021 年）见图 1-1。

表 1-1　2012—2021 年吉林省农业科学院历年 SCI 发文与被引情况

出版年	发文量（篇）	WOS 所有数据库总被引频次	WOS 核心库被引频次
2012 年	31	851	723
2013 年	33	830	697
2014 年	44	2 238	1 870
2015 年	61	1 659	1 421
2016 年	45	1 147	1 041
2017 年	67	938	833
2018 年	78	1 518	1 353
2019 年	113	1 323	1 213
2020 年	126	1 134	1 043
2021 年	163	491	472

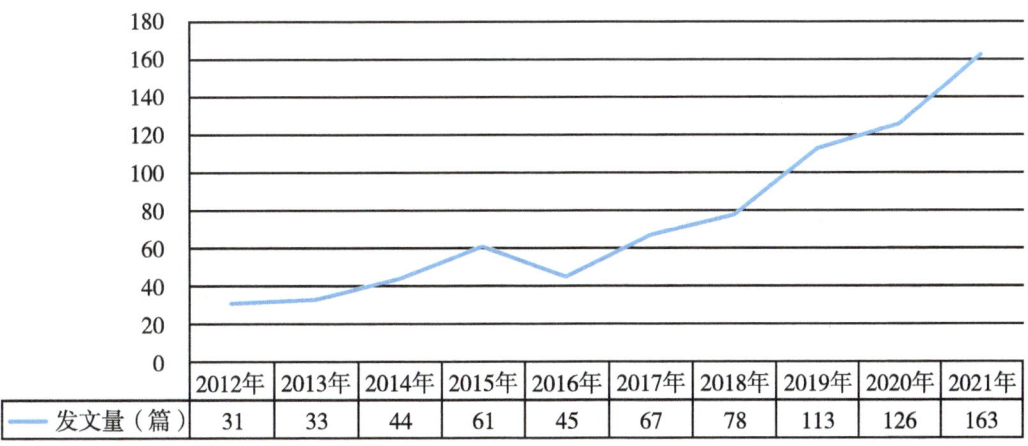

图 1-1　吉林省农业科学院英文文献历年发文趋势（2012—2021 年）

1.2 发文期刊 JCR 分区

2012—2021年吉林省农业科学院SCI发文期刊WOSJCR分区情况见表1-2，吉林省农业科学院SCI发文期刊WOSJCR分区趋势图（2012—2021年）见图1-2。

表1-2 2012—2021年吉林省农业科学院SCI发文期刊WOSJCR分区情况　　单位：篇

排序	出版年	Q1区发文量	Q2区发文量	Q3区发文量	Q4区发文量	其他发文量
1	2012年	10	4	8	8	1
2	2013年	9	9	9	4	2
3	2014年	16	15	7	5	1
4	2015年	21	15	11	11	3
5	2016年	19	13	2	5	6
6	2017年	34	12	9	11	1
7	2018年	22	33	15	8	0
8	2019年	45	34	14	16	4
9	2020年	44	42	12	14	14
10	2021年	76	35	17	12	22

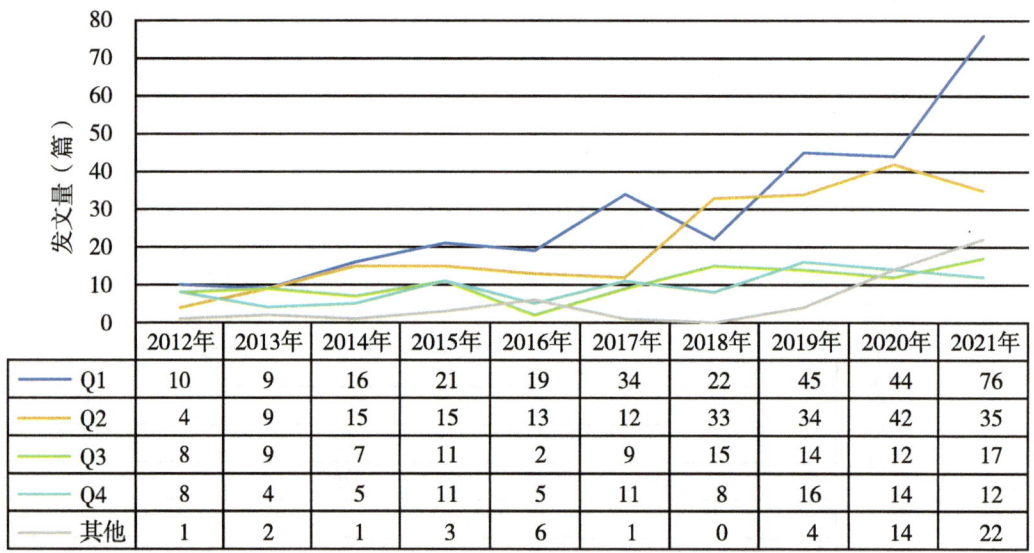

图1-2 吉林省农业科学院SCI发文期刊WOSJCR分区趋势（2012—2021年）

1.3 高发文研究所 TOP10

2012—2021年吉林省农业科学院SCI高发文研究所TOP10见表1-3。

表1-3　2012—2021年吉林省农业科学院SCI高发文研究所TOP10　　　　单位：篇

排序	研究所	发文量
1	吉林省农业科学院农业资源与环境研究所	131
2	吉林省农业科学院农业生物技术研究所	104
3	吉林省农业科学院畜牧科学分院	49
4	吉林省农业科学院大豆研究所	42
5	吉林省农业科学院农产品加工研究所	37
6	吉林省农业科学院植物保护研究所	27
7	吉林省农业科学院玉米研究所	19
8	吉林省农业科学院农业质量标准与检测技术研究所	13
9	吉林省农业科学院水稻研究所	12
10	吉林省农业科学院作物资源研究所	11

1.4　高发文期刊TOP10

2012—2021年吉林省农业科学院SCI高发文期刊TOP10见表1-4。

表1-4　2012—2021年吉林省农业科学院SCI高发文期刊TOP10

排序	期刊名称	发文量（篇）	WOS所有数据库总被引频次	WOS核心库被引频次	期刊影响因子（最近年度）
1	PLOS ONE	34	823	745	3.752（2021）
2	SCIENTIFIC REPORTS	24	329	307	4.996（2021）
3	FRONTIERS IN PLANT SCIENCE	22	353	322	6.627（2021）
4	JOURNAL OF INTEGRATIVE AGRICULTURE	22	308	253	4.384（2021）
5	INTERNATIONAL JOURNAL OF MOLECULAR SCIENCES	15	165	138	6.208（2021）
6	TRANSGENIC RESEARCH	15	105	89	3.145（2021）
7	GENETICS AND MOLECULAR RESEARCH	13	94	83	null（2021）
8	JOURNAL OF SOILS AND SEDIMENTS	11	155	136	3.536（2021）
9	MOLECULAR BREEDING	9	161	130	3.297（2021）
10	BMC PLANT BIOLOGY	8	304	279	5.26（2021）

1.5 合作发文国家与地区 TOP10

2012—2021 年吉林省农业科学院 SCI 合作发文国家与地区（合作发文 1 篇以上）TOP10 见表 1-5。

表 1-5　2012—2021 年吉林省农业科学院 SCI 合作发文国家与地区 TOP10

排序	国家与地区	合作发文量（篇）	WOS 所有数据库总被引频次	WOS 核心库被引频次
1	美国	92	3 818	3 297
2	加拿大	22	512	432
3	澳大利亚	18	551	472
4	日本	10	154	131
5	韩国	9	118	100
6	英格兰	6	439	378
7	德国	5	184	170
8	巴基斯坦	5	35	34
9	瑞士	4	179	145
10	北爱尔兰	3	216	179

1.6 合作发文机构 TOP10

2012—2021 年吉林省农业科学院 SCI 合作发文机构 TOP10 见表 1-6。

表 1-6　2012—2021 年吉林省农业科学院 SCI 合作发文机构 TOP10

排序	合作发文机构	发文量（篇）	WOS 所有数据库总被引频次	WOS 核心库被引频次
1	吉林农业大学	143	534	451
2	中国农业科学院	128	850	696
3	吉林大学	117	360	313
4	中国科学院	91	599	507
5	中国农业大学	49	587	493

（续表）

排序	合作发文机构	发文量（篇）	WOS所有数据库总被引频次	WOS核心库被引频次
6	东北师范大学	40	63	55
7	沈阳农业大学	39	64	59
8	东北农业大学	34	325	262
9	黑龙江省农业科学院	31	63	50
10	中国科学院大学	26	46	42

1.7 高频词TOP20

2012—2021年吉林省农业科学院SCI发文高频词（作者关键词）TOP20见表1-7。

表1-7 2012—2021年吉林省农业科学院SCI发文高频词（作者关键词）TOP20

排序	关键词（作者关键词）	频次	排序	关键词（作者关键词）	频次
1	soybean	39	11	Fluorescence polarization	8
2	maize	26	12	Salt stress	7
3	rice	16	13	Grain yield	6
4	Long-term fertilization	14	14	Climate change	5
5	Glycine max	10	15	Proteomics	5
6	genetic diversity	10	16	Ostrinia furnacalis	5
7	Gene expression	10	17	corn	5
8	apoptosis	9	18	disease resistance	5
9	Lactobacillus plantarum	9	19	Zea mays	5
10	DNA methylation	8	20	Arabidopsis thaliana	5

2 中文期刊论文分析

2012—2021年，吉林省农业科学院作者共发表北大中文核心期刊论文2 027篇，中国科学引文数据库（CSCD）期刊论文1 256篇。

2.1 发文量

吉林省农业科学院中文文献历年发文趋势（2012—2021年）见图2-1。

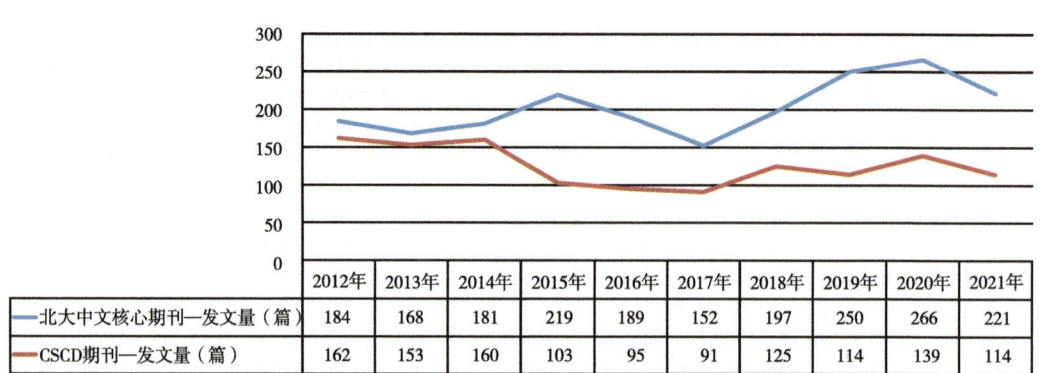

图 2-1 吉林省农业科学院中文文献历年发文趋势（2012—2021 年）

2.2 高发文研究所 TOP10

2012—2021 年吉林省农业科学院北大中文核心期刊高发文研究所 TOP10 见表 2-1，2012—2021 年吉林省农业科学院中国科学引文数据库（CSCD）期刊高发文研究所 TOP10 见表 2-2。

表 2-1　2012—2021 年吉林省农业科学院北大中文核心期刊高发文研究所 TOP10　单位：篇

排序	研究所	发文量
1	吉林省农业科学院	644
2	吉林省农业科学院农业资源与环境研究所	339
3	吉林省农业科学院畜牧科学分院	210
4	吉林省农业科学院农业生物技术研究所	172
5	吉林省农业科学院植物保护研究所	163
6	吉林省农业科学院大豆研究所	120
7	吉林省农业科学院农产品加工研究所	84
8	吉林省农业科学院玉米研究所	64
9	吉林省农业科学院农业质量标准与检测技术研究所	59
10	吉林省农业科学院作物资源研究所	51
11	吉林省农业科学院果树研究所	50

注："吉林省农业科学院"发文包括作者单位只标注为"吉林省农业科学院"、院属实验室等。

表 2-2　2012—2021 年吉林省农业科学院 CSCD 期刊高发文研究所 TOP10　单位：篇

排序	研究所	发文量
1	吉林省农业科学院	386

(续表)

排序	研究所	发文量
2	吉林省农业科学院农业资源与环境研究所	258
3	吉林省农业科学院农业生物技术研究所	132
4	吉林省农业科学院植物保护研究所	109
5	吉林省农业科学院大豆研究所	104
6	吉林省农业科学院畜牧科学分院	78
7	吉林省农业科学院玉米研究所	42
8	吉林省农业科学院作物资源研究所	40
9	吉林省农业科学院农产品加工研究所	35
10	吉林省农业科学院水稻研究所	30
11	吉林省农业科学院果树研究所	26

注:"吉林省农业科学院"发文包括作者单位只标注为"吉林省农业科学院"、院属实验室等。

2.3 高发文期刊 TOP10

2012—2021年吉林省农业科学院高发文北大中文核心期刊TOP10见表2-3,2012—2021年吉林省农业科学院高发文CSCD期刊TOP10见表2-4。

表2-3 2012—2021年吉林省农业科学院高发文期刊(北大中文核心)TOP10 单位:篇

排序	期刊名称	发文量	排序	期刊名称	发文量
1	玉米科学	259	6	吉林农业大学学报	76
2	东北农业科学	200	7	分子植物育种	65
3	吉林农业科学	95	8	中国畜牧兽医	56
4	黑龙江畜牧兽医	90	9	中国农业科学	49
5	大豆科学	85	10	北方园艺	40

表2-4 2012—2021年吉林省农业科学院高发文期刊(CSCD)TOP10 单位:篇

排序	期刊名称	发文量	排序	期刊名称	发文量
1	玉米科学	252	6	中国农业科学	47
2	吉林农业科学	152	7	植物营养与肥料学报	37
3	大豆科学	86	8	中国兽医学报	27
4	吉林农业大学学报	69	9	食品科学	24
5	分子植物育种	49	10	动物营养学报	21

2.4 合作发文机构 TOP10

2012—2021年吉林省农业科学院北大中文核心期刊合作发文机构TOP10见表2-5，2012—2021年吉林省农业科学院CSCD期刊合作发文机构TOP10见表2-6。

表2-5 2012—2021年吉林省农业科学院北大中文核心期刊合作发文机构TOP10　　单位：篇

排序	合作发文机构	发文量	排序	合作发文机构	发文量
1	吉林农业大学	445	6	东北农业大学	55
2	中国农业科学院	125	7	大豆国家工程研究中心	52
3	延边大学	120	8	沈阳农业大学	47
4	吉林大学	84	9	中国科学院	40
5	山东省农业科学院	69	10	中国农业科技东北创新中心农业资源与环境研究所	34

表2-6 2012—2021年吉林省农业科学院CSCD期刊合作发文机构TOP10　　单位：篇

排序	合作发文机构	发文量	排序	合作发文机构	发文量
1	吉林农业大学	276	6	沈阳农业大学	38
2	中国农业科学院	97	7	中国科学院	32
3	东北农业大学	51	8	哈尔滨师范大学	25
4	延边大学	50	9	中国农业大学	23
5	吉林大学	47	10	山东省农业科学院	21

江苏省农业科学院

1 英文期刊论文分析

分析数据来源于科学引文索引数据库（Web of Science，WOS）收录的文献类型为期刊论文（ARTICLE）、会议论文（PROCEEDINGS PAPER）和述评（REVIEW）的 Science Citation Index Expanded（SCIE）论文数据，数据时间范围为 2012—2021 年，共检索到江苏省农业科学院作者发表的论文 3 840 篇。

1.1 发文量

2012—2021 年江苏省农业科学院历年 SCI 发文与被引情况见表 1-1，江苏省农业科学院英文文献历年发文趋势（2012—2021 年）见图 1-1。

表 1-1　2012—2021 年江苏省农业科学院历年 SCI 发文与被引情况

出版年	发文量（篇）	WOS 所有数据库总被引频次	WOS 核心库被引频次
2012 年	136	4 641	3 821
2013 年	164	4 848	4 180
2014 年	229	6 412	5 537
2015 年	342	7 234	6 281
2016 年	403	8 710	7 778
2017 年	424	9 242	8 349
2018 年	456	7 814	7 132
2019 年	494	7 148	6 561
2020 年	543	5 623	5 283
2021 年	649	2 934	2 844

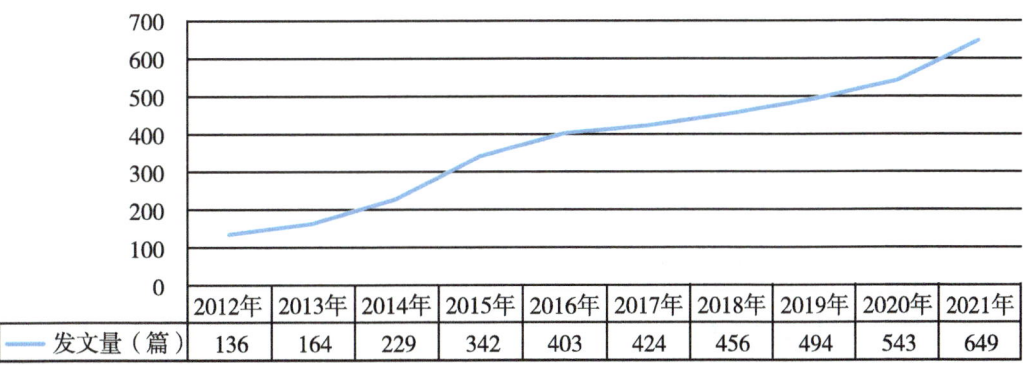

图 1-1　江苏省农业科学院英文文献历年发文趋势（2012—2021 年）

1.2 发文期刊JCR分区

2012—2021年江苏省农业科学院SCI发文期刊WOSJCR分区情况见表1-2，江苏省农业科学院SCI发文期刊WOSJCR分区趋势图（2012—2021年）见图1-2。

表1-2 2012—2021年江苏省农业科学院SCI发文期刊WOSJCR分区情况　　单位：篇

排序	出版年	Q1区发文量（篇）	Q2区发文量（篇）	Q3区发文量（篇）	Q4区发文量（篇）	其他发文量（篇）
1	2012年	52	29	20	23	12
2	2013年	69	31	40	13	11
3	2014年	93	61	33	21	21
4	2015年	125	86	71	42	18
5	2016年	174	112	59	28	30
6	2017年	215	100	67	38	4
7	2018年	218	152	48	37	1
8	2019年	228	148	61	36	20
9	2020年	293	120	58	26	45
10	2021年	393	132	35	22	64

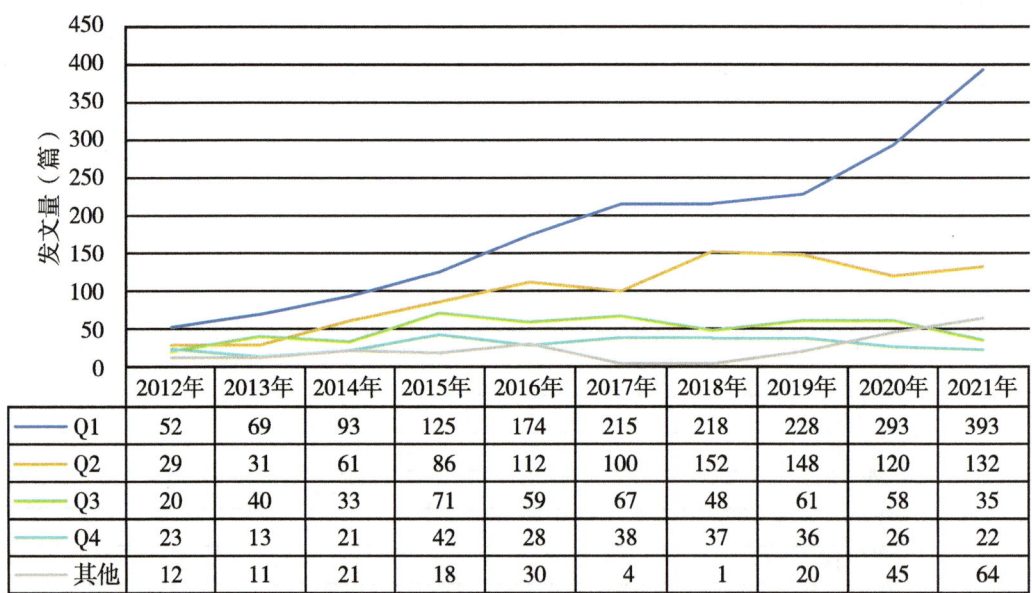

图1-2 江苏省农业科学院SCI发文期刊WOSJCR分区趋势（2012—2021年）

1.3 高发文研究所TOP10

2012—2021年江苏省农业科学院SCI高发文研究所TOP10见表1-3。

表1-3 2012—2021年江苏省农业科学院SCI高发文研究所TOP10 单位：篇

排序	研究所	发文量
1	江苏省农业科学院农业资源与环境研究所	606
2	江苏省农业科学院植物保护研究所	365
3	江苏省农业科学院兽医研究所	326
4	江苏省农业科学院农产品加工研究所	323
5	江苏省农业科学院农产品质量安全与营养研究所	308
6	江苏省农业科学院园艺研究所	287
7	江苏省农业科学院种质资源与生物技术研究所	217
8	江苏省农业科学院粮食作物研究所	185
9	江苏省农业科学院蔬菜研究所	143
10	江苏省农业科学院经济作物研究所	139

1.4 高发文期刊TOP10

2012—2021年江苏省农业科学院SCI高发文期刊TOP10见表1-4。

表1-4 2012—2021年江苏省农业科学院SCI高发文期刊TOP10

排序	期刊名称	发文量（篇）	WOS所有数据库总被引频次	WOS核心库被引频次	期刊影响因子（最近年度）
1	PLOS ONE	100	2 348	2 072	3.752（2021）
2	FRONTIERS IN PLANT SCIENCE	79	1 894	1 708	6.627（2021）
3	SCIENTIFIC REPORTS	78	1 947	1 811	4.996（2021）
4	SCIENCE OF THE TOTAL ENVIRONMENT	59	1 765	1 617	10.753（2021）
5	FOOD CHEMISTRY	57	1 546	1 428	9.231（2021）
6	JOURNAL OF AGRICULTURAL AND FOOD CHEMISTRY	55	1 271	1 156	5.895（2021）
7	FRONTIERS IN MICROBIOLOGY	53	597	549	6.064（2021）
8	VETERINARY MICROBIOLOGY	40	454	390	3.246（2021）
9	CHEMOSPHERE	39	1 022	892	8.943（2021）
10	JOURNAL OF INTEGRATIVE AGRICULTURE	39	389	294	4.384（2021）

1.5 合作发文国家与地区TOP10

2012—2021年江苏省农业科学院SCI合作发文国家与地区（合作发文1篇以上）TOP10见表1-5。

表1-5　2012—2021年江苏省农业科学院SCI合作发文国家与地区TOP10

排序	国家与地区	合作发文量（篇）	WOS所有数据库总被引频次	WOS核心库被引频次
1	美国	437	10 983	10 028
2	澳大利亚	111	2 970	2 716
3	英格兰	63	1 948	1 794
4	加拿大	49	1 908	1 737
5	巴基斯坦	46	923	845
6	德国	39	1 022	944
7	日本	36	660	584
8	埃及	32	774	738
9	荷兰	30	385	359
10	韩国	25	789	708

1.6 合作发文机构TOP10

2012—2021年江苏省农业科学院SCI合作发文机构TOP10见表1-6。

表1-6　2012—2021年江苏省农业科学院SCI合作发文机构TOP10

排序	合作发文机构	发文量（篇）	WOS所有数据库总被引频次	WOS核心库被引频次
1	南京农业大学	1 099	4 814	4 094
2	中国科学院	339	2 384	2 001
3	江苏大学	234	237	229
4	中国农业科学院	225	1 551	1 336
5	扬州大学	210	380	332

(续表)

排序	合作发文机构	发文量（篇）	WOS所有数据库总被引频次	WOS核心库被引频次
6	中国农业大学	131	619	547
7	广东省农业科学院	121	420	386
8	南京林业大学	98	303	264
9	南京师范大学	94	437	358
10	浙江大学	91	540	459

1.7 高频词TOP20

2012—2021年江苏省农业科学院SCI发文高频词（作者关键词）TOP20见表1-7。

表1-7 2012—2021年江苏省农业科学院SCI发文高频词（作者关键词）TOP20

排序	关键词（作者关键词）	频次	排序	关键词（作者关键词）	频次
1	rice	68	11	Mycoplasma hyopneumoniae	23
2	Gene expression	53	12	Phylogenetic analysis	22
3	Biochar	36	13	wheat	21
4	salt stress	31	14	Resistance	21
5	Transcriptome	30	15	Oryza sativa	21
6	photosynthesis	30	16	Peach	20
7	RNA-Seq	28	17	cotton	19
8	maize	26	18	Pathogenicity	19
9	Soybean	24	19	Abiotic stress	19
10	Cadmium	23	20	Genetic diversity	19

2 中文期刊论文分析

2012—2021年，江苏省农业科学院作者共发表北大中文核心期刊论文7 490篇，中国科学引文数据库（CSCD）期刊论文4 619篇。

2.1 发文量

江苏省农业科学院中文文献历年发文趋势（2012—2021年）见图2-1。

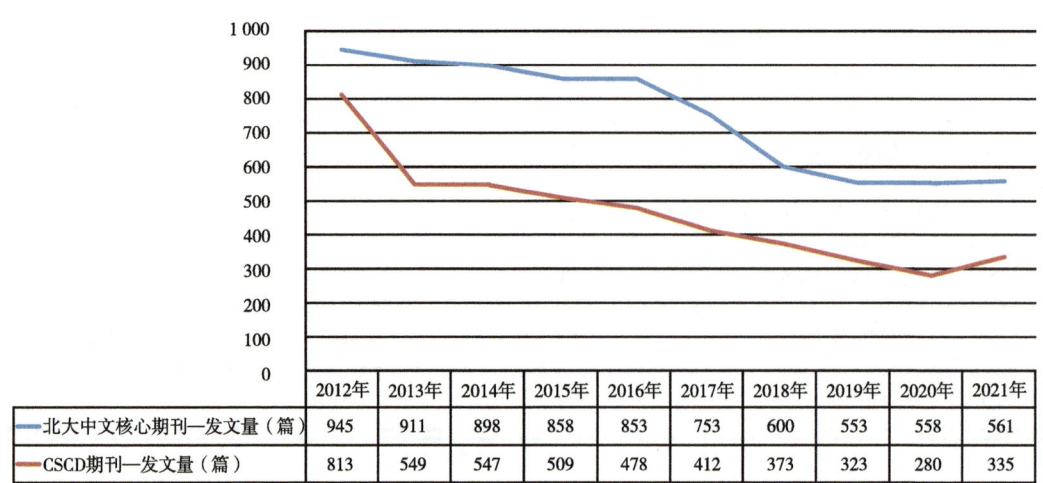

图 2-1　江苏省农业科学院中文文献历年发文趋势（2012—2021 年）

2.2　高发文研究所 TOP10

2012—2021 年江苏省农业科学院北大中文核心期刊高发文研究所 TOP10 见表 2-1，2012—2021 年江苏省农业科学院中国科学引文数据库（CSCD）期刊高发文研究所 TOP10 见表 2-2。

表 2-1　2012—2021 年江苏省农业科学院北大中文核心期刊高发文研究所 TOP10　　单位：篇

排序	研究所	发文量
1	江苏省农业科学院农业资源与环境研究所	653
2	江苏省农业科学院农产品加工研究所	604
3	江苏省农业科学院蔬菜研究所	530
4	江苏省农业科学院植物保护研究所	456
5	江苏省农业科学院动物免疫工程研究所	452
6	江苏省农业科学院兽医研究所	431
7	江苏省农业科学院	412
8	江苏省农业科学院畜牧研究所	400
9	江苏省农业科学院种质资源与生物技术研究所	394
10	江苏省农业科学院粮食作物研究所	383
11	江苏省农业科学院经济作物研究所	330

注："江苏省农业科学院"发文包括作者单位只标注为"江苏省农业科学院"、院属实验室等。

表 2-2　2012—2021 年江苏省农业科学院 CSCD 期刊高发文研究所 TOP10　　单位：篇

排序	研究所	发文量
1	江苏省农业科学院农业资源与环境研究所	546

(续表)

排序	研究所	发文量
2	江苏省农业科学院农产品加工研究所	370
3	江苏省农业科学院植物保护研究所	368
4	江苏省农业科学院兽医研究所	319
5	江苏省农业科学院	295
6	江苏省农业科学院粮食作物研究所	282
7	江苏省农业科学院蔬菜研究所	244
8	江苏省农业科学院畜牧研究所	239
9	江苏省农业科学院经济作物研究所	238
10	江苏省农业科学院园艺研究所	218
11	江苏省农业科学院种质资源与生物技术研究所	193

注:"江苏省农业科学院"发文包括作者单位只标注为"江苏省农业科学院"、院属实验室等。

2.3 高发文期刊 TOP10

2012—2021年江苏省农业科学院高发文北大中文核心期刊 TOP10 见表 2-3, 2012—2021年江苏省农业科学院高发文 CSCD 期刊 TOP10 见表 2-4。

表 2-3　2012—2021 年江苏省农业科学院高发文期刊（北大中文核心）TOP10　　　单位:篇

排序	期刊名称	发文量	排序	期刊名称	发文量
1	江苏农业科学	1 864	6	食品工业科技	131
2	江苏农业学报	1 051	7	中国农业科学	125
3	食品科学	194	8	作物学报	98
4	西南农业学报	176	9	麦类作物学报	97
5	华北农学报	153	10	核农学报	92

表 2-4　2012—2021 年江苏省农业科学院高发文期刊（CSCD）TOP10　　　单位:篇

排序	期刊名称	发文量	排序	期刊名称	发文量
1	江苏农业学报	1 011	6	华北农学报	114
2	江苏农业科学	286	7	核农学报	92
3	西南农业学报	166	8	作物学报	91
4	食品科学	158	9	农业环境科学学报	90
5	中国农业科学	116	10	麦类作物学报	84

2.4 合作发文机构 TOP10

2012—2021 年江苏省农业科学院北大中文核心期刊合作发文机构 TOP10 见表 2-5，2012—2021 年江苏省农业科学院 CSCD 期刊合作发文机构 TOP10 见表 2-6。

表 2-5 2012—2021 年江苏省农业科学院北大中文核心期刊合作发文机构 TOP10 单位：篇

排序	合作发文机构	发文量	排序	合作发文机构	发文量
1	南京农业大学	1 016	6	南京师范大学	111
2	扬州大学	328	7	中国科学院	105
3	中国农业科学院	221	8	南京林业大学	102
4	徐州工程学院	160	9	江苏省现代作物生产协同创新中心	57
5	国家水稻改良中心	117	10	江苏大学	50

表 2-6 2012—2021 年江苏省农业科学院 CSCD 期刊合作发文机构 TOP10 单位：篇

排序	合作发文机构	发文量	排序	合作发文机构	发文量
1	南京农业大学	720	6	国家水稻改良中心	74
2	扬州大学	215	7	南京林业大学	59
3	中国农业科学院	147	8	江苏大学	35
4	中国科学院	89	9	南京信息工程大学	34
5	南京师范大学	87	10	中国农业大学	33

江西省农业科学院

1 英文期刊论文分析

分析数据来源于科学引文索引数据库（Web of Science，WOS）收录的文献类型为期刊论文（ARTICLE）、会议论文（PROCEEDINGS PAPER）和述评（REVIEW）的Science Citation Index Expanded（SCIE）论文数据，数据时间范围为2012—2021年，共检索到江西省农业科学院作者发表的论文495篇。

1.1 发文量

2012—2021年江西省农业科学院历年SCI发文与被引情况见表1-1，江西省农业科学院英文文献历年发文趋势（2012—2021年）见图1-1。

表1-1　2012—2021年江西省农业科学院历年SCI发文与被引情况

出版年	发文量（篇）	WOS所有数据库总被引频次	WOS核心库被引频次
2012年	22	673	545
2013年	31	845	707
2014年	37	918	771
2015年	39	1 073	959
2016年	44	643	566
2017年	51	1 024	896
2018年	53	893	791
2019年	54	792	707
2020年	71	719	652
2021年	93	314	303

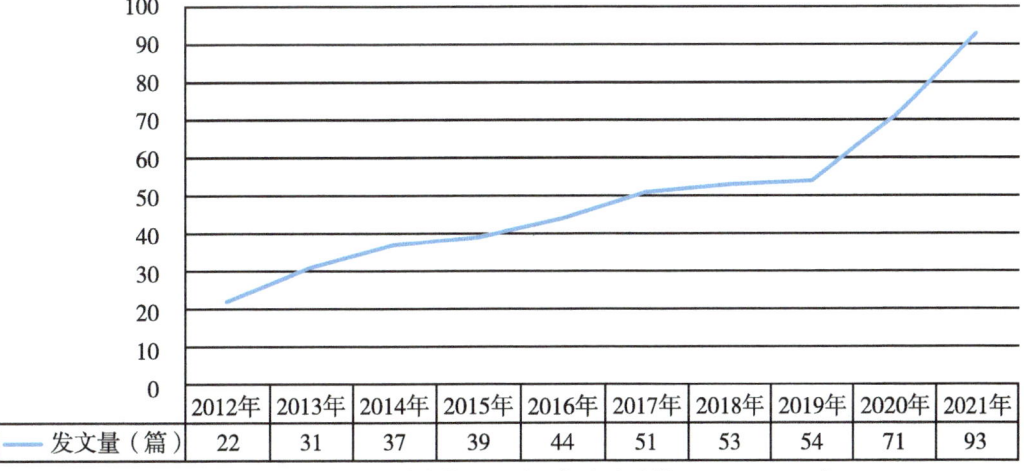

图1-1　江西省农业科学院英文文献历年发文趋势（2012—2021年）

1.2 发文期刊 JCR 分区

2012—2021 年江西省农业科学院 SCI 发文期刊 WOSJCR 分区情况见表 1-2，江西省农业科学院 SCI 发文期刊 WOSJCR 分区趋势图（2012—2021 年）见图 1-2。

表 1-2　2012—2021 年江西省农业科学院 SCI 发文期刊 WOSJCR 分区情况　　单位：篇

排序	出版年	Q1 区发文量	Q2 区发文量	Q3 区发文量	Q4 区发文量	其他发文量
1	2012 年	7	6	3	5	1
2	2013 年	10	10	7	2	2
3	2014 年	11	13	6	1	6
4	2015 年	13	7	7	8	4
5	2016 年	14	13	8	5	4
6	2017 年	24	17	4	4	2
7	2018 年	26	15	6	6	0
8	2019 年	24	21	5	2	2
9	2020 年	37	16	2	5	11
10	2021 年	44	28	9	7	5

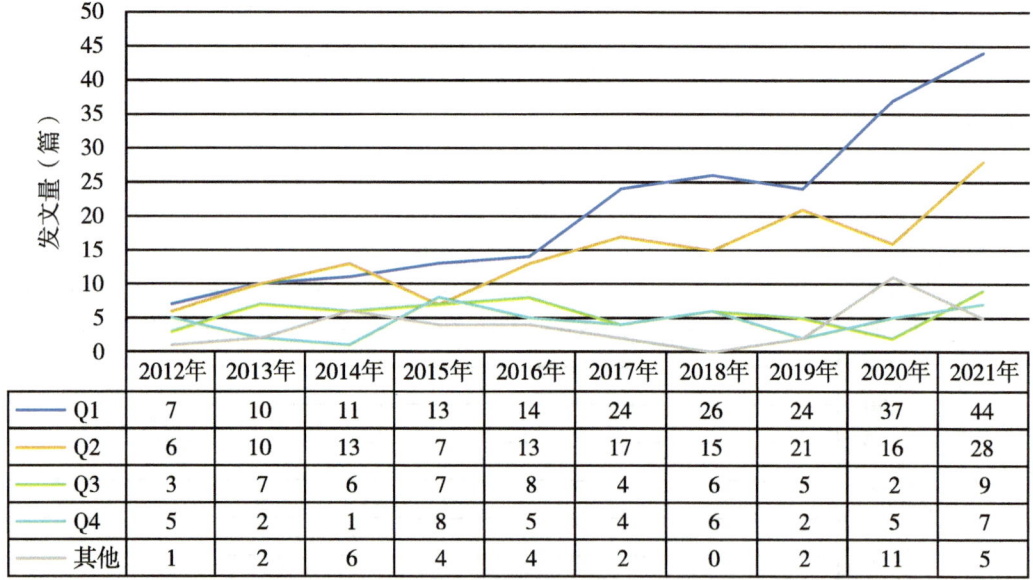

图 1-2　江西省农业科学院 SCI 发文期刊 WOSJCR 分区趋势（2012—2021 年）

1.3 高发文研究所 TOP10

2012—2021 年江西省农业科学院 SCI 高发文研究所 TOP10 见表 1-3。

表 1-3 2012—2021 年江西省农业科学院 SCI 高发文研究所 TOP10　　　　单位：篇

排序	研究所	发文量
1	江西省农业科学院土壤肥料与资源环境研究所	112
2	江西省农业科学院畜牧兽医研究所	46
3	江西省农业科学院农产品质量安全与标准研究所	45
3	江西省农业科学院水稻研究所	45
4	江西省农业科学院植物保护研究所	35
5	江西省农业科学院农业微生物研究所	20
6	江西省农业科学院园艺研究所	15
7	江西省农业科学院作物研究所	13
8	江西省农业科学院蔬菜花卉研究所	8
9	江西省农业科学院江西省超级水稻研究发展中心	6
10	江西省农业科学院农业工程研究所	5

1.4　高发文期刊 TOP10

2012—2021 年江西省农业科学院 SCI 高发文期刊 TOP10 见表 1-4。

表 1-4 2012—2021 年江西省农业科学院 SCI 高发文期刊 TOP10

排序	期刊名称	发文量（篇）	WOS 所有数据库总被引频次	WOS 核心库被引频次	期刊影响因子（最近年度）
1	PLOS ONE	18	385	341	3.752（2021）
2	JOURNAL OF SOILS AND SEDIMENTS	14	326	270	3.536（2021）
3	JOURNAL OF INTEGRATIVE AGRICULTURE	14	94	72	4.384（2021）
4	FRONTIERS IN PLANT SCIENCE	11	179	160	6.627（2021）
5	FOOD CHEMISTRY	10	268	251	9.231（2021）
6	SOIL & TILLAGE RESEARCH	7	114	107	7.366（2021）
7	SCIENTIFIC REPORTS	7	208	188	4.996（2021）
8	AGRICULTURE ECOSYSTEMS & ENVIRONMENT	7	96	85	6.576（2021）
9	FIELD CROPS RESEARCH	6	193	154	6.145（2021）
10	INTERNATIONAL JOURNAL OF MOLECULAR SCIENCES	6	54	52	6.208（2021）

1.5 合作发文国家与地区TOP10

2012—2021年江西省农业科学院SCI合作发文国家与地区（合作发文1篇以上）TOP10见表1-5。

表1-5 2012—2021年江西省农业科学院SCI合作发文国家与地区TOP10

排序	国家与地区	合作发文量（篇）	WOS所有数据库总被引频次	WOS核心库被引频次
1	美国	39	1 193	1 010
2	德国	14	387	354
3	巴基斯坦	6	319	266
4	英格兰	5	196	161
5	澳大利亚	5	118	115
6	苏格兰	5	63	55
7	丹麦	3	178	160
8	荷兰	3	161	144
9	日本	3	160	144
10	韩国	3	145	110

1.6 合作发文机构TOP10

2012—2021年江西省农业科学院SCI合作发文机构TOP10见表1-6。

表1-6 2012—2021年江西省农业科学院SCI合作发文机构TOP10

排序	合作发文机构	发文量（篇）	WOS所有数据库总被引频次	WOS核心库被引频次
1	中国农业科学院	110	306	255
2	中国科学院	68	336	296
3	华中农业大学	53	228	195
4	江西农业大学	48	117	104
5	南京农业大学	41	136	107

（续表）

排序	合作发文机构	发文量（篇）	WOS所有数据库总被引频次	WOS核心库被引频次
6	江西师范大学	29	150	114
7	浙江大学	28	188	173
8	中国科学院大学	28	25	24
9	南昌大学	27	152	127
10	中国国家水稻研究所	16	72	53

1.7 高频词TOP20

2012—2021年江西省农业科学院SCI发文高频词（作者关键词）TOP20见表1-7。

表1-7　2012—2021年江西省农业科学院SCI发文高频词（作者关键词）TOP20

排序	关键词（作者关键词）	频次	排序	关键词（作者关键词）	频次
1	rice	15	11	Soil organic carbon	5
2	Long-term fertilization	12	12	Glycation	5
3	Paddy soil	9	13	manure	5
4	grain yield	7	14	QTL	5
5	Chilo suppressalis	7	15	Peanut	5
6	Dongxiang wild rice	7	16	Cold tolerance	4
7	Ovalbumin	6	17	paddy field	4
8	Persimmon tannin	5	18	Microcystins	4
9	Common wild rice	5	19	Poyang Lake	4
10	Global warming	5	20	Green manure	4

2　中文期刊论文分析

2012—2021年，江西省农业科学院作者共发表北大中文核心期刊论文1 113篇，中国科学引文数据库（CSCD）期刊论文746篇。

2.1　发文量

江西省农业科学院中文文献历年发文趋势（2012—2021年）见图2-1。

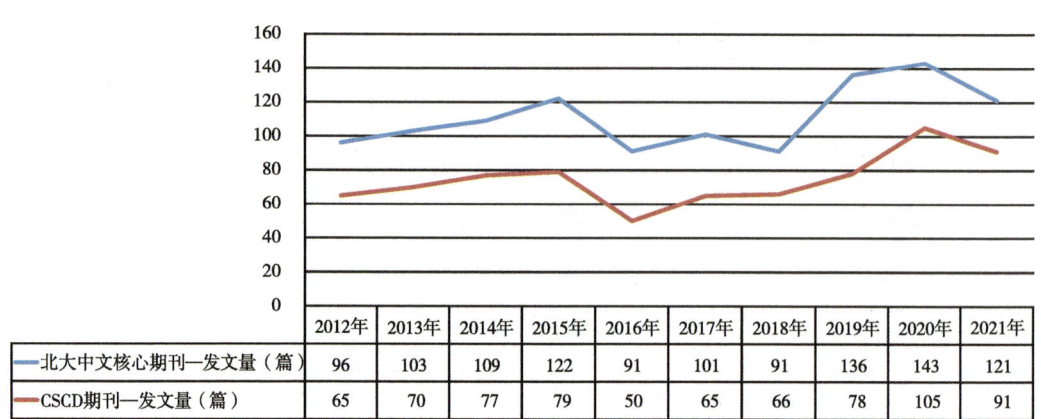

图 2-1 江西省农业科学院中文文献历年发文趋势（2012—2021 年）

2.2 高发文研究所 TOP10

2012—2021 年江西省农业科学院北大中文核心期刊高发文研究所 TOP10 见表 2-1，2012—2021 年江西省农业科学院中国科学引文数据库（CSCD）期刊高发文研究所 TOP10 见表 2-2。

表 2-1　2012—2021 年江西省农业科学院北大中文核心期刊高发文研究所 TOP10　单位：篇

排序	研究所	发文量
1	江西省农业科学院土壤肥料与资源环境研究所	297
2	江西省农业科学院畜牧兽医研究所	127
3	江西省农业科学院	116
4	江西省农业科学院水稻研究所	111
5	江西省农业科学院植物保护研究所	100
6	江西省农业科学院作物研究所	79
7	江西省农业科学院农业工程研究所	72
8	江西省农业科学院蔬菜花卉研究所	70
9	江西省农业科学院农产品质量安全与标准研究所	68
10	江西省农业科学院农业经济与信息研究所	45
11	江西省农业科学院农产品加工研究所	35

注："江西省农业科学院"发文包括作者单位只标注为"江西省农业科学院"、院属实验室等。

表 2-2　2012—2021 年江西省农业科学院 CSCD 期刊高发文研究所 TOP10　单位：篇

排序	研究所	发文量
1	江西省农业科学院土壤肥料与资源环境研究所	187
2	江西省农业科学院植物保护研究所	98

(续表)

排序	研究所	发文量
3	江西省农业科学院水稻研究所	84
4	江西省农业科学院畜牧兽医研究所	83
5	江西省农业科学院蔬菜花卉研究所	66
6	江西省农业科学院作物研究所	64
7	江西省农业科学院	55
8	江西省农业科学院农产品质量安全与标准研究所	49
9	江西省农业科学院农业微生物研究所	33
10	江西省农业科学院农业工程研究所	28
11	江西省农业科学院农业经济与信息研究所	27

注:"江西省农业科学院"发文包括作者单位只标注为"江西省农业科学院"、院属实验室等。

2.3 高发文期刊TOP10

2012—2021年江西省农业科学院高发文北大中文核心期刊TOP10见表2-3,2012—2021年江西省农业科学院高发文CSCD期刊TOP10见表2-4。

表2-3　2012—2021年江西省农业科学院高发文期刊（北大中文核心）TOP10　　单位：篇

排序	期刊名称	发文量	排序	期刊名称	发文量
1	江西农业大学学报	95	6	植物遗传资源学报	25
2	杂交水稻	37	7	动物营养学报	25
3	植物营养与肥料学报	32	8	中国水稻科学	22
4	中国土壤与肥料	27	9	分子植物育种	22
5	中国油料作物学报	26	10	土壤学报	21

表2-4　2012—2021年江西省农业科学院高发文期刊（CSCD）TOP10　　单位：篇

排序	期刊名称	发文量	排序	期刊名称	发文量
1	江西农业大学学报	85	6	动物营养学报	25
2	杂交水稻	31	7	南方农业学报	23
3	植物营养与肥料学报	27	8	中国土壤与肥料	22
4	中国油料作物学报	25	9	植物保护学报	20
5	植物遗传资源学报	25	10	中国农学通报	19

2.4 合作发文机构TOP10

2012—2021年江西省农业科学院北大中文核心期刊合作发文机构TOP10见表2-5，2012—2021年江西省农业科学院CSCD期刊合作发文机构TOP10见表2-6。

表2-5 2012—2021年江西省农业科学院北大中文核心期刊合作发文机构TOP10　　单位：篇

排序	合作发文机构	发文量	排序	合作发文机构	发文量
1	江西农业大学	107	6	南京农业大学	25
2	中国农业科学院	94	7	华中农业大学	25
3	江西省红壤研究所	78	8	江西省超级水稻研究发展中心	22
4	中国科学院	64	9	南昌大学	21
5	扬州大学	25	10	华南农业大学	16

表2-6 2012—2021年江西省农业科学院CSCD期刊合作发文机构TOP10　　单位：篇

排序	合作发文机构	发文量	排序	合作发文机构	发文量
1	中国农业科学院	70	6	湖南农业大学	15
2	江西农业大学	69	7	江西省超级水稻研究发展中心	14
3	中国科学院	24	8	江西省红壤研究所	14
4	华中农业大学	16	9	浙江省农业科学院	11
5	南昌大学	15	10	广东省农业科学院	11

辽宁省农业科学院

1 英文期刊论文分析

分析数据来源于科学引文索引数据库（Web of Science，WOS）收录的文献类型为期刊论文（ARTICLE）、会议论文（PROCEEDINGS PAPER）和述评（REVIEW）的 Science Citation Index Expanded（SCIE）论文数据，数据时间范围为 2012—2021 年，共检索到辽宁省农业科学院作者发表的论文 412 篇。

1.1 发文量

2012—2021 年辽宁省农业科学院历年 SCI 发文与被引情况见表 1-1，辽宁省农业科学院英文文献历年发文趋势（2012—2021 年）见图 1-1。

表 1-1　2012—2021 年辽宁省农业科学院历年 SCI 发文与被引情况

出版年	发文量（篇）	WOS 所有数据库总被引频次	WOS 核心库被引频次
2012 年	17	381	329
2013 年	25	716	585
2014 年	32	740	626
2015 年	30	612	538
2016 年	33	457	386
2017 年	40	634	574
2018 年	27	437	388
2019 年	50	635	583
2020 年	69	641	592
2021 年	89	361	340

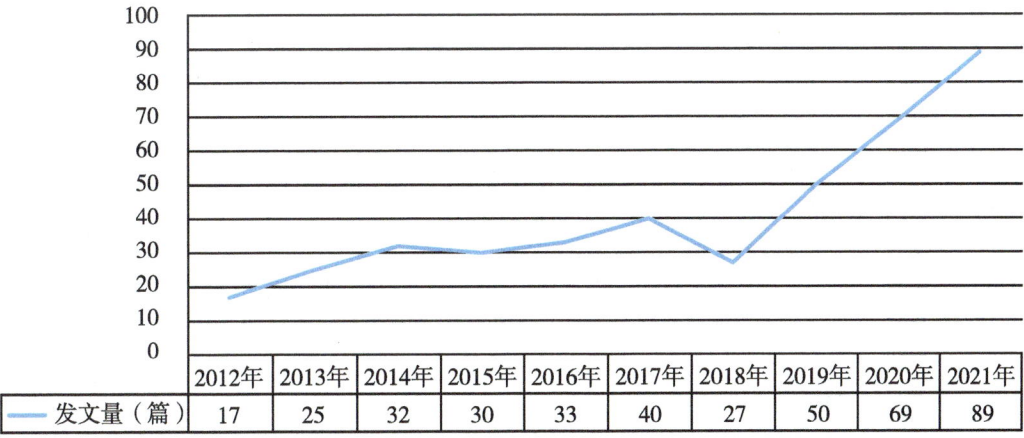

图 1-1　辽宁省农业科学院英文文献历年发文趋势（2012—2021 年）

1.2 发文期刊JCR分区

2012—2021年辽宁省农业科学院SCI发文期刊WOSJCR分区情况见表1-2，辽宁省农业科学院SCI发文期刊WOSJCR分区趋势图（2012—2021年）见图1-2。

表1-2　2012—2021年辽宁省农业科学院SCI发文期刊WOSJCR分区情况　　单位：篇

排序	出版年	Q1区发文量	Q2区发文量	Q3区发文量	Q4区发文量	其他发文量
1	2012年	1	7	3	1	4
2	2013年	7	6	3	3	5
3	2014年	11	9	3	4	5
4	2015年	9	5	6	3	7
5	2016年	8	8	4	10	3
6	2017年	16	9	9	6	0
7	2018年	13	5	4	5	0
8	2019年	18	22	6	3	1
9	2020年	28	18	11	4	8
10	2021年	44	20	8	10	7

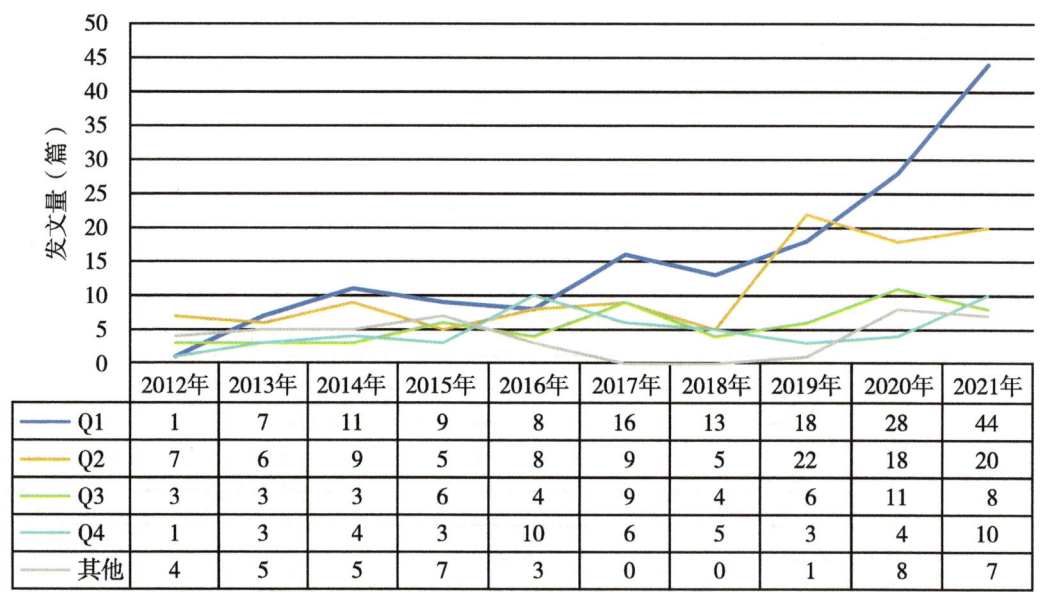

图1-2　辽宁省农业科学院SCI发文期刊WOSJCR分区趋势（2012—2021年）

1.3 高发文研究所TOP10

2012—2021年辽宁省农业科学院SCI高发文研究所TOP10见表1-3。

表1-3 2012—2021年辽宁省农业科学院SCI高发文研究所TOP10　　　　单位：篇

排序	研究所	发文量
1	辽宁省林业科学研究院	42
2	辽宁省农业科学院植物保护研究所	36
3	辽宁省农业科学院植物营养与环境资源研究所	24
4	辽宁省农业科学院耕作栽培研究所	22
5	辽宁省农业科学院作物研究所	17
5	辽宁省农业科学院花卉研究所	17
5	辽宁省沙地治理与利用研究所	17
6	辽宁省农业科学院蔬菜研究所	16
6	辽宁省经济作物研究所	16
7	辽宁省农业科学院大连生物技术研究所	15
7	辽宁省水稻研究所	15
8	辽宁省农业科学院食品与加工研究所	12
9	辽宁省农业科学院玉米研究所	9
10	辽宁省海洋水产科学研究院	7

1.4 高发文期刊TOP10

2012—2021年辽宁省农业科学院SCI高发文期刊TOP10见表1-4。

表1-4 2012—2021年辽宁省农业科学院SCI高发文期刊TOP10

排序	期刊名称	发文量（篇）	WOS所有数据库总被引频次	WOS核心库被引频次	期刊影响因子（最近年度）
1	PLOS ONE	20	404	350	3.752（2021）
2	SCIENTIFIC REPORTS	10	98	92	4.996（2021）
3	FRONTIERS IN PLANT SCIENCE	9	93	80	6.627（2021）
4	SCIENTIA HORTICULTURAE	8	120	105	4.342（2021）
5	INTERNATIONAL JOURNAL OF AGRICULTURE AND BIOLOGY	8	24	18	0.822（2019）
6	JOURNAL OF INTEGRATIVE AGRICULTURE	7	132	116	4.384（2021）
7	FORESTS	6	58	53	3.282（2021）

(续表)

排序	期刊名称	发文量（篇）	WOS所有数据库总被引频次	WOS核心库被引频次	期刊影响因子（最近年度）
8	FISH & SHELLFISH IMMUNOLOGY	5	134	119	4.622（2021）
9	PLANT AND SOIL	5	79	70	4.993（2021）
10	PLANT PHYSIOLOGY AND BIOCHEMISTRY	5	29	24	5.437（2021）

1.5 合作发文国家与地区TOP10

2012—2021年辽宁省农业科学院SCI合作发文国家与地区（合作发文1篇以上）TOP10见表1-5。

表1-5 2012—2021年辽宁省农业科学院SCI合作发文国家与地区TOP10

排序	国家与地区	合作发文量（篇）	WOS所有数据库总被引频次	WOS核心库被引频次
1	美国	30	572	494
2	澳大利亚	10	216	190
3	荷兰	9	165	143
4	巴基斯坦	7	41	36
5	菲律宾	6	225	194
6	瑞典	6	71	63
7	意大利	4	70	64
8	加拿大	4	209	178
9	新西兰	4	74	68
10	波兰	3	42	37

1.6 合作发文机构TOP10

2012—2021年辽宁省农业科学院SCI合作发文机构TOP10见表1-6。

表1-6 2012—2021年辽宁省农业科学院SCI合作发文机构TOP10

排序	合作发文机构	发文量（篇）	WOS所有数据库总被引频次	WOS核心库被引频次
1	沈阳农业大学	173	396	352

(续表)

排序	合作发文机构	发文量（篇）	WOS 所有数据库总被引频次	WOS 核心库被引频次
2	中国科学院	61	576	517
3	中国农业科学院	51	300	251
4	中国农业大学	32	172	152
5	辽宁省林业科学院	24	403	365
6	中国科学院大学	20	150	142
7	辽宁大学	15	364	333
8	中国林业科学院	12	203	161
9	吉林农业科学院	11	39	34
10	大连理工大学	11	56	52

1.7 高频词 TOP20

2012—2021 年辽宁省农业科学院 SCI 发文高频词（作者关键词）TOP20 见表 1-7。

表 1-7 2012—2021 年辽宁省农业科学院 SCI 发文高频词（作者关键词）TOP20

排序	关键词（作者关键词）	频次	排序	关键词（作者关键词）	频次
1	rice	11	11	immunity	5
2	Maize	8	12	Defense	5
3	genetic diversity	8	13	Population structure	5
4	Apostichopus japonicus	6	14	Gene expression	5
5	photosynthesis	6	15	Proteomics	4
6	grain yield	6	16	Yield	4
7	Tomato	6	17	Cucumis sativus	4
8	peanut	6	18	Molecular marker	4
9	Metabolism	5	19	hawthorn	4
10	Antheraea pernyi	5	20	soybean	4

2 中文期刊论文分析

2012—2021 年，辽宁省农业科学院作者共发表北大中文核心期刊论文 2 435 篇，中国科学引文数据库（CSCD）期刊论文 923 篇。

2.1 发文量

2012—2021 年辽宁省农业科学院中文文献历年发文趋势（2012—2021 年）见图 2-1。

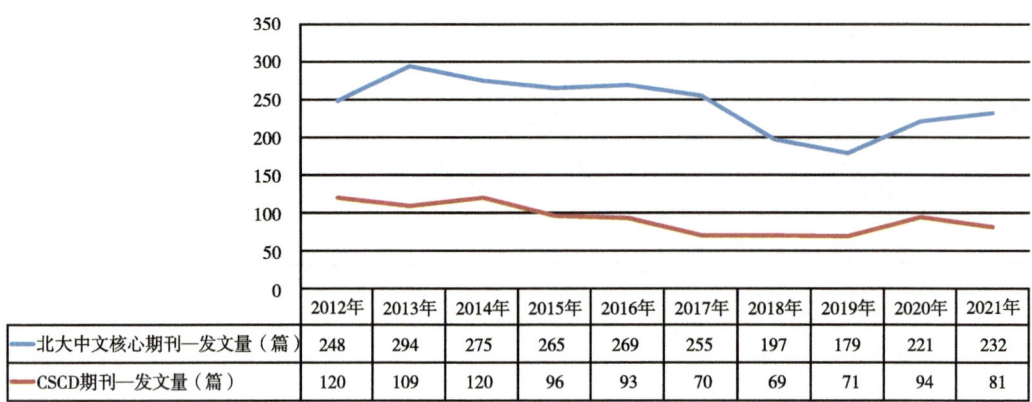

图 2-1 辽宁省农业科学院中文文献历年发文趋势（2012—2021 年）

年份	2012年	2013年	2014年	2015年	2016年	2017年	2018年	2019年	2020年	2021年
北大中文核心期刊—发文量（篇）	248	294	275	265	269	255	197	179	221	232
CSCD期刊—发文量（篇）	120	109	120	96	93	70	69	71	94	81

2.2 高发文研究所 TOP10

2012—2021 年辽宁省农业科学院北大中文核心期刊高发文研究所 TOP10 见表 2-1，2012—2021 年辽宁省农业科学院中国科学引文数据库（CSCD）期刊高发文研究所 TOP10 见表 2-2。

表 2-1 2012—2021 年辽宁省农业科学院北大中文核心期刊高发文研究所 TOP10 单位：篇

排序	研究所	发文量
1	辽宁省海洋水产科学研究院	336
2	辽宁省果树科学研究所	210
3	辽宁省农业科学院	190
4	辽宁省农业科学院植物保护研究所	165
5	辽宁省农业科学院植物营养与环境资源研究所	123
6	辽宁省林业科学研究院	114
7	辽宁省盐碱地利用研究所	109
8	辽宁省沙地治理与利用研究所	97
9	辽宁省水稻研究所	83
10	辽宁省农业科学院玉米研究所	81
11	辽宁省农业科学院高粱研究所	71

注："辽宁省农业科学院"发文包括作者单位只标注为"辽宁省农业科学院"、院属实验室等

表2-2 2012—2021年辽宁省农业科学院CSCD期刊高发文研究所TOP10   单位：篇

排序	研究所	发文量
1	辽宁省农业科学院植物保护研究所	120
2	辽宁省果树科学研究所	106
3	辽宁省农业科学院植物营养与环境资源研究所	89
4	辽宁省农业科学院	70
5	辽宁省蚕业科学研究所	66
6	辽宁省微生物科学研究院	58
7	辽宁省水稻研究所	46
8	辽宁省农业科学院高粱研究所	45
9	辽宁省农业科学院耕作栽培研究所	44
9	辽宁省农业科学院玉米研究所	44
10	辽宁省农业科学院作物研究所	36
11	辽宁省农业科学院大连生物技术研究所	35

注："辽宁省农业科学院"发文包括作者单位只标注为"辽宁省农业科学院"、院属实验室等。

2.3 高发文期刊TOP10

2012—2021年辽宁省农业科学院高发文北大中文核心期刊TOP10见表2-3，2012—2021年辽宁省农业科学院高发文CSCD期刊TOP10见表2-4。

表2-3 2012—2021年辽宁省农业科学院高发文期刊（北大中文核心）TOP10   单位：篇

排序	期刊名称	发文量	排序	期刊名称	发文量
1	北方园艺	177	6	蚕业科学	81
2	江苏农业科学	146	7	玉米科学	57
3	农业经济	142	8	中国果树	56
4	水产科学	128	9	果树学报	49
5	沈阳农业大学学报	108	10	作物杂志	46

表2-4 2012—2021年辽宁省农业科学院高发文期刊（CSCD）TOP10   单位：篇

排序	期刊名称	发文量	排序	期刊名称	发文量
1	沈阳农业大学学报	83	6	中国农业科学	39
2	蚕业科学	78	7	大豆科学	26
3	玉米科学	59	8	中国土壤与肥料	25
4	微生物学杂志	51	9	西南农业学报	24
5	果树学报	42	10	杂交水稻	22

2.4 合作发文机构TOP10

2012—2021年辽宁省农业科学院北大中文核心期刊合作发文机构TOP10见表2-5，2012—2021年辽宁省农业科学院CSCD期刊合作发文机构TOP10见表2-6。

表2-5 2012—2021年辽宁省农业科学院北大中文核心期刊合作发文机构TOP10 单位：篇

排序	合作发文机构	发文量	排序	合作发文机构	发文量
1	沈阳农业大学	361	6	中国海洋大学	24
2	中国农业科学院	72	7	东北林业大学	21
3	大连海洋大学	54	8	中国农业大学	21
4	辽宁工程技术大学	50	9	国家海洋环境监测中心	19
5	中国科学院	40	10	大连市水产研究所	16

表2-6 2012—2021年辽宁省农业科学院CSCD期刊合作发文机构TOP10 单位：篇

排序	合作发文机构	发文量	排序	合作发文机构	发文量
1	沈阳农业大学	219	6	黑龙江省农业科学院	10
2	中国农业科学院	37	7	辽宁大学生命科学院	7
3	辽宁工程技术大学	24	8	吉林农业大学	6
4	中国科学院	22	9	吉林省农业科学院	6
5	中国农业大学	18	10	渤海大学	5

内蒙古自治区农牧业科学院

1 英文期刊论文分析

分析数据来源于科学引文索引数据库（Web of Science，WOS）收录的文献类型为期刊论文（ARTICLE）、会议论文（PROCEEDINGS PAPER）和述评（REVIEW）的 Science Citation Index Expanded（SCIE）论文数据，数据时间范围为 2012—2021 年，共检索到内蒙古农牧业科学院作者发表的论文 244 篇。

1.1 发文量

2012—2021 年内蒙古自治区农牧业科学院历年 SCI 发文与被引情况见表 1-1，内蒙古自治区农牧业科学院英文文献历年发文趋势（2012—2021 年）见图 1-1。

表 1-1 2012—2021 年内蒙古自治区农牧业科学院历年 SCI 发文与被引情况

出版年	发文量（篇）	WOS 所有数据库总被引频次	WOS 核心库被引频次
2012 年	4	49	41
2013 年	9	204	166
2014 年	16	230	199
2015 年	15	298	263
2016 年	25	426	356
2017 年	17	272	251
2018 年	24	537	476
2019 年	27	237	211
2020 年	38	290	272
2021 年	49	129	123

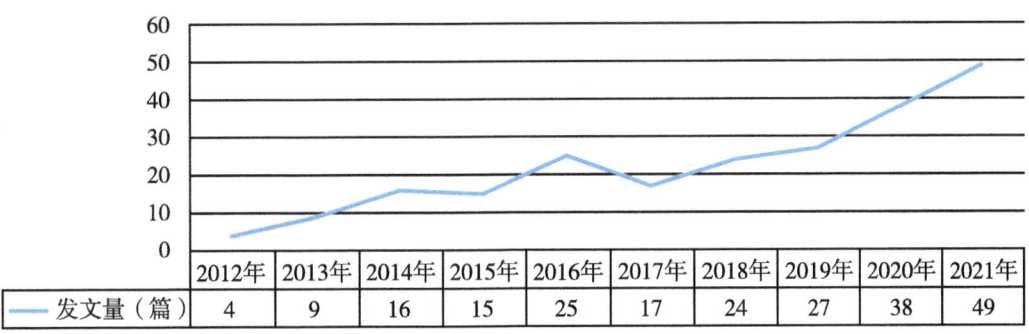

图 1-1 内蒙古自治区农牧业科学院英文文献历年发文趋势（2012—2021 年）

1.2 发文期刊 JCR 分区

2012—2021 年内蒙古自治区农牧业科学院 SCI 发文期刊 WOSJCR 分区情况见表 1-2，内蒙古自治区农牧业科学院 SCI 发文期刊 WOSJCR 分区趋势图（2012—2021 年）见图 1-2。

表 1-2 2012—2021 年内蒙古自治区农牧业科学院 SCI 发文期刊 WOSJCR 分区情况 单位：篇

排序	出版年	Q1 区发文量	Q2 区发文量	Q3 区发文量	Q4 区发文量	其他发文量
1	2012 年	1	1	2	0	0
2	2013 年	1	2	6	0	0
3	2014 年	1	8	4	1	2
4	2015 年	6	2	4	3	0
5	2016 年	7	8	7	1	2
6	2017 年	5	7	4	1	0
7	2018 年	7	10	6	0	1
8	2019 年	10	8	5	4	0
9	2020 年	12	11	7	4	4
10	2021 年	22	8	6	4	9

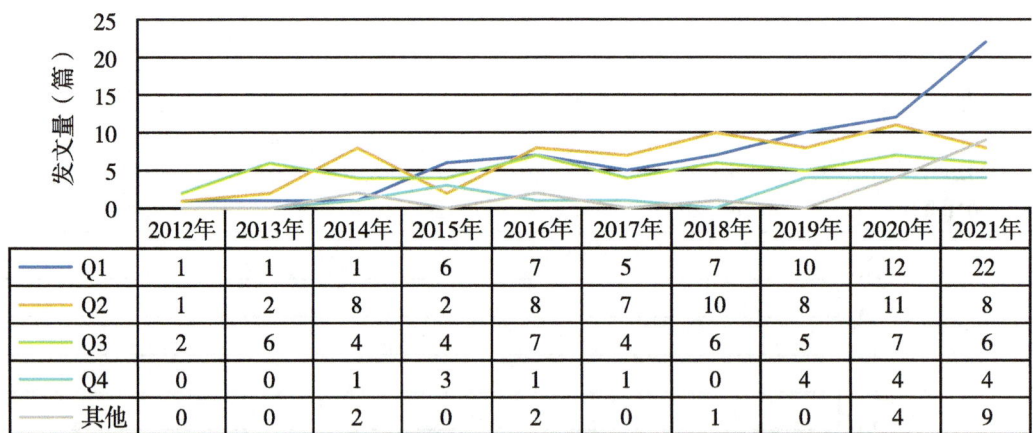

图 1-2 内蒙古自治区农牧业科学院 SCI 发文期刊 WOSJCR 分区趋势（2012—2021 年）

1.3 高发文研究所 TOP10

2012—2021 年内蒙古自治区农牧业科学院 SCI 高发文研究所 TOP10 见表 1-3。

表1-3 2012—2021年内蒙古自治区农牧业科学院SCI高发文研究所TOP10   单位：篇

排序	研究所	发文量
1	内蒙古自治区农牧业科学院动物营养与饲料研究所	27
2	中国科学院内蒙古草业研究中心	22
3	内蒙古自治区农牧业科学院生物技术研究中心	11
4	内蒙古自治区农牧业科学院资源环境与检测技术研究所	9
5	内蒙古自治区农牧业科学院植物保护研究所	7
6	内蒙古自治区农牧业科学院兽医研究所	6
7	内蒙古自治区农牧业科学院农牧业经济与信息研究所	3
8	内蒙古自治区农牧业科学院赤峰分院	2
9	内蒙古自治区农牧业科学院草原研究所	2

注：全部发文研究所数量不足10个。

1.4 高发文期刊TOP10

2012—2021年内蒙古自治区农牧业科学院SCI高发文期刊TOP10见表1-4。

表1-4 2012—2021年内蒙古自治区农牧业科学院SCI高发文期刊TOP10

排序	期刊名称	发文量（篇）	WOS所有数据库总被引频次	WOS核心库被引频次	期刊影响因子（最近年度）
1	JOURNAL OF DAIRY SCIENCE	8	120	107	4.225（2021）
2	SCIENTIFIC REPORTS	6	120	102	4.996（2021）
3	PLOS ONE	6	52	45	3.752（2021）
4	JOURNAL OF INTEGRATIVE AGRICULTURE	5	69	57	4.384（2021）
5	GENETICS AND MOLECULAR RESEARCH	5	29	26	0.764（2015）
6	BMC GENOMICS	4	124	108	4.547（2021）
7	AGRONOMY-BASEL	4	32	29	3.949（2021）
8	GRASSLAND SCIENCE	4	29	21	1.44（2021）
9	FRONTIERS IN PLANT SCIENCE	3	150	142	6.627（2021）
10	FIELD CROPS RESEARCH	3	84	71	6.145（2021）

1.5 合作发文国家与地区 TOP10

2012—2021年内蒙古自治区农牧业科学院SCI合作发文国家与地区（合作发文1篇以上）TOP10见表1-5。

表1-5　2012—2021年内蒙古自治区农牧业科学院SCI合作发文国家与地区TOP10

排序	国家与地区	合作发文量（篇）	WOS所有数据库总被引频次	WOS核心库被引频次
1	美国	29	438	389
2	加拿大	11	424	382
3	澳大利亚	11	153	145
4	日本	6	157	149
5	荷兰	5	63	51
6	苏格兰	3	53	48
7	波兰	2	49	42
8	德国	2	30	28
9	韩国	2	9	9
10	泰国	1	55	55

1.6 合作发文机构 TOP10

2012—2021年内蒙古自治区农牧业科学院SCI合作发文机构TOP10见表1-6。

表1-6　2012—2021年内蒙古自治区农牧业科学院SCI合作发文机构TOP10

排序	合作发文机构	发文量（篇）	WOS所有数据库总被引频次	WOS核心库被引频次
1	内蒙古农业大学	72	71	71
2	内蒙古大学	34	43	43
3	中国农业科学院	28	71	71
4	中国农业大学	23	74	74
5	中国科学院大学	16	12	12
6	中华人民共和国农业农村部	14	28	28

(续表)

排序	合作发文机构	发文量（篇）	WOS 所有数据库总被引频次	WOS 核心库被引频次
7	内蒙古医药大学	11	12	12
8	沈阳农业大学	9	17	17
9	澳大利亚西澳大学	9	17	17
10	美国伊利诺伊大学	8	14	14

1.7 高频词 TOP20

2012—2021 年内蒙古自治区农牧业科学院 SCI 发文高频词（作者关键词）TOP20 见表 1-7。

表 1-7　2012—2021 年内蒙古自治区农牧业科学院 SCI 发文高频词（作者关键词）TOP20

排序	关键词（作者关键词）	频次	排序	关键词（作者关键词）	频次
1	Cashmere goat	7	11	Polymorphism	3
2	oxidative stress	6	12	sheep	3
3	RNA-Seq	5	13	melatonin	3
4	wheat	5	14	Gene expression	3
5	lactation	4	15	Photoperiod	3
6	Climate change	4	16	Optimal matched segments	3
7	Hair follicle	4	17	Shrub encroachment	3
8	Introns	4	18	Genetic diversity	3
9	drought stress	4	19	Potato	3
10	fermentation quality	3	20	Plutella xylostella	2

2　中文期刊论文分析

2012—2021 年，内蒙古自治区农牧业科学院作者共发表北大中文核心期刊论文 1 019 篇，中国科学引文数据库（CSCD）期刊论文 533 篇。

2.1　发文量

2012—2021 年内蒙古自治区农牧业科学院中文文献历年发文趋势（2012—2021

年）见图 2-1。

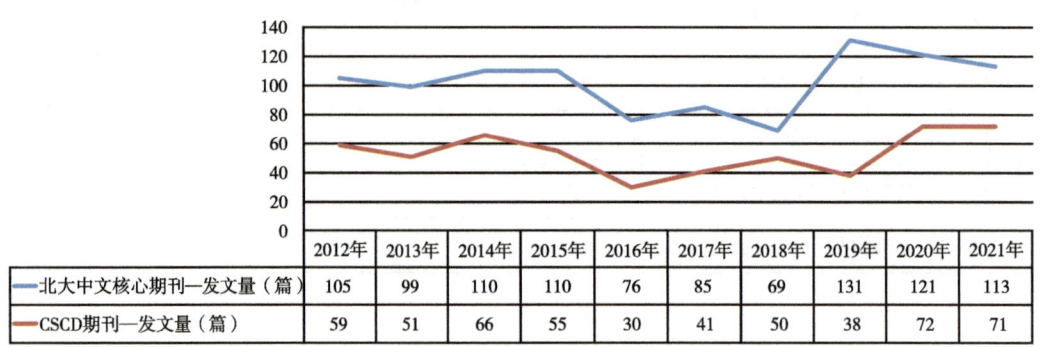

图 2-1　内蒙古自治区农牧业科学院中文文献历年发文趋势（2012—2021 年）

2.2　高发文研究所 TOP10

2012—2021 年内蒙古自治区农牧业科学院北大中文核心期刊高发文研究所 TOP10 见表 2-1，2012—2021 年内蒙古自治区农牧业科学院中国科学引文数据库（CSCD）期刊高发文研究所 TOP10 见表 2-2。

表 2-1　2012—2021 年内蒙古自治区农牧业科学院北大中文核心期刊高发文研究所 TOP10

单位：篇

排序	研究所	发文量
1	内蒙古自治区农牧业科学院	382
2	内蒙古自治区农牧业科学院赤峰分院	259
3	内蒙古自治区农牧业科学院动物营养与饲料研究所	82
4	内蒙古自治区农牧业科学院资源环境与检测技术研究所	81
5	中国科学院内蒙古草业研究中心	47
6	巴彦淖尔市农牧业科学研究院	46
7	内蒙古自治区农牧业科学院植物保护研究所	41
8	内蒙古自治区农牧业科学院蔬菜研究所	26
9	内蒙古自治区农牧业科学院特色作物研究所	18
10	内蒙古自治区农牧业科学院畜牧研究所	16
11	内蒙古自治区农牧业科学院兽医研究所	12

注："内蒙古自治区农牧业科学院"发文包括作者单位只标注为"内蒙古自治区农牧业科学院"、院属实验室等。

表 2-2 2012—2021 年内蒙古自治区农牧业科学院 CSCD 期刊高发文研究所 TOP10　单位：篇

排序	研究所	发文量
1	内蒙古自治区农牧业科学院	213
2	内蒙古自治区农牧业科学院赤峰分院	70
3	内蒙古自治区农牧业科学院资源环境与检测技术研究所	59
4	内蒙古自治区农牧业科学院动物营养与饲料研究所	51
5	内蒙古自治区农牧业科学院植物保护研究所	35
6	中国科学院内蒙古草业研究中心	28
7	巴彦淖尔市农牧业科学研究院	21
8	内蒙古自治区农牧业科学院蔬菜研究所	12
9	内蒙古自治区农牧业科学院特色作物研究所	10
9	内蒙古自治区农牧业科学院畜牧研究所	10
10	内蒙古自治区农牧业科学院兽医研究所	8
11	内蒙古自治区农牧业科学院作物育种与栽培研究所	7

注："内蒙古自治区农牧业科学院"发文包括作者单位只标注为"内蒙古自治区农牧业科学院"、院属实验室等。

2.3　高发文期刊 TOP10

2012—2021 年内蒙古自治区农牧业科学院高发文北大中文核心期刊 TOP10 见表 2-3，2012—2021 年内蒙古自治区农牧业科学院高发文 CSCD 期刊 TOP10 见表 2-4。

表 2-3　2012—2021 年内蒙古自治区农牧业科学院高发文期刊（北大中文核心）TOP10

单位：篇

排序	期刊名称	发文量	排序	期刊名称	发文量
1	动物营养学报	77	6	饲料研究	35
2	黑龙江畜牧兽医	61	7	作物杂志	33
3	华北农学报	57	8	北方园艺	29
4	种子	42	9	中国畜牧杂志	27
5	饲料工业	36	10	中国畜牧兽医	27

表2-4 2012—2021年内蒙古自治区农牧业科学院高发文期刊（CSCD）TOP10　　单位：篇

排序	期刊名称	发文量	排序	期刊名称	发文量
1	动物营养学报	77	6	草地学报	14
2	华北农学报	53	7	中国农业大学学报	13
3	中国草地学报	25	8	分子植物育种	13
4	中国油料作物学报	15	9	种子	12
5	草业科学	15	10	作物杂志	12

2.4　合作发文机构TOP10

2012—2021年内蒙古自治区农牧业科学院北大中文核心期刊合作发文机构TOP10见表2-5，2012—2021年内蒙古自治区农牧业科学院CSCD期刊合作发文机构TOP10见表2-6。

表2-5　2012—2021年内蒙古自治区农牧业科学院北大中文核心期刊合作发文机构TOP10

单位：篇

排序	合作发文机构	发文量	排序	合作发文机构	发文量
1	内蒙古农业大学	345	6	内蒙古民族大学	28
2	中国农业科学院	66	7	内蒙古自治区赤峰市农牧科学研究院	14
3	内蒙古大学	65	8	内蒙古医科大学	13
4	中国科学院	51	9	内蒙古巴彦淖尔市农牧业科学研究院	9
5	中国农业大学	48	10	吉林大学	9

表2-6　2012—2021年内蒙古自治区农牧业科学院CSCD期刊合作发文机构TOP10　单位：篇

排序	合作发文机构	发文量	排序	合作发文机构	发文量
1	内蒙古农业大学	162	6	内蒙古民族大学	16
2	中国农业科学院	53	7	内蒙古医科大学	8
3	中国科学院	35	8	内蒙古师范大学	7
4	内蒙古大学	34	9	呼和浩特市种子管理站	5
5	中国农业大学	28	10	呼和浩特民族学院	5

宁夏农林科学院

1 英文期刊论文分析

分析数据来源于科学引文索引数据库（Web of Science，WOS）收录的文献类型为期刊论文（ARTICLE）、会议论文（PROCEEDINGS PAPER）和述评（REVIEW）的 Science Citation Index Expanded（SCIE）论文数据，数据时间范围为 2012—2021 年，共检索到宁夏农林科学院作者发表的论文 227 篇。

1.1 发文量

2012—2021 年宁夏农林科学院历年 SCI 发文与被引情况见表 1-1，宁夏农林科学院英文文献历年发文趋势（2012—2021 年）见图 1-1。

表 1-1 2012—2021 年宁夏农林科学院历年 SCI 发文与被引情况

出版年	发文量（篇）	WOS 所有数据库总被引频次	WOS 核心库被引频次
2012 年	3	128	88
2013 年	3	34	28
2014 年	10	196	166
2015 年	8	336	295
2016 年	14	222	192
2017 年	19	535	467
2018 年	18	365	343
2019 年	34	768	712
2020 年	55	682	646
2021 年	63	250	249

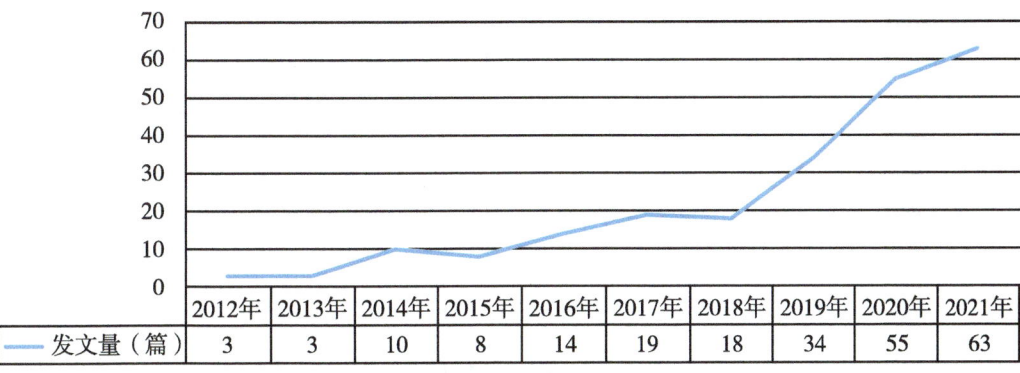

图 1-1 宁夏农林科学院英文文献历年发文趋势（2012—2021 年）

1.2 发文期刊 JCR 分区

2012—2021 年宁夏农林科学院 SCI 发文期刊 WOSJCR 分区情况见表 1-2，宁夏农林科学院 SCI 发文期刊 WOSJCR 分区趋势图（2012—2021 年）见图 1-2。

表 1-2 2012—2021 年宁夏农林科学院 SCI 发文期刊 WOSJCR 分区情况　　单位：篇

排序	出版年	Q1 区发文量	Q2 区发文量	Q3 区发文量	Q4 区发文量	其他发文量
1	2012 年	2	0	1	0	0
2	2013 年	0	2	0	1	0
3	2014 年	5	0	2	1	2
4	2015 年	5	1	2	0	0
5	2016 年	6	3	4	1	0
6	2017 年	13	2	3	1	0
7	2018 年	8	7	2	1	0
8	2019 年	17	8	6	3	0
9	2020 年	29	12	8	2	4
10	2021 年	28	12	7	8	8

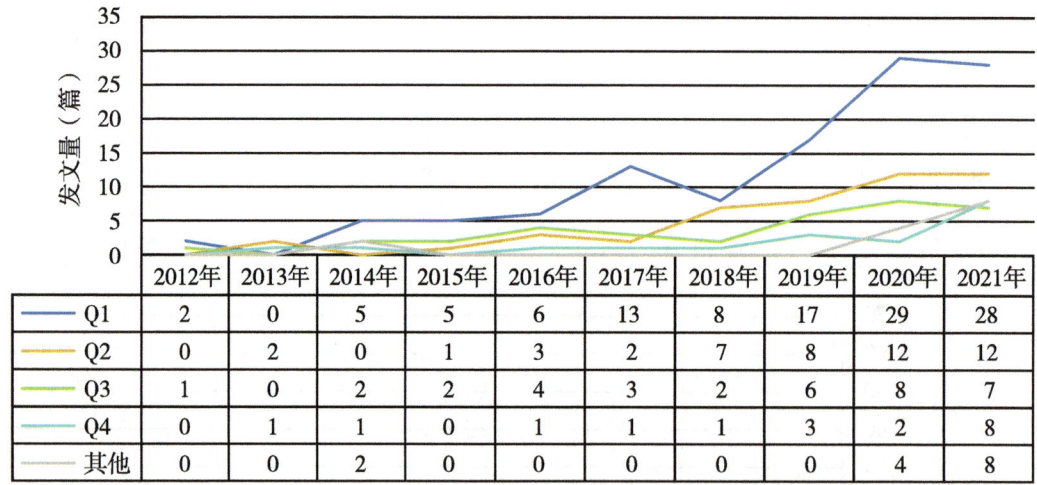

图 1-2 宁夏农林科学院 SCI 发文期刊 WOSJCR 分区趋势（2012—2021 年）

1.3 高发文研究所 TOP10

2012—2021 年宁夏农林科学院 SCI 高发文研究所 TOP10 见表 1-3。

表1-3 2012—2021年宁夏农林科学院SCI高发文研究所TOP10　　　　　　单位：篇

排序	研究所	发文量
1	宁夏农林科学院农作物研究所	25
2	宁夏农林科学院荒漠化治理研究所	22
3	宁夏农林科学院动物科学研究所	18
4	宁夏农林科学院枸杞工程技术研究中心	18
5	宁夏农林科学院农业资源与环境研究所	15
6	宁夏农林科学院农业生物技术研究中心	11
7	宁夏农林科学院植物保护研究所	8
8	宁夏农林科学院种质资源研究所	2
9	宁夏农林科学院固原分院	1
10	宁夏农林科学院农业经济与信息技术研究所	1

1.4 高发文期刊TOP10

2012—2021年宁夏农林科学院SCI高发文期刊TOP10见表1-4。

表1-4 2012—2021年宁夏农林科学院SCI高发文期刊TOP10

排序	期刊名称	发文量（篇）	WOS所有数据库总被引频次	WOS核心库被引频次	期刊影响因子（最近年度）
1	SCIENTIFIC REPORTS	12	219	198	4.996（2021）
2	FRONTIERS IN PLANT SCIENCE	9	113	110	6.627（2021）
3	JOURNAL OF AGRICULTURAL AND FOOD CHEMISTRY	8	183	178	5.895（2021）
4	PLOS ONE	7	158	137	3.752（2021）
5	JOURNAL OF FUNCTIONAL FOODS	5	159	147	5.223（2021）
6	MOLECULAR BIOLOGY AND EVOLUTION	4	220	204	8.8（2021）
7	BMC GENOMICS	4	65	55	4.547（2021）
8	FIELD CROPS RESEARCH	3	152	111	6.145（2021）
9	FOOD & FUNCTION	3	105	101	6.317（2021）
10	INTERNATIONAL JOURNAL OF BIOLOGICAL MACROMOLECULES	3	103	99	8.025（2021）

1.5 合作发文国家与地区 TOP10

2012—2021年宁夏农林科学院SCI合作发文国家与地区（合作发文1篇以上）TOP10见表1-5。

表1-5 2012—2021年宁夏农林科学院SCI合作发文国家与地区TOP10

排序	国家与地区	合作发文量（篇）	WOS所有数据库总被引频次	WOS核心库被引频次
1	加拿大	7	199	165
2	澳大利亚	7	160	149
3	巴基斯坦	7	135	123
4	美国	7	127	113
5	肯尼亚	5	284	262
6	芬兰	5	253	228
7	埃塞俄比亚	4	79	73
8	威尔士	3	175	159
9	伊朗	3	175	159
10	荷兰	3	140	128

1.6 合作发文机构 TOP10

2012—2021年宁夏农林科学院SCI合作发文机构TOP10见表1-6。

表1-6 2012—2021年宁夏农林科学院SCI合作发文机构TOP10

排序	合作发文机构	发文量（篇）	WOS所有数据库总被引频次	WOS核心库被引频次
1	中国农业科学院	50	147	122
2	西北农林科技大学	37	74	68
3	中国农业大学	31	104	84
4	中国科学院	30	138	122
5	南京农业大学	27	521	487

(续表)

排序	合作发文机构	发文量（篇）	WOS 所有数据库总被引频次	WOS 核心库被引频次
6	宁夏医科大学	23	360	333
7	宁夏大学	17	7	6
8	中国科学院大学	10	41	34
9	甘肃农业大学	7	44	35
10	云南农业大学	6	46	39

1.7 高频词 TOP20

2012—2021 年宁夏农林科学院 SCI 发文高频词（作者关键词）TOP20 见表 1-7。

表 1-7　2012—2021 年宁夏农林科学院 SCI 发文高频词（作者关键词）TOP20

排序	关键词（作者关键词）	频次	排序	关键词（作者关键词）	频次
1	Irrigation	4	11	Lycium barbarum L	2
2	Wheat	3	12	salt tolerance	2
3	Silicon	3	13	Yield	2
4	Glycyrrhiza uralensis	3	14	Lycium barbarum	2
5	Maize	3	15	Water use efficiency	2
6	soil erosion	3	16	Ovis aries	2
7	SNP	3	17	gut microbiota	2
8	Quality	2	18	Antioxidant enzymes	2
9	QTL	2	19	meta-analysis	2
10	Association analysis	2	20	Simulated rainfall	2

2　中文期刊论文分析

2012—2021 年，宁夏农林科学院作者共发表北大中文核心期刊论文 1 646 篇，中国科学引文数据库（CSCD）期刊论文 804 篇。

2.1　发文量

宁夏农林科学院中文文献历年发文趋势（2012—2021 年）见图 2-1。

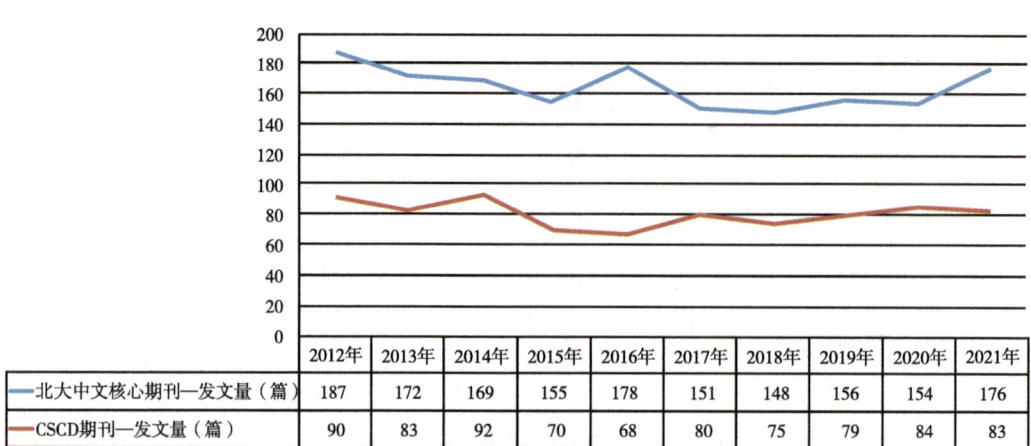

图 2-1　宁夏农林科学院中文文献历年发文趋势（2012—2021 年）

2.2　高发文研究所 TOP10

2012—2021 年宁夏农林科学院北大中文核心期刊高发文研究所 TOP10 见表 2-1，2012—2021 年宁夏农林科学院中国科学引文数据库（CSCD）期刊高发文研究所 TOP10 见表 2-2。

表 2-1　2012—2021 年宁夏农林科学院北大中文核心期刊高发文研究所 TOP10　　单位：篇

排序	研究所	发文量
1	宁夏农林科学院动物科学研究所	226
2	宁夏农林科学院农业资源与环境研究所	217
3	宁夏农林科学院种质资源研究所	213
4	宁夏农林科学院植物保护研究所	183
5	宁夏农林科学院	151
6	宁夏农林科学院农作物研究所	148
7	宁夏农林科学院荒漠化治理研究所	147
8	宁夏农林科学院农业生物技术研究中心	144
9	宁夏农林科学院枸杞工程技术研究中心	126
10	宁夏农林科学院固原分院	98
11	宁夏农产品质量标准与检测技术研究所	53

注："宁夏农林科学院"发文包括作者单位只标注为"宁夏农林科学院"、院属实验室等。

表 2-2　2012—2021 年宁夏农林科学院 CSCD 期刊高发文研究所 TOP10　　单位：篇

排序	研究所	发文量
1	宁夏农林科学院农业资源与环境研究所	130

(续表)

排序	研究所	发文量
2	宁夏农林科学院荒漠化治理研究所	116
3	宁夏农林科学院植物保护研究所	114
4	宁夏农林科学院农业生物技术研究中心	101
5	宁夏农林科学院农作物研究所	100
6	宁夏农林科学院	83
7	宁夏农林科学院种质资源研究所	64
8	宁夏农林科学院枸杞工程技术研究中心	47
9	宁夏农林科学院固原分院	47
10	宁夏农林科学院动物科学研究所	30
11	宁夏农产品质量标准与检测技术研究所	21

注："宁夏农林科学院"发文包括作者单位只标注为"宁夏农林科学院"、院属实验室等。

2.3 高发文期刊TOP10

2012—2021年宁夏农林科学院高发文北大中文核心期刊TOP10见表2-3，2012—2021年宁夏农林科学院高发文CSCD期刊TOP10见表2-4。

表2-3 2012—2021年宁夏农林科学院高发文期刊（北大中文核心）TOP10

单位：篇

排序	期刊名称	发文量	排序	期刊名称	发文量
1	北方园艺	190	6	分子植物育种	42
2	黑龙江畜牧兽医	130	7	饲料研究	37
3	江苏农业科学	94	8	安徽农业科学	34
4	西北农业学报	91	9	节水灌溉	33
5	种子	43	10	水土保持研究	29

表2-4 2012—2021年宁夏农林科学院高发文期刊（CSCD）TOP10

单位：篇

排序	期刊名称	发文量	排序	期刊名称	发文量
1	西北农业学报	85	6	干旱地区农业研究	25
2	中国农学通报	35	7	农药	22
3	分子植物育种	35	8	中国土壤与肥料	19
4	水土保持研究	28	9	植物遗传资源学报	17
5	麦类作物学报	28	10	植物保护	16

2.4 合作发文机构TOP10

2012—2021年宁夏农林科学院北大中文核心期刊合作发文机构TOP10见表2-5，2012—2021年宁夏农林科学院CSCD期刊合作发文机构TOP10见表2-6。

表2-5　2012—2021年宁夏农林科学院北大中文核心期刊合作发文机构TOP10　　单位：篇

排序	合作发文机构	发文量	排序	合作发文机构	发文量
1	宁夏大学	264	6	宁夏畜牧工作站	25
2	中国农业科学院	84	7	宁夏医科大学	19
3	西北农林科技大学	61	8	国家农业智能装备工程技术研究中心	18
4	中国农业大学	29	9	中国科学院	18
5	北方民族大学	28	10	甘肃农业大学	17

表2-6　2012—2021年宁夏农林科学院CSCD期刊合作发文机构TOP10　　单位：篇

排序	合作发文机构	发文量	排序	合作发文机构	发文量
1	宁夏大学	141	6	宁夏医科大学	15
2	中国农业科学院	68	7	国家农业智能装备工程技术研究中心	14
3	西北农林科技大学	51	8	甘肃农业大学	13
4	中国农业大学	20	9	中国林业科学研究院森林生态环境与保护研究所	12
5	中国科学院	18	10	北方民族大学	11

山东省农业科学院

1 英文期刊论文分析

分析数据来源于科学引文索引数据库（Web of Science，WOS）收录的文献类型为期刊论文（ARTICLE）、会议论文（PROCEEDINGS PAPER）和述评（REVIEW）的 Science Citation Index Expanded（SCIE）论文数据，数据时间范围为 2012—2021 年，共检索到山东省农业科学院作者发表的论文 2 087 篇。

1.1 发文量

2012—2021 年山东省农业科学院历年 SCI 发文与被引情况见表 1-1，山东省农业科学院英文文献历年发文趋势（2012—2021 年）见图 1-1。

表 1-1　2012—2021 年山东省农业科学院历年 SCI 发文与被引情况

出版年	发文量（篇）	WOS 所有数据库总被引频次	WOS 核心库被引频次
2012 年	129	5 628	4 989
2013 年	144	3 264	2 871
2014 年	147	3 791	3 352
2015 年	155	3 316	2 986
2016 年	202	4 429	3 974
2017 年	174	4 072	3 680
2018 年	227	4 069	3 691
2019 年	268	3 329	3 023
2020 年	293	2 810	2 598
2021 年	348	1 137	1 098

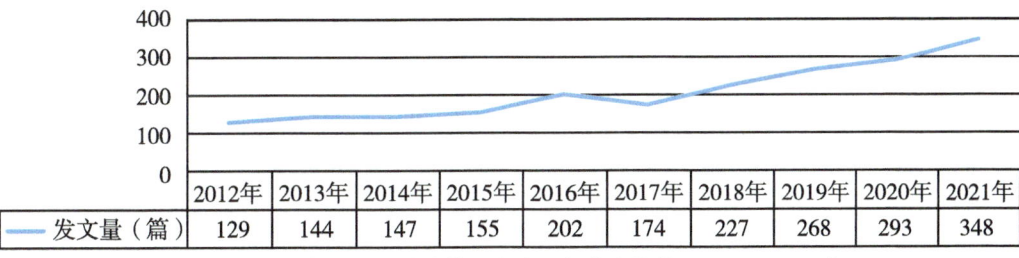

图 1-1　山东省农业科学院英文文献历年发文趋势（2012—2021 年）

1.2 发文期刊 JCR 分区

2012—2021 年山东省农业科学院 SCI 发文期刊 WOSJCR 分区情况见表 1-2，山东省农业科学院 SCI 发文期刊 WOSJCR 分区趋势图（2012—2021 年）见图 1-2。

表 1-2　2012—2021 年山东省农业科学院 SCI 发文期刊 WOSJCR 分区情况　　单位：篇

排序	出版年	Q1 区发文量	Q2 区发文量	Q3 区发文量	Q4 区发文量	其他发文量
1	2012 年	45	31	23	24	6
2	2013 年	46	36	35	16	11
3	2014 年	51	45	30	15	6
4	2015 年	63	34	29	21	8
5	2016 年	71	53	39	20	19
6	2017 年	88	40	29	11	6
7	2018 年	87	65	46	27	2
8	2019 年	107	87	41	29	4
9	2020 年	134	79	24	21	35
10	2021 年	178	71	28	19	50

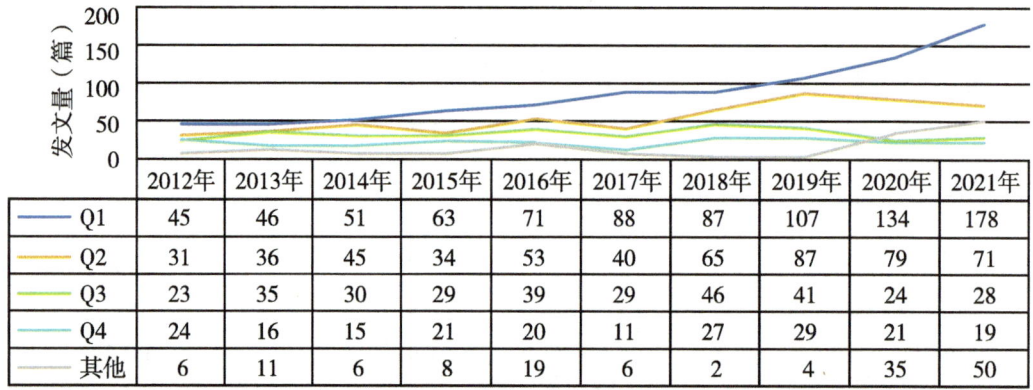

图 1-2　山东省农业科学院 SCI 发文期刊 WOSJCR 分区趋势（2012—2021 年）

1.3 高发文研究所 TOP10

2012—2021 年山东省农业科学院 SCI 高发文研究所 TOP10 见表 1-3。

表 1-3　2012—2021 年山东省农业科学院 SCI 高发文研究所 TOP10　　单位：篇

排序	研究所	发文量
1	山东省农业科学院作物研究所	328
2	山东省农业科学院生物技术研究中心	194

(续表)

排序	研究所	发文量
3	山东省果树研究所	185
4	山东省农业科学院畜牧兽医研究所	179
5	山东省农业科学院农产品加工与营养研究所	137
6	山东棉花研究中心	121
7	山东省农业科学院植物保护研究所	113
8	山东省农业科学院奶牛研究中心	100
9	山东省农业科学院农业质量标准与检测技术研究所	83
10	山东省农业科学院蔬菜花卉研究所	81

1.4 高发文期刊TOP10

2012—2021年山东省农业科学院SCI高发文期刊TOP10见表1-4。

表1-4 2012—2021年山东省农业科学院SCI高发文期刊TOP10

排序	期刊名称	发文量（篇）	WOS所有数据库总被引频次	WOS核心库被引频次	期刊影响因子（最近年度）
1	PLOS ONE	88	1 893	1 690	3.752（2021）
2	FRONTIERS IN PLANT SCIENCE	65	1 276	1 166	6.627（2021）
3	SCIENTIFIC REPORTS	58	1 146	1 076	4.996（2021）
4	BMC GENOMICS	37	986	906	4.547（2021）
5	INTERNATIONAL JOURNAL OF MOLECULAR SCIENCES	32	452	420	6.208（2021）
6	BMC PLANT BIOLOGY	31	707	635	5.26（2021）
7	FIELD CROPS RESEARCH	28	1 300	1 066	6.145（2021）
8	JOURNAL OF INTEGRATIVE AGRICULTURE	23	202	165	4.384（2021）
9	FRONTIERS IN MICROBIOLOGY	18	137	125	6.064（2021）
10	MOLECULES	18	240	218	4.927（2021）

1.5 合作发文国家与地区 TOP10

2012—2021 年山东省农业科学院 SCI 合作发文国家与地区（合作发文 1 篇以上）TOP10 见表 1-5。

表 1-5　2012—2021 年山东省农业科学院 SCI 合作发文国家与地区 TOP10

排序	国家与地区	合作发文量（篇）	WOS 所有数据库总被引频次	WOS 核心库被引频次
1	美国	209	8 755	7 999
2	澳大利亚	33	1 610	1 465
3	新西兰	28	574	538
4	日本	19	3 399	3 154
5	德国	19	2 879	2 695
6	加拿大	19	537	492
7	印度	18	3 413	3 139
8	埃及	16	261	247
9	法国	15	3 130	2 931
10	墨西哥	11	153	141

1.6 合作发文机构 TOP10

2012—2021 年山东省农业科学院 SCI 合作发文机构 TOP10 见表 1-6。

表 1-6　2012—2021 年山东省农业科学院 SCI 合作发文机构 TOP10

排序	合作发文机构	发文量（篇）	WOS 所有数据库总被引频次	WOS 核心库被引频次
1	山东农业大学	311	1 193	1 041
2	山东师范大学	263	638	588
3	中国农业科学院	207	2 260	2 084
4	山东大学	163	537	488
5	中国科学院	148	1 865	1 745

(续表)

排序	合作发文机构	发文量（篇）	WOS所有数据库总被引频次	WOS核心库被引频次
6	中国农业大学	145	1 841	1 740
7	青岛农业大学	93	1 591	1 501
8	南京农业大学	70	361	315
9	西北农林科技大学	63	114	100
10	齐鲁工业大学	45	56	53

1.7 高频词TOP20

2012—2021年山东省农业科学院SCI发文高频词（作者关键词）TOP20见表1-7。

表1-7 2012—2021年山东省农业科学院SCI发文高频词（作者关键词）TOP20

排序	关键词（作者关键词）	频次	排序	关键词（作者关键词）	频次
1	cotton	33	11	Salt stress	17
2	peanut	31	12	Apoptosis	16
3	Rice	29	13	MicroRNA	15
4	Maize	28	14	expression analysis	14
5	Gene expression	27	15	RNA-Seq	14
6	Transcriptome	26	16	Anthocyanin	13
7	wheat	26	17	tomato	13
8	yield	22	18	Triticum aestivum	12
9	Mastitis	18	19	photosynthesis	12
10	phylogenetic analysis	18	20	Chinese cabbage	11

2 中文期刊论文分析

2012—2021年，山东省农业科学院作者共发表北大中文核心期刊论文3 598篇，中国科学引文数据库（CSCD）期刊论文2 244篇。

2.1 发文量

山东省农业科学院中文文献历年发文趋势（2012—2021年）见图2-1。

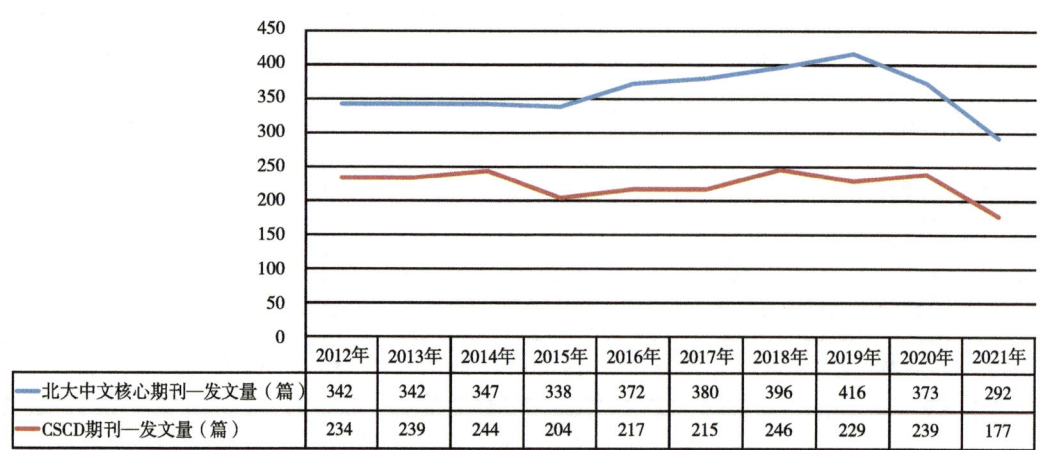

图 2-1　山东省农业科学院中文文献历年发文趋势（2012—2021 年）

2.2　高发文研究所 TOP10

2012—2021 年山东省农业科学院北大中文核心期刊高发文研究所 TOP10 见表 2-1，2012—2021 年山东省农业科学院中国科学引文数据库（CSCD）期刊高发文研究所 TOP10 见表 2-2。

表 2-1　2012—2021 年山东省农业科学院北大中文核心期刊高发文研究所 TOP10　单位：篇

排序	研究所	发文量
1	山东省果树研究所	528
2	山东省花生研究所	347
3	山东省农业科学院植物保护研究所	329
4	山东省农业科学院畜牧兽医研究所	325
5	山东省农业科学院农产品加工与营养研究所	267
6	山东省农业科学院作物研究所	238
7	山东省农业科学院生物技术研究中心	205
8	山东省农业机械科学研究院	190
9	山东省农业科学院家禽研究所	181
10	山东省农业科学院农业资源与环境研究所	153

表 2-2　2012—2021 年山东省农业科学院 CSCD 期刊高发文研究所 TOP10　单位：篇

排序	研究所	发文量
1	山东省果树研究所	330

(续表)

排序	研究所	发文量
2	山东省农业科学院植物保护研究所	281
3	山东省花生研究所	215
4	山东省农业科学院作物研究所	196
5	山东省农作物种质资源研究所	194
6	山东省农业科学院畜牧兽医研究所	170
7	山东省农业科学院农业资源与环境研究所	123
8	山东省农业科学院农产品加工与营养研究所	119
9	山东省农业科学院	98
10	山东省农业科学院经济作物研究所	92
11	山东省农业科学院家禽研究所	83

注："山东省农业科学院"发文包括作者单位只标注为"山东省农业科学院"、院属实验室等。

2.3 高发文期刊TOP10

2012—2021年山东省农业科学院高发文北大中文核心期刊TOP10见表2-3，2012—2021年山东省农业科学院高发文CSCD期刊TOP10见表2-4。

表2-3 2012—2021年山东省农业科学院高发文期刊（北大中文核心）TOP10　　单位：篇

排序	期刊名称	发文量	排序	期刊名称	发文量
1	核农学报	127	6	江苏农业科学	79
2	花生学报	107	7	农药	73
3	中国农业科学	93	8	果树学报	69
4	中国油料作物学报	85	9	农机化研究	68
5	北方园艺	80	10	园艺学报	63

表2-4 2012—2021年山东省农业科学院高发文期刊（CSCD）TOP10　　单位：篇

排序	期刊名称	发文量	排序	期刊名称	发文量
1	核农学报	120	6	作物学报	58
2	中国农业科学	100	7	动物营养学报	58
3	中国油料作物学报	87	8	植物保护学报	58
4	农药	64	9	植物生理学报	57
5	中国农学通报	59	10	植物遗传资源学报	55

2.4 合作发文机构TOP10

2012—2021年山东省农业科学院北大中文核心期刊合作发文机构TOP10见表2-5，2012—2021年山东省农业科学院CSCD期刊合作发文机构TOP10见表2-6。

表2-5 2012—2021年山东省农业科学院北大中文核心期刊合作发文机构TOP10　　单位：篇

排序	合作发文机构	发文量	排序	合作发文机构	发文量
1	山东农业大学	420	6	中国科学院	59
2	青岛农业大学	170	7	湖南农业大学	56
3	中国农业科学院	125	8	山东大学	45
4	山东师范大学	111	9	齐鲁工业大学	44
5	中国农业大学	87	10	国家蔬菜改良中心	44

表2-6 2012—2021年山东省农业科学院CSCD期刊合作发文机构TOP10　　单位：篇

排序	合作发文机构	发文量	排序	合作发文机构	发文量
1	山东农业大学	310	6	湖南农业大学	48
2	青岛农业大学	104	7	中国农业大学	45
3	中国农业科学院	103	8	沈阳农业大学	29
4	山东师范大学	78	9	国家蔬菜改良中心	22
5	中国科学院	51	10	山东大学	21

上海市农业科学院

1 英文期刊论文分析

分析数据来源于科学引文索引数据库（Web of Science，WOS）收录的文献类型为期刊论文（ARTICLE）、会议论文（PROCEEDINGS PAPER）和述评（REVIEW）的 Science Citation Index Expanded（SCIE）论文数据，数据时间范围为 2012—2021 年，共检索到上海市农业科学院作者发表的论文 1 488 篇。

1.1 发文量

2012—2021 年上海市农业科学院历年 SCI 发文与被引情况见表 1-1，上海市农业科学院英文文献历年发文趋势（2012—2021 年）见图 1-1。

表 1-1 2012—2021 年上海市农业科学院历年 SCI 发文与被引情况

出版年	发文量（篇）	WOS 所有数据库总被引频次	WOS 核心库被引频次
2012 年	72	1 637	1 408
2013 年	70	1 497	1 258
2014 年	78	2 069	1 841
2015 年	102	2 707	2 348
2016 年	132	2 780	2 475
2017 年	112	1 876	1 659
2018 年	172	3 054	2 736
2019 年	221	3 071	2 784
2020 年	255	2 277	2 106
2021 年	274	965	927

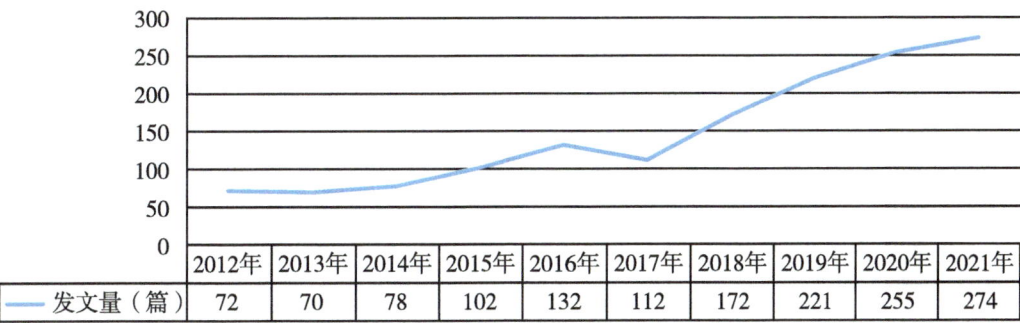

图 1-1 上海市农业科学院英文文献历年发文趋势（2012—2021 年）

1.2 发文期刊 JCR 分区

2012—2021 年上海市农业科学院 SCI 发文期刊 WOSJCR 分区情况见表 1-2，上海市农业科学院 SCI 发文期刊 WOSJCR 分区趋势图（2012—2021 年）见图 1-2。

表 1-2 2012—2021 年上海市农业科学院 SCI 发文期刊 WOSJCR 分区情况　　单位：篇

排序	出版年	Q1 区发文量	Q2 区发文量	Q3 区发文量	Q4 区发文量	其他发文量
1	2012 年	25	14	18	8	7
2	2013 年	24	16	18	8	4
3	2014 年	25	26	20	6	1
4	2015 年	36	26	16	23	1
5	2016 年	49	40	25	12	6
6	2017 年	43	29	20	20	0
7	2018 年	68	54	33	15	2
8	2019 年	96	66	29	14	14
9	2020 年	136	57	18	24	18
10	2021 年	165	55	15	11	28

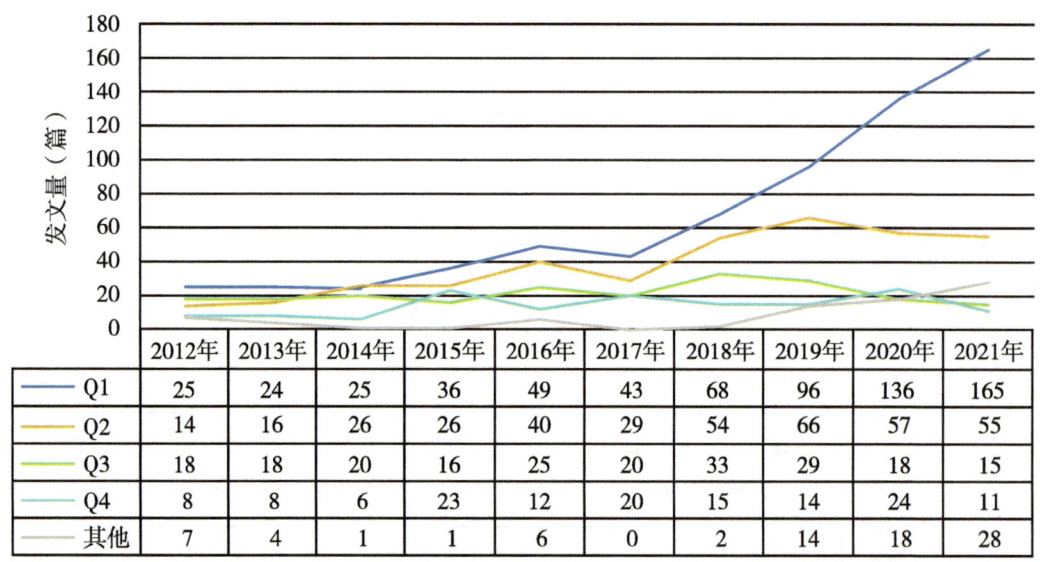

图 1-2　上海市农业科学院 SCI 发文期刊 WOSJCR 分区趋势（2012—2021 年）

1.3 高发文研究所 TOP10

2012—2021 年上海市农业科学院 SCI 高发文研究所 TOP10 见表 1-3。

表1-3　2012—2021年上海市农业科学院SCI高发文研究所TOP10　　　　单位：篇

排序	研究所	发文量
1	上海市农业科学院食用菌研究所	212
2	上海市农业科学院生态环境保护研究所	183
3	上海市农业科学院生物技术研究所	169
4	上海市农业科学院畜牧兽医研究所	161
5	上海市农业科学院农产品质量标准与检测技术研究所	118
6	上海市农业生物基因中心	117
7	上海市农业科学院林木果树研究所	68
8	上海市农业科学院设施园艺研究所	61
9	上海市农业科学院作物育种栽培研究所	36
10	上海市农业科学院农业科技信息研究所	23

1.4　高发文期刊TOP10

2012—2021年上海市农业科学院SCI高发文期刊TOP10见表1-4。

表1-4　2012—2021年上海市农业科学院SCI高发文期刊TOP10

排序	期刊名称	发文量（篇）	WOS所有数据库总被引频次	WOS核心库被引频次	期刊影响因子（最近年度）
1	SCIENTIFIC REPORTS	55	765	701	4.996（2021）
2	PLOS ONE	43	1 078	935	3.752（2021）
3	INTERNATIONAL JOURNAL OF MEDICINAL MUSHROOMS	39	329	270	1.706（2021）
4	FOOD CHEMISTRY	30	692	613	9.231（2021）
5	FRONTIERS IN MICROBIOLOGY	24	125	118	6.064（2021）
6	INTERNATIONAL JOURNAL OF BIOLOGICAL MACROMOLECULES	21	422	371	8.025（2021）
7	MOLECULES	21	245	221	4.927（2021）
8	SCIENTIA HORTICULTURAE	20	289	244	4.342（2021）
9	FRONTIERS IN PLANT SCIENCE	20	270	255	6.627（2021）
10	SCIENCE OF THE TOTAL ENVIRONMENT	18	638	570	10.753（2021）

1.5 合作发文国家与地区 TOP10

2012—2021 年上海市农业科学院 SCI 合作发文国家与地区（合作发文 1 篇以上）TOP10 见表 1-5。

表 1-5 2012—2021 年上海市农业科学院 SCI 合作发文国家与地区 TOP10

排序	国家与地区	合作发文量（篇）	WOS 所有数据库总被引频次	WOS 核心库被引频次
1	比利时	135	2 871	2 659
2	美国	133	2 395	2 155
3	日本	26	466	400
4	澳大利亚	21	584	524
5	英格兰	20	588	565
6	德国	20	318	273
7	加拿大	20	394	345
8	丹麦	11	156	142
9	荷兰	10	214	187
10	墨西哥	10	141	125

1.6 合作发文机构 TOP10

2012—2021 年上海市农业科学院 SCI 合作发文机构 TOP10 见表 1-6。

表 1-6 2012—2021 年上海市农业科学院 SCI 合作发文机构 TOP10

排序	合作发文机构	发文量（篇）	WOS 所有数据库总被引频次	WOS 核心库被引频次
1	中国农业科学院	165	391	369
2	南京农业大学	137	495	416
3	比利时列日大学	111	199	194
4	上海交通大学	110	507	460
5	中国科学院	100	482	423

(续表)

排序	合作发文机构	发文量（篇）	WOS所有数据库总被引频次	WOS核心库被引频次
6	浙江大学	67	246	217
7	复旦大学	56	174	152
8	中国农业大学	53	222	195
9	上海海洋大学	50	67	64
10	上海理工大学	45	73	59

1.7 高频词TOP20

2012—2021年上海市农业科学院SCI发文高频词（作者关键词）TOP20见表1-7。

表1-7 2012—2021年上海市农业科学院SCI发文高频词（作者关键词）TOP20

排序	关键词（作者关键词）	频次	排序	关键词（作者关键词）	频次
1	medicinal mushrooms	31	11	Volvariella volvacea	12
2	rice	21	12	RNA-seq	11
3	Polysaccharide	20	13	Hericium erinaceus	10
4	Gene expression	19	14	Purification	10
5	Ganoderma lucidum	16	15	Mycotoxin	10
6	Nucleopolyhedrovirus	15	16	Transgenic Arabidopsis	10
7	Pichia pastoris	15	17	mycotoxins	10
8	Arabidopsis	14	18	Laccase	10
9	Apoptosis	13	19	Phytoremediation	9
10	Lentinula edodes	13	20	oxidative stress	9

2 中文期刊论文分析

2012—2021年，上海市农业科学院作者共发表北大中文核心期刊论文2 306篇，中国科学引文数据库（CSCD）期刊论文1 874篇。

2.1 发文量

上海市农业科学院中文文献历年发文趋势（2012—2021年）见图2-1。

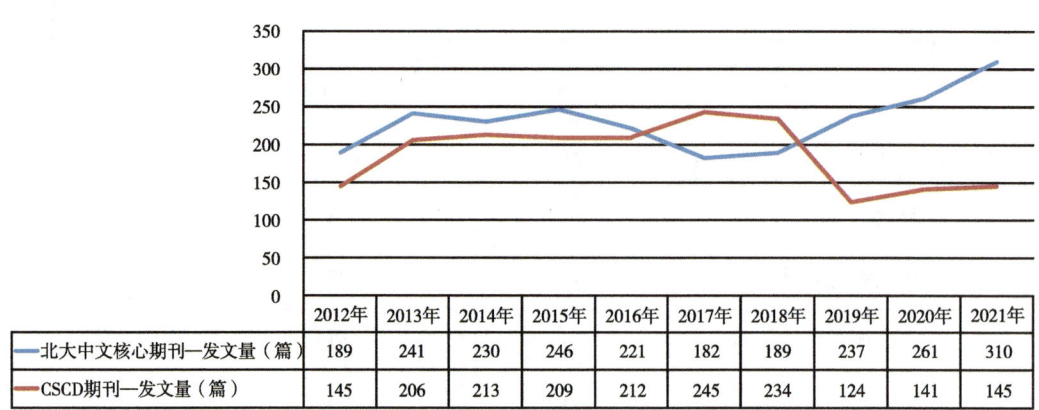

图 2-1　上海市农业科学院中文文献历年发文趋势（2012—2021 年）

2.2　高发文研究所 TOP10

2012—2021 年上海市农业科学院北大中文核心期刊高发文研究所 TOP10 见表 2-1，2012—2021 年上海市农业科学院中国科学引文数据库（CSCD）期刊高发文研究所 TOP10 见表 2-2。

表 2-1　2012—2021 年上海市农业科学院北大中文核心期刊高发文研究所 TOP10　　单位：篇

排序	研究所	发文量
1	上海市农业科学院食用菌研究所	575
2	上海市农业科学院生态环境保护研究所	494
3	上海市农业科学院林木果树研究所	413
4	上海市农业科学院设施园艺研究所	366
5	上海市农业科学院畜牧兽医研究所	261
6	上海市农业科学院生物技术研究所	212
7	上海市农业科学院农产品质量标准与检测技术研究所	200
8	上海市农业科学院	198
9	上海市农业科学院作物育种栽培研究所	167
10	上海市农业科学院农业科技信息研究所	159
11	上海市农业生物基因中心	99

注："上海市农业科学院"发文包括作者单位只标注为"上海市农业科学院"、院属实验室等。

表 2-2　2012—2021 年上海市农业科学院 CSCD 期刊高发文研究所 TOP10　　单位：篇

排序	研究所	发文量
1	上海市农业科学院食用菌研究所	458

(续表)

排序	研究所	发文量
2	上海市农业科学院生态环境保护研究所	279
3	上海市农业科学院设施园艺研究所	207
4	上海市农业科学院畜牧兽医研究所	186
5	上海市农业科学院林木果树研究所	171
6	上海市农业科学院农产品质量标准与检测技术研究所	163
7	上海市农业科学院作物育种栽培研究所	155
8	上海市农业科学院生物技术研究所	128
9	上海市农业科学院	125
10	上海市农业生物基因中心	98
11	上海市农业科学院农业科技信息研究所	93

注:"上海市农业科学院"发文包括作者单位只标注为"上海市农业科学院"、院属实验室等。

2.3 高发文期刊TOP10

2012—2021年上海市农业科学院高发文北大中文核心期刊TOP10见表2-3,2012—2021年上海市农业科学院高发文CSCD期刊TOP10见表2-4。

表2-3 2012—2021年上海市农业科学院高发文期刊(北大中文核心)TOP10 单位:篇

排序	期刊名称	发文量	排序	期刊名称	发文量
1	上海农业学报	591	6	植物生理学报	48
2	食用菌学报	221	7	编辑学报	43
3	菌物学报	115	8	微生物学通报	40
4	分子植物育种	77	9	中国家禽	38
5	核农学报	55	10	食品科学	36

表2-4 2012—2021年上海市农业科学院高发文期刊(CSCD)TOP10 单位:篇

排序	期刊名称	发文量	排序	期刊名称	发文量
1	上海农业学报	622	6	核农学报	47
2	食用菌学报	157	7	微生物学通报	40
3	菌物学报	110	8	中国农学通报	35
4	分子植物育种	62	9	食品科学	32
5	植物生理学报	49	10	果树学报	28

2.4 合作发文机构 TOP10

2012—2021 年上海市农业科学院北大中文核心期刊合作发文机构 TOP10 见表 2-5，2012—2021 年上海市农业科学院 CSCD 期刊合作发文机构 TOP10 见表 2-6。

表 2-5 2012—2021 年上海市农业科学院北大中文核心期刊合作发文机构 TOP10   单位：篇

排序	合作发文机构	发文量	排序	合作发文机构	发文量
1	上海海洋大学	223	6	华东理工大学	30
2	南京农业大学	139	7	上海理工大学	30
3	上海交通大学	53	8	扬州大学	29
4	上海市农业技术推广服务中心	35	9	中国科学院	28
5	上海师范大学	35	10	湖北省农业科学院	24

表 2-6 2012—2021 年上海市农业科学院 CSCD 期刊合作发文机构 TOP10   单位：篇

排序	合作发文机构	发文量	排序	合作发文机构	发文量
1	上海海洋大学	175	6	上海师范大学	23
2	南京农业大学	108	7	中国科学院	22
3	上海市农业技术推广服务中心	30	8	华东理工大学	20
4	上海理工大学	29	9	上海应用技术大学	19
5	上海交通大学	28	10	安顺学院	18

四川省农业科学院

1 英文期刊论文分析

分析数据来源于科学引文索引数据库（Web of Science，WOS）收录的文献类型为期刊论文（ARTICLE）、会议论文（PROCEEDINGS PAPER）和述评（REVIEW）的 Science Citation Index Expanded（SCIE）论文数据，数据时间范围为 2012—2021 年，共检索到四川省农业科学院作者发表的论文 868 篇。

1.1 发文量

2012—2021 年四川省农业科学院历年 SCI 发文与被引情况见表 1-1，四川省农业科学院英文文献历年发文趋势（2012—2021 年）见图 1-1。

表 1-1 2012—2021 年四川省农业科学院历年 SCI 发文与被引情况

出版年	发文量（篇）	WOS 所有数据库总被引频次	WOS 核心库被引频次
2012 年	29	1 258	1 095
2013 年	36	1 207	1 062
2014 年	40	1 539	1 342
2015 年	70	1 580	1 345
2016 年	91	1 504	1 294
2017 年	84	1 430	1 269
2018 年	92	2 071	1 883
2019 年	113	1 563	1 415
2020 年	142	1 239	1 131
2021 年	171	551	513

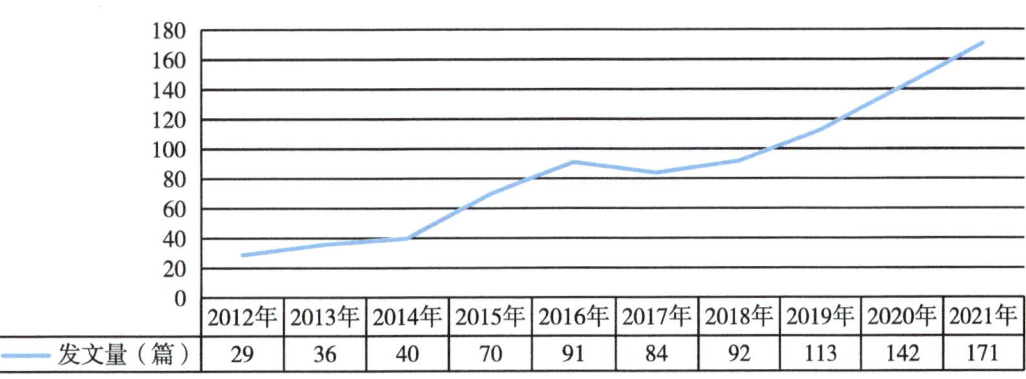

图 1-1 四川省农业科学院英文文献历年发文趋势（2012—2021 年）

1.2 发文期刊 JCR 分区

2012—2021 年四川省农业科学院 SCI 发文期刊 WOSJCR 分区情况见表 1-2，四川省农业科学院 SCI 发文期刊 WOSJCR 分区趋势图（2012—2021 年）见图 1-2。

表 1-2　2012—2021 年四川省农业科学院 SCI 发文期刊 WOSJCR 分区情况　　　单位：篇

排序	出版年	Q1 区发文量	Q2 区发文量	Q3 区发文量	Q4 区发文量	其他发文量
1	2012 年	8	5	8	5	3
2	2013 年	12	8	5	10	1
3	2014 年	8	11	9	10	2
4	2015 年	24	8	18	10	10
5	2016 年	27	21	13	21	9
6	2017 年	37	13	14	16	4
7	2018 年	43	23	16	10	0
8	2019 年	44	31	16	19	3
9	2020 年	70	37	13	12	10
10	2021 年	95	43	10	10	13

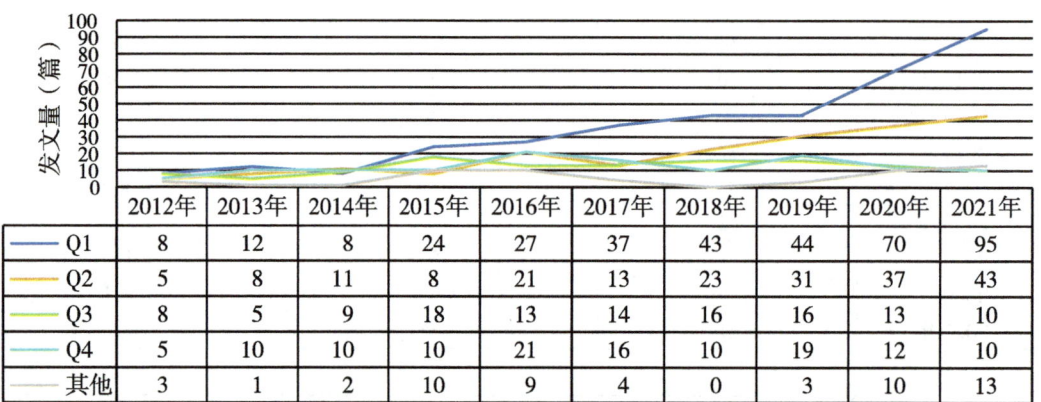

图 1-2　四川省农业科学院 SCI 发文期刊 WOSJCR 分区趋势（2012—2021 年）

1.3 高发文研究所 TOP10

2012—2021 年四川省农业科学院 SCI 高发文研究所 TOP10 见表 1-3。

表 1-3　2012—2021 年四川省农业科学院 SCI 高发文研究所 TOP10　　　单位：篇

排序	研究所	发文量
1	四川省农业科学院作物研究所	145

(续表)

排序	研究所	发文量
2	四川省农业科学院土壤肥料研究所	142
3	四川省农业科学院生物技术核技术研究所	89
4	四川省农业科学院植物保护研究所	80
5	四川省农业科学院水产研究所	63
6	四川省农业科学院园艺研究所	43
7	四川省农业科学院农产品加工研究所	39
8	四川省农业科学院水稻高粱研究所	37
9	四川省农业科学院分析测试中心、质量标准与检测技术研究所	35
10	四川省农业科学院经济作物研究所	24

1.4 高发文期刊TOP10

2012—2021年四川省农业科学院SCI高发文期刊TOP10见表1-4。

表1-4 2012—2021年四川省农业科学院SCI高发文期刊TOP10

排序	期刊名称	发文量（篇）	WOS所有数据库总被引频次	WOS核心库被引频次	期刊影响因子（最近年度）
1	SCIENTIFIC REPORTS	31	541	502	4.996（2021）
2	PLOS ONE	26	423	363	3.752（2021）
3	FRONTIERS IN PLANT SCIENCE	20	245	215	6.627（2021）
4	JOURNAL OF INTEGRATIVE AGRICULTURE	20	184	158	4.384（2021）
5	MITOCHONDRIAL DNA PART B-RESOURCES	20	31	29	0.61（2021）
6	THEORETICAL AND APPLIED GENETICS	15	521	479	5.574（2021）
7	INTERNATIONAL JOURNAL OF MOLECULAR SCIENCES	15	257	238	6.208（2021）
8	FRONTIERS IN MICROBIOLOGY	14	158	145	6.064（2021）
9	INTERNATIONAL JOURNAL OF AGRICULTURE AND BIOLOGY	13	27	24	0.822（2019）
10	BMC PLANT BIOLOGY	12	157	139	5.26（2021）

1.5 合作发文国家与地区 TOP10

2012—2021年四川省农业科学院 SCI 合作发文国家与地区（合作发文1篇以上）TOP10 见表1-5。

表1-5 2012—2021年四川省农业科学院 SCI 合作发文国家与地区 TOP10

排序	国家与地区	合作发文量（篇）	WOS 所有数据库总被引频次	WOS 核心库被引频次
1	美国	56	2 547	2 275
2	澳大利亚	24	882	809
3	德国	12	357	328
4	加拿大	11	554	493
5	墨西哥	9	376	348
6	比利时	8	397	364
7	法国	8	766	688
8	新西兰	7	234	215
9	芬兰	7	142	125
10	英格兰	7	1 225	1 070

1.6 合作发文机构 TOP10

2012—2021年四川省农业科学院 SCI 合作发文机构 TOP10 见表1-6。

表1-6 2012—2021年四川省农业科学院 SCI 合作发文机构 TOP10

排序	合作发文机构	发文量（篇）	WOS 所有数据库总被引频次	WOS 核心库被引频次
1	四川农业大学	239	556	477
2	中国科学院	83	606	538
3	中国农业科学院	76	681	626
4	四川大学	74	240	212
5	西南大学	44	385	347

（续表）

排序	合作发文机构	发文量（篇）	WOS 所有数据库总被引频次	WOS 核心库被引频次
6	中国农业大学	34	251	212
7	华中农业大学	28	551	507
8	中国电子科技大学	27	71	66
9	成都大学	25	56	52
10	中国科学院大学	21	80	66

1.7 高频词 TOP20

2012—2021 年四川省农业科学院 SCI 发文高频词（作者关键词）TOP20 见表 1-7。

表 1-7　2012—2021 年四川省农业科学院 SCI 发文高频词（作者关键词）TOP20

排序	关键词（作者关键词）	频次	排序	关键词（作者关键词）	频次
1	phylogenetic analysis	23	11	QTL	8
2	Mitochondrial genome	21	12	maize	8
3	Wheat	21	13	hybrid rice	8
4	Rice	14	14	yellow rust	7
5	transcriptome	14	15	Differentially expressed genes	7
6	Taxonomy	13	16	mitogenome	7
7	Grain yield	12	17	SNP	7
8	Triticum aestivum	11	18	Brassica napus	6
9	Phylogeny	9	19	Acipenser dabryanus	6
10	Genetic diversity	8	20	Entolomataceae	6

2　中文期刊论文分析

2012—2021 年，四川省农业科学院作者共发表北大中文核心期刊论文 2 262 篇，中国科学引文数据库（CSCD）期刊论文 1 662 篇。

2.1　发文量

四川省农业科学院中文文献历年发文趋势（2012—2021 年）见图 2-1。

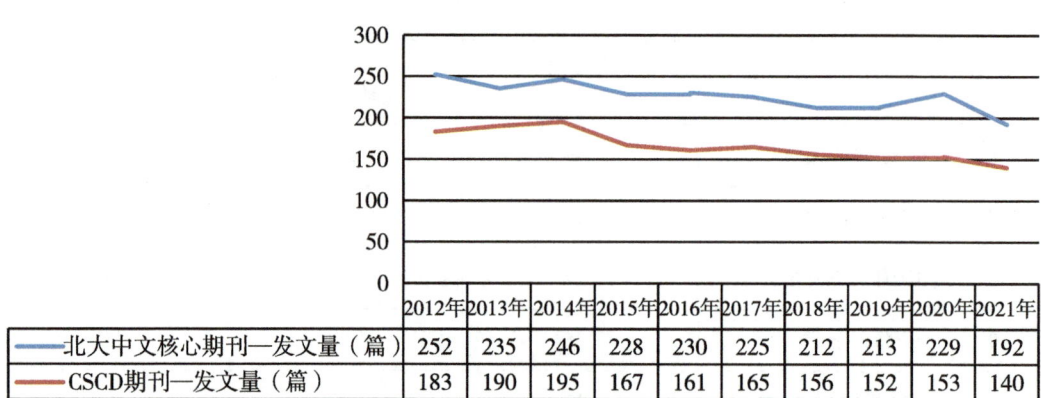

图 2-1 四川省农业科学院中文文献历年发文趋势（2012—2021 年）

2.2 高发文研究所 TOP10

2012—2021 年四川省农业科学院北大中文核心期刊高发文研究所 TOP10 见表 2-1，2012—2021 年四川省农业科学院中国科学引文数据库（CSCD）期刊高发文研究所 TOP10 见表 2-2。

表 2-1 2012—2021 年四川省农业科学院北大中文核心期刊高发文研究所 TOP10　　单位：篇

排序	研究所	发文量
1	四川省农业科学院土壤肥料研究所	414
2	四川省农业科学院作物研究所	275
3	四川省农业科学院植物保护研究所	246
4	四川省农业科学院园艺研究所	212
5	四川省农业科学院水稻高粱研究所	192
6	四川省农业科学院分析测试中心、质量标准与检测技术研究所	156
7	四川省农业科学院生物技术核技术研究所	155
8	四川省农业科学院	131
9	四川省农业科学院农产品加工研究所	122
10	四川省农业科学院农业信息与农村经济研究所	96
11	四川省农业科学院蚕业研究所	90

注："四川省农业科学院"发文包括作者单位只标注为"四川省农业科学院"、院属实验室等。

表 2-2 2012—2021 年四川省农业科学院 CSCD 期刊高发文研究所 TOP10　　单位：篇

排序	研究所	发文量
1	四川省农业科学院土壤肥料研究所	340
2	四川省农业科学院作物研究所	244

(续表)

排序	研究所	发文量
3	四川省农业科学院植物保护研究所	209
4	四川省农业科学院园艺研究所	140
5	四川省农业科学院生物技术核技术研究所	132
5	四川省农业科学院水稻高粱研究所	132
6	四川省农业科学院分析测试中心、质量标准与检测技术研究所	113
7	四川省农业科学院蚕业研究所	74
8	四川省农业科学院	71
9	四川省农业科学院农产品加工研究所	64
10	四川省农业科学院农业信息与农村经济研究所	63
11	四川省农业科学院经济作物研究所	60

注:"四川省农业科学院"发文包括作者单位只标注为"四川省农业科学院"、院属实验室等。

2.3 高发文期刊 TOP10

2012—2021 年四川省农业科学院高发文北大中文核心期刊 TOP10 见表 2-3，2012—2021 年四川省农业科学院高发文 CSCD 期刊 TOP10 见表 2-4。

表 2-3　2012—2021 年四川省农业科学院高发文期刊（北大中文核心）TOP10　　单位：篇

排序	期刊名称	发文量	排序	期刊名称	发文量
1	西南农业学报	488	6	湖北农业科学	38
2	杂交水稻	80	7	北方园艺	38
3	安徽农业科学	43	8	食品工业科技	38
4	分子植物育种	42	9	核农学报	36
5	江苏农业科学	39	10	作物学报	35

表 2-4　2012—2021 年四川省农业科学院高发文期刊（CSCD）TOP10　　单位：篇

排序	期刊名称	发文量	排序	期刊名称	发文量
1	西南农业学报	481	6	中国农业科学	33
2	杂交水稻	81	7	蚕业科学	32
3	分子植物育种	48	8	四川农业大学学报	29
4	核农学报	36	9	麦类作物学报	27
5	作物学报	35	10	南方农业学报	27

2.4 合作发文机构TOP10

2012—2021年四川省农业科学院北大中文核心期刊合作发文机构TOP10见表2-5，2012—2021年四川省农业科学院CSCD期刊合作发文机构TOP10见表2-6。

表2-5 2012—2021年四川省农业科学院北大中文核心期刊合作发文机构TOP10　　单位：篇

排序	合作发文机构	发文量	排序	合作发文机构	发文量
1	四川农业大学	325	6	中国科学院	39
2	四川大学	116	7	国家水稻改良中心	30
3	中国农业科学院	114	8	中国气象局成都高原气象研究所	28
4	西南大学	46	9	四川师范大学	26
5	西北农林科技大学	45	10	四川省烟草公司	26

表2-6 2012—2021年四川省农业科学院CSCD期刊合作发文机构TOP10　　单位：篇

排序	合作发文机构	发文量	排序	合作发文机构	发文量
1	四川农业大学	259	6	中国科学院	28
2	中国农业科学院	74	7	四川省烟草公司	22
3	四川大学	66	8	中国气象局成都高原气象研究所	21
4	西南大学	40	9	四川省农业厅植物保护站	16
5	西北农林科技大学	29	10	西华师范大学	15

天津市农业科学院

1 英文期刊论文分析

分析数据来源于科学引文索引数据库（Web of Science，WOS）收录的文献类型为期刊论文（ARTICLE）、会议论文（PROCEEDINGS PAPER）和述评（REVIEW）的 Science Citation Index Expanded（SCIE）论文数据，数据时间范围为 2012—2021 年，共检索到天津市农业科学院作者发表的论文 246 篇。

1.1 发文量

2012—2021 年天津市农业科学院历年 SCI 发文与被引情况见表 1-1，天津市农业科学院英文文献历年发文趋势（2012—2021 年）见图 1-1。

表 1-1 2012—2021 年天津市农业科学院历年 SCI 发文与被引情况

出版年	发文量（篇）	WOS 所有数据库总被引频次	WOS 核心库被引频次
2012 年	7	239	195
2013 年	15	511	437
2014 年	8	321	302
2015 年	13	444	380
2016 年	21	374	329
2017 年	22	634	575
2018 年	17	396	358
2019 年	30	460	430
2020 年	41	264	241
2021 年	72	311	301

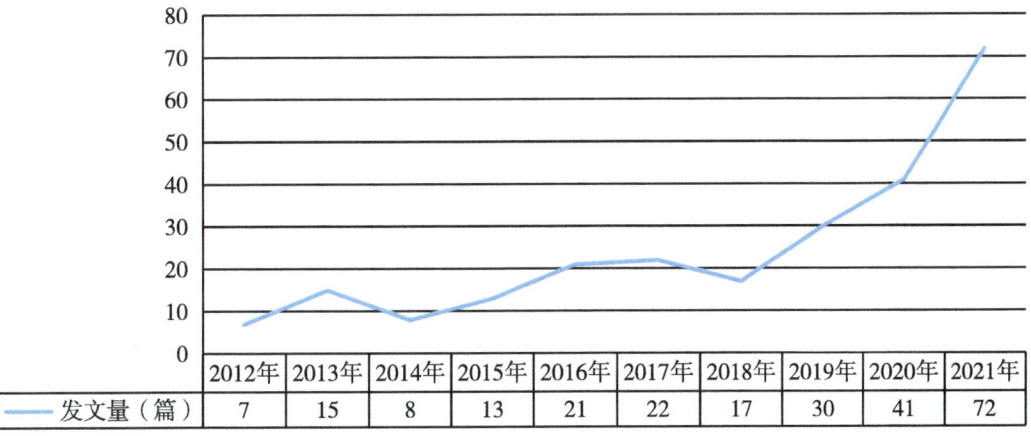

图 1-1 天津市农业科学院英文文献历年发文趋势（2012—2021 年）

1.2 发文期刊 JCR 分区

2012—2021 年天津市农业科学院 SCI 发文期刊 WOSJCR 分区情况见表 1-2，天津市农业科学院 SCI 发文期刊 WOSJCR 分区趋势图（2012—2021 年）见图 1-2。

表 1-2　2012—2021 年天津市农业科学院 SCI 发文期刊 WOSJCR 分区情况　　单位：篇

排序	出版年	Q1 区发文量	Q2 区发文量	Q3 区发文量	Q4 区发文量	其他发文量
1	2012 年	3	1	2	0	1
2	2013 年	7	5	0	1	2
3	2014 年	3	2	2	1	0
4	2015 年	5	4	2	1	1
5	2016 年	10	4	3	3	1
6	2017 年	12	4	3	3	0
7	2018 年	8	6	2	1	0
8	2019 年	15	10	2	3	0
9	2020 年	16	15	6	2	2
10	2021 年	42	17	5	4	4

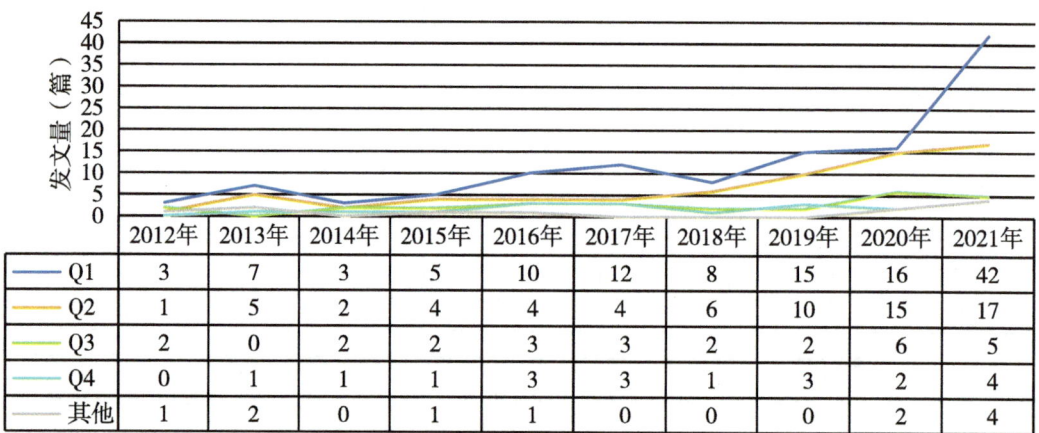

图 1-2　天津市农业科学院 SCI 发文期刊 WOSJCR 分区趋势（2012—2021 年）

1.3 高发文研究所 TOP10

2012—2021 年天津市农业科学院 SCI 高发文研究所 TOP10 见表 1-3。

表 1-3　2012—2021 年天津市农业科学院 SCI 高发文研究所 TOP10　　单位：篇

排序	研究所	发文量
1	国家农产品保鲜工程技术研究中心（天津）	38

(续表)

排序	研究所	发文量
2	天津市植物保护研究所	27
3	天津市农作物（水稻）研究所	26
4	天津市农业质量标准与检测技术研究所	21
5	天津市畜牧兽医研究所	13
6	天津市林业果树研究所	7
7	天津市农业科学院信息研究所	2
8	天津科润农业科技股份有限公司蔬菜研究所	1
8	天津市农业资源与环境研究所	1
8	天津市农村经济与区划研究所	1
8	天津市园艺工程研究所	1

1.4 高发文期刊TOP10

2012—2021年天津市农业科学院SCI高发文期刊TOP10见表1-4。

表1-4 2012—2021年天津市农业科学院SCI高发文期刊TOP10

排序	期刊名称	发文量（篇）	WOS所有数据库总被引频次	WOS核心库被引频次	期刊影响因子（最近年度）
1	POSTHARVEST BIOLOGY AND TECHNOLOGY	8	243	212	6.751（2021）
2	SCIENTIFIC REPORTS	7	369	324	4.996（2021）
3	AGRICULTURAL WATER MANAGEMENT	7	143	125	6.611（2021）
4	PLOS ONE	6	304	284	3.752（2021）
5	FRONTIERS IN PLANT SCIENCE	6	83	79	6.627（2021）
6	INTERNATIONAL JOURNAL OF MOLECULAR SCIENCES	6	24	23	6.208（2021）
7	FOOD CHEMISTRY	4	118	109	9.231（2021）
8	BMC GENOMICS	4	38	38	4.547（2021）
9	ANIMALS	4	20	20	3.231（2021）
10	MITOCHONDRIAL DNA PART B-RESOURCES	3	1	1	0.61（2021）

1.5 合作发文国家与地区TOP10

2012—2021年天津市农业科学院SCI合作发文国家与地区（合作发文1篇以上）TOP10见表1-5。

表1-5 2012—2021年天津市农业科学院SCI合作发文国家与地区TOP10

排序	国家与地区	合作发文量（篇）	WOS所有数据库总被引频次	WOS核心库被引频次
1	美国	39	1 141	1 014
2	丹麦	18	425	396
3	德国	4	119	102
4	新西兰	2	57	48
5	加拿大	2	51	43
6	荷兰	2	31	29
7	罗马尼亚	2	10	9

注：全部SCI合作发文国家与地区（合作发文1篇以上）数量不足10个。

1.6 合作发文机构TOP10

2012—2021年天津市农业科学院SCI合作发文机构TOP10见表1-6。

表1-6 2012—2021年天津市农业科学院SCI合作发文机构TOP10

排序	合作发文机构	发文量（篇）	WOS所有数据库总被引频次	WOS核心库被引频次
1	中国农业科学院	72	347	296
2	中国农业大学	37	126	120
3	中国科学院	22	41	40
4	天津大学	21	25	20
5	哥本哈根大学	21	57	52
6	天津农学院	17	42	38
7	南开大学	16	50	47
8	天津科技大学	15	55	53
9	西北农林科技大学	12	79	64
10	天津商业大学	11	40	38

1.7 高频词TOP20

2012—2021年天津市农业科学院SCI发文高频词（作者关键词）TOP20见表1-7。

表 1-7 2012—2021 年天津市农业科学院 SCI 发文高频词（作者关键词）TOP20

排序	关键词（作者关键词）	频次	排序	关键词（作者关键词）	频次
1	Agaricus bisporus	4	11	Antioxidant activity	3
2	Transcriptome	4	12	rice	3
3	cold chain	3	13	Arabidopsis thaliana	3
4	1-Methylcyclopropene	3	14	Salt stress	3
5	Tomato	3	15	Table grapes	3
6	Escherichia coli O157：H7	3	16	Nitrogen	3
7	sheep	3	17	Cold storage	2
8	Photosynthesis	3	18	China	2
9	Arma chinensis	3	19	Peach	2
10	Gene expression	3	20	Irrigation	2

2 中文期刊论文分析

2012—2021 年，天津市农业科学院作者共发表北大中文核心期刊论文 1 314 篇，中国科学引文数据库（CSCD）期刊论文 430 篇。

2.1 发文量

天津市农业科学院中文文献历年发文趋势（2012—2021 年）见图 2-1。

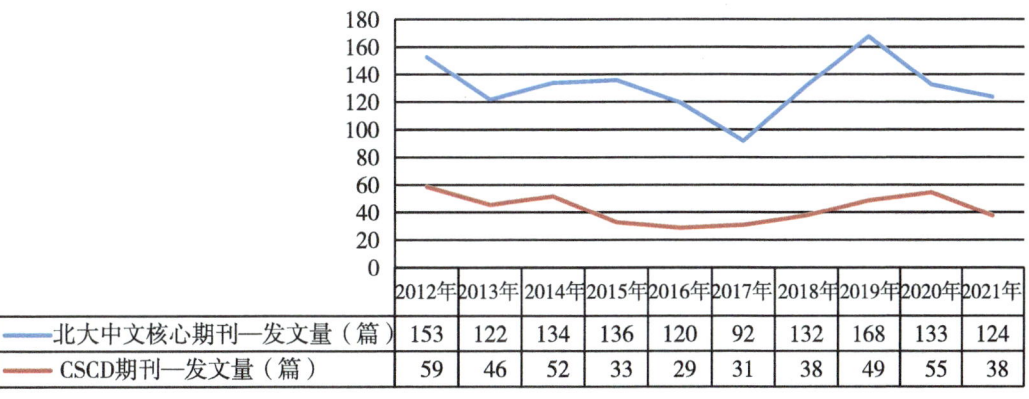

图 2-1 天津市农业科学院中文文献历年发文趋势（2012—2021 年）

2.2 高发文研究所TOP10

2012—2021年天津市农业科学院北大中文核心期刊高发文研究所TOP10见表2-1，2012—2021年天津市农业科学院中国科学引文数据库（CSCD）期刊高发文研究所TOP10见表2-2。

表2-1 2012—2021年天津市农业科学院北大中文核心期刊高发文研究所TOP10　　单位：篇

排序	研究所	发文量
1	天津市畜牧兽医研究所	267
2	国家农产品保鲜工程技术研究中心（天津）	208
3	天津市农业科学院	164
4	天津科润农业科技股份有限公司蔬菜研究所	115
5	天津市农业资源与环境研究所	111
6	天津市林业果树研究所	84
7	天津市农业质量标准与检测技术研究所	82
8	天津科润农业科技股份有限公司	71
9	天津市植物保护研究所	62
10	天津市农作物（水稻）研究所	57
11	天津市农村经济与区划研究所	51

注："天津市农业科学院"发文包括作者单位只标注为"天津市农业科学院"、院属实验室等。

表2-2 2012—2021年天津市农业科学院CSCD期刊高发文研究所TOP10　　单位：篇

排序	研究所	发文量
1	天津市农业资源与环境研究所	77
2	天津市畜牧兽医研究所	67
3	天津市农业质量标准与检测技术研究所	58
4	天津市农作物（水稻）研究所	46
5	天津市植物保护研究所	35
5	天津市林业果树研究所	35
6	天津科润农业科技股份有限公司蔬菜研究所	33
7	天津市农业科学院	26
8	天津市农业生物技术研究中心	22
9	国家农产品保鲜工程技术研究中心（天津）	16
10	天津科润农业科技股份有限公司黄瓜研究所	12
10	天津市农村经济与区划研究所	12

注："天津市农业科学院"发文包括作者单位只标注为"天津市农业科学院"、院属实验室等。

2.3 高发文期刊 TOP10

2012—2021年天津市农业科学院高发文北大中文核心期刊TOP10见表2-3,2012—2021年天津市农业科学院高发文CSCD期刊TOP10见表2-4。

表2-3 2012—2021年天津市农业科学院高发文期刊（北大中文核心）TOP10　　单位：篇

排序	期刊名称	发文量	排序	期刊名称	发文量
1	北方园艺	83	6	食品与发酵工业	46
2	中国蔬菜	68	7	食品科学	42
3	华北农学报	63	8	包装工程	42
4	食品工业科技	61	9	中国畜牧兽医	38
5	食品研究与开发	49	10	饲料研究	38

表2-4 2012—2021年天津市农业科学院高发文期刊（CSCD）TOP10　　单位：篇

排序	期刊名称	发文量	排序	期刊名称	发文量
1	华北农学报	55	6	食品与发酵工业	13
2	中国农学通报	16	7	食品工业科技	12
3	园艺学报	15	8	中国农业科学	11
4	植物营养与肥料学报	14	9	南开大学学报（自然科学版）	11
5	畜牧兽医学报	13	10	食品科学	8

2.4 合作发文机构 TOP10

2012—2021年天津市农业科学院北大中文核心期刊合作发文机构TOP10见表2-5,2012—2021年天津市农业科学院CSCD期刊合作发文机构TOP10见表2-6。

表2-5 2012—2021年天津市农业科学院北大中文核心期刊合作发文机构TOP10　　单位：篇

排序	合作发文机构	发文量	排序	合作发文机构	发文量
1	中国农业科学院	107	6	大连工业大学	45
2	天津农学院	91	7	南开大学	44
3	天津商业大学	78	8	天津师范大学	42
4	沈阳农业大学	55	9	天津大学	36
5	中国农业大学	49	10	天津科技大学	33

表2-6 2012—2021年天津市农业科学院CSCD期刊合作发文机构TOP10　　　单位：篇

排序	合作发文机构	发文量	排序	合作发文机构	发文量
1	中国农业科学院	63	6	天津商业大学	12
2	南开大学	22	7	中国科学院	11
3	天津农学院	19	8	天津师范大学	11
4	中国农业大学	15	9	河北农业大学	8
5	天津大学	14	10	甘肃农业大学	6

西藏自治区农牧科学院

1 英文期刊论文分析

分析数据来源于科学引文索引数据库（Web of Science，WOS）收录的文献类型为期刊论文（ARTICLE）、会议论文（PROCEEDINGS PAPER）和述评（REVIEW）的 Science Citation Index Expanded（SCIE）论文数据，数据时间范围为 2012—2021 年，共检索到西藏自治区农牧科学院作者发表的论文 299 篇。

1.1 发文量

2012—2021 年西藏自治区农牧科学院历年 SCI 发文与被引情况见表 1-1，西藏自治区农牧科学院英文文献历年发文趋势（2012—2021 年）见图 1-1。

表 1-1　2012—2021 年西藏自治区农牧科学院历年 SCI 发文与被引情况

出版年	发文量（篇）	WOS 所有数据库总被引频次	WOS 核心库被引频次
2012 年	2	48	44
2013 年	4	47	40
2014 年	9	143	117
2015 年	20	354	309
2016 年	10	143	132
2017 年	22	188	165
2018 年	39	577	516
2019 年	52	642	587
2020 年	59	493	459
2021 年	82	306	294

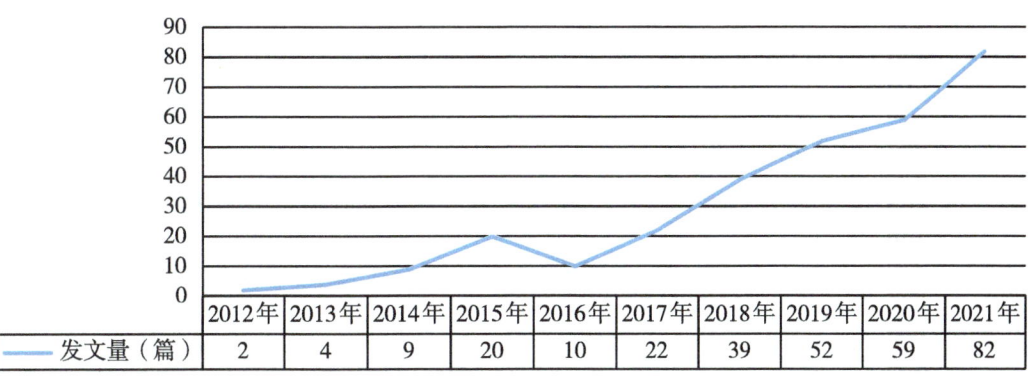

图 1-1　西藏自治区农牧科学院英文文献历年发文趋势（2012—2021 年）

1.2 发文期刊 JCR 分区

2012—2021 年西藏自治区农牧科学院 SCI 发文期刊 WOSJCR 分区情况见表 1-2，西藏自治区农牧科学院 SCI 发文期刊 WOSJCR 分区趋势图（2012—2021 年）见图 1-2。

表 1-2 2012—2021 年西藏自治区农牧科学院 SCI 发文期刊 WOSJCR 分区情况　　单位：篇

排序	出版年	Q1 区发文量	Q2 区发文量	Q3 区发文量	Q4 区发文量	其他发文量
1	2012 年	0	1	0	1	0
2	2013 年	0	1	1	2	0
3	2014 年	3	2	0	4	0
4	2015 年	4	5	7	4	0
5	2016 年	2	3	1	1	3
6	2017 年	3	7	4	7	1
7	2018 年	5	12	8	14	0
8	2019 年	20	10	10	8	4
9	2020 年	23	20	5	8	3
10	2021 年	51	14	2	7	7

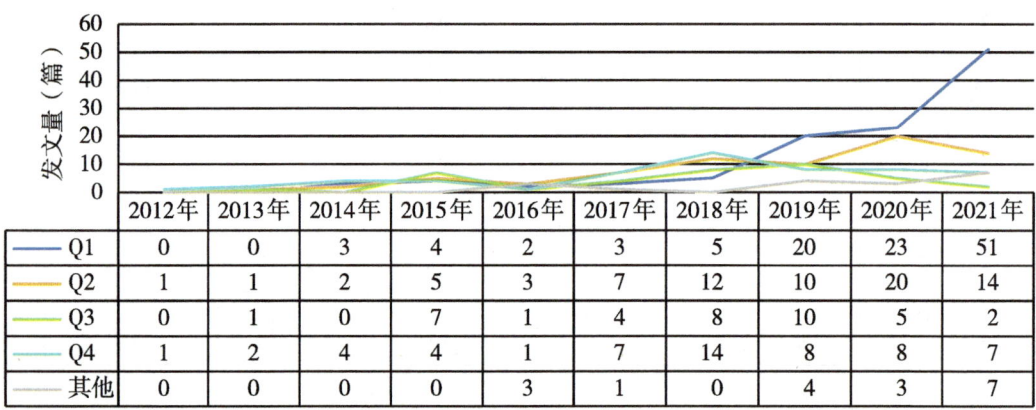

图 1-2 西藏自治区农牧科学院 SCI 发文期刊 WOSJCR 分区趋势（2012—2021 年）

1.3 高发文研究所 TOP10

2012—2021 年西藏自治区农牧科学院 SCI 高发文研究所 TOP10 见表 1-3。

表 1-3 2012—2021 年西藏自治区农牧科学院 SCI 高发文研究所 TOP10　　单位：篇

排序	研究所	发文量
1	西藏自治区农牧科学院畜牧兽医研究所	224

(续表)

排序	研究所	发文量
2	西藏自治区农牧科学院农业研究所	14
3	西藏自治区农牧科学院农业质量标准与检测研究所	12
4	西藏自治区农牧科学院农产品开发与食品科学研究所	6
5	西藏自治区农牧科学院草业科学研究所	5
6	西藏自治区农牧科学院农业资源与环境研究所	3

注：全部发文研究所数量不足10个。

1.4 高发文期刊 TOP10

2012—2021年西藏自治区农牧科学院SCI高发文期刊TOP10见表1-4。

表1-4 2012—2021年西藏自治区农牧科学院SCI高发文期刊TOP10

排序	期刊名称	发文量（篇）	WOS所有数据库总被引频次	WOS核心库被引频次	期刊影响因子（最近年度）
1	MITOCHONDRIAL DNA PART B-RESOURCES	23	35	33	0.61（2021）
2	SCIENTIFIC REPORTS	8	117	103	4.996（2021）
3	ANIMALS	7	31	28	3.231（2021）
4	BMC GENOMICS	6	106	101	4.547（2021）
5	FOOD CHEMISTRY	6	69	69	9.231（2021）
6	GENETICS AND MOLECULAR RESEARCH	6	37	32	0.764（2015）
7	JOURNAL OF AGRICULTURAL AND FOOD CHEMISTRY	5	52	45	5.895（2021）
8	JOURNAL OF SEPARATION SCIENCE	5	29	25	3.614（2021）
9	FRONTIERS IN GENETICS	5	16	12	4.772（2021）
10	JOURNAL OF APPLIED ICHTHYOLOGY	5	12	6	1.222（2021）

1.5 合作发文国家与地区 TOP10

2012—2021年西藏自治区农牧科学院SCI合作发文国家与地区（合作发文1篇以上）TOP10见表1-5。

表 1-5 2012—2021 年西藏自治区农牧科学院 SCI 合作发文国家与地区 TOP10

排序	国家与地区	合作发文量（篇）	WOS 所有数据库总被引频次	WOS 核心库被引频次
1	美国	10	146	135
2	埃及	4	39	37
3	德国	3	154	142
4	澳大利亚	3	77	70
5	土耳其	3	35	33
6	新西兰	3	34	30
7	巴基斯坦	3	13	13
8	北爱尔兰	2	4	4

注：全部 SCI 合作发文国家与地区（合作发文 1 篇以上）数量不足 10 个。

1.6 合作发文机构 TOP10

2012—2021 年西藏自治区农牧科学院 SCI 合作发文机构 TOP10 见表 1-6。

表 1-6 2012—2021 年西藏自治区农牧科学院 SCI 合作发文机构 TOP10

排序	合作发文机构	发文量（篇）	WOS 所有数据库总被引频次	WOS 核心库被引频次
1	中国科学院	55	352	305
2	中国农业科学院	48	54	47
3	西南大学	33	39	35
4	四川农业大学	25	55	52
5	中国科学院大学	23	211	180
6	西南民族大学	18	20	19
7	中国水产科学研究院	13	20	18
8	华中农业大学	12	60	57
9	西北农林科技大学	11	25	24
10	中国农业大学	10	8	7

1.7 高频词 TOP20

2012—2021 年西藏自治区农牧科学院 SCI 发文高频词（作者关键词）TOP20 见表 1-7。

表 1-7 2012—2021 年西藏自治区农牧科学院 SCI 发文高频词（作者关键词）TOP20

排序	关键词（作者关键词）	频次	排序	关键词（作者关键词）	频次
1	Mitochondrial genome	18	11	Climate change	4
2	Yak	10	12	Tibetan plateau	4
3	phylogenetic	9	13	Tibetan hulless barley	4
4	Phylogenetic analysis	9	14	Hordeum vulgare	4
5	Tibet	7	15	beta-glucan	4
6	Hulless barley	6	16	Microbial community	3
7	Barley	5	17	fasting	3
8	China	5	18	Metabonomics	3
9	Genetic Diversity	5	19	cloning	3
10	new species	4	20	Gut microbiota	3

2 中文期刊论文分析

2012—2021 年，西藏自治区农牧科学院作者共发表北大中文核心期刊论文 633 篇，中国科学引文数据库（CSCD）期刊论文 370 篇。

2.1 发文量

西藏自治区农牧科学院中文文献历年发文趋势（2012—2021 年）见图 2-1。

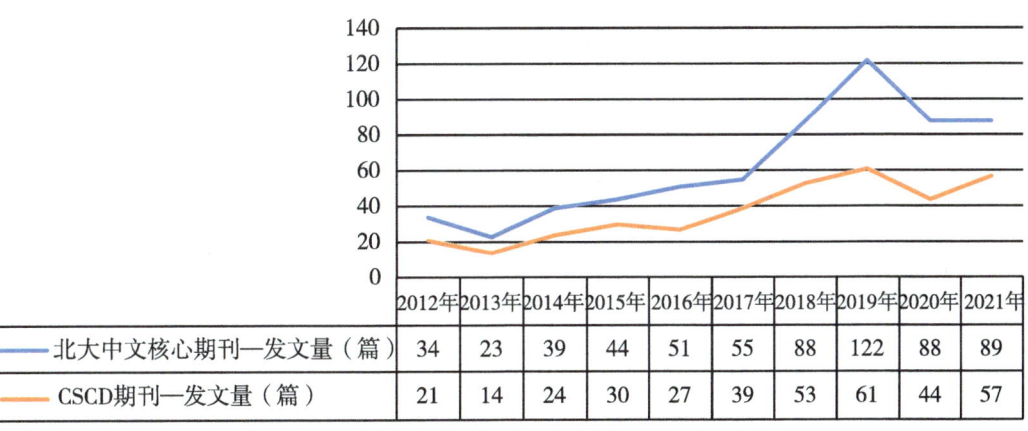

图 2-1 西藏自治区农牧科学院中文文献历年发文趋势（2012—2021 年）

2.2 高发文研究所TOP10

2012—2021年西藏自治区农牧科学院北大中文核心期刊高发文研究所TOP10见表2-1，2012—2021年西藏自治区农牧科学院中国科学引文数据库（CSCD）期刊高发文研究所TOP10见表2-2。

表2-1　2012—2021年西藏自治区农牧科学院北大中文核心期刊高发文研究所TOP10　单位：篇

排序	研究所	发文量
1	西藏自治区农牧科学院	166
2	西藏自治区农牧科学院畜牧兽医研究所	155
3	西藏自治区农牧科学院农业研究所	80
4	西藏自治区农牧科学院蔬菜研究所	64
4	西藏自治区农牧科学院草业科学研究所	64
5	西藏自治区农牧科学院水产科学研究所	63
6	西藏自治区农牧科学院农业质量标准与检测研究所	36
7	西藏自治区农牧科学院农业资源与环境研究所	31
8	西藏自治区农牧科学院农产品开发与食品科学研究所	26
9	西藏自治区农牧科学院院机关	3
10	西藏自治区农牧科学院网络中心	2

注："西藏自治区农牧科学院"发文包括作者单位只标注为"西藏自治区农牧科学院"、院属实验室等。

表2-2　2012—2021年西藏自治区农牧科学院CSCD期刊高发文研究所TOP10　单位：篇

排序	研究所	发文量
1	西藏自治区农牧科学院畜牧兽医研究所	82
2	西藏自治区农牧科学院	74
3	西藏自治区农牧科学院草业科学研究所	51
3	西藏自治区农牧科学院农业研究所	51
4	西藏自治区农牧科学院水产科学研究所	47
5	西藏自治区农牧科学院蔬菜研究所	44
6	西藏自治区农牧科学院农业质量标准与检测研究所	21

(续表)

排序	研究所	发文量
6	西藏自治区农牧科学院农业资源与环境研究所	21
7	西藏自治区农牧科学院农产品开发与食品科学研究所	3
8	西藏自治区农牧科学院院机关	1
8	西藏自治区农牧科学院网络中心	1

注:"西藏自治区农牧科学院"发文包括作者单位只标注为"西藏自治区农牧科学院"、院属实验室等。

2.3 高发文期刊TOP10

2012—2021年西藏自治区农牧科学院高发文北大中文核心期刊TOP10见表2-3，2012—2021年西藏自治区农牧科学院高发文CSCD期刊TOP10见表2-4。

表2-3　2012—2021年西藏自治区农牧科学院高发文期刊（北大中文核心）TOP10　单位：篇

排序	期刊名称	发文量	排序	期刊名称	发文量
1	西南农业学报	53	6	西北农业学报	14
2	黑龙江畜牧兽医	28	7	动物医学进展	13
3	动物营养学报	23	8	水生生物学报	12
4	麦类作物学报	21	9	水产科学	12
5	中国畜牧杂志	15	10	中国畜牧兽医	11

表2-4　2012—2021年西藏自治区农牧科学院高发文期刊（CSCD）TOP10　单位：篇

排序	期刊名称	发文量	排序	期刊名称	发文量
1	西南农业学报	48	6	中国水产科学	10
2	动物营养学报	20	7	草地学报	9
3	麦类作物学报	17	8	基因组学与应用生物学	9
4	西北农业学报	12	9	中国草地学报	8
5	水产科学	10	10	草业科学	7

2.4 合作发文机构TOP10

2012—2021年西藏自治区农牧科学院北大中文核心期刊合作发文机构TOP10见表2-5，2012—2021年西藏自治区农牧科学院CSCD期刊合作发文机构TOP10见表2-6。

表 2-5　2012—2021 年西藏自治区农牧科学院北大中文核心期刊合作发文机构 TOP10　单位：篇

排序	合作发文机构	发文量	排序	合作发文机构	发文量
1	中国农业科学院	72	6	甘肃农业大学	29
2	中国科学院	51	7	西藏大学	23
3	西南民族大学	43	8	西南大学	20
4	西藏农牧学院	38	9	西北农林科技大学	18
5	四川农业大学	29	10	湖南农业大学	15

表 2-6　2012—2021 年西藏自治区农牧科学院 CSCD 期刊合作发文机构 TOP10　单位：篇

排序	合作发文机构	发文量	排序	合作发文机构	发文量
1	中国农业科学院	43	6	甘肃农业大学	17
2	中国科学院	37	7	西南大学	11
3	西南民族大学	28	8	中国水产科学研究院黑龙江水产研究所	11
4	四川农业大学	20	9	湖南农业大学	10
5	西藏农牧学院	19	10	西北农林科技大学	10

新疆农垦科学院

1 英文期刊论文分析

分析数据来源于科学引文索引数据库（Web of Science，WOS）收录的文献类型为期刊论文（ARTICLE）、会议论文（PROCEEDINGS PAPER）和述评（REVIEW）的 Science Citation Index Expanded（SCIE）论文数据，数据时间范围为 2012—2021 年，共检索到新疆农垦科学院作者发表的论文 296 篇。

1.1 发文量

2012—2021 年新疆农垦科学院历年 SCI 发文与被引情况见表 1-1，新疆农垦科学院英文文献历年发文趋势（2012—2021 年）见图 1-1。

表 1-1 2012—2021 年新疆农垦科学院历年 SCI 发文与被引情况

出版年	发文量（篇）	WOS 所有数据库总被引频次	WOS 核心库被引频次
2012 年	10	73	48
2013 年	15	339	283
2014 年	13	313	277
2015 年	16	299	272
2016 年	14	191	171
2017 年	25	381	335
2018 年	21	306	281
2019 年	43	384	325
2020 年	65	499	461
2021 年	74	250	241

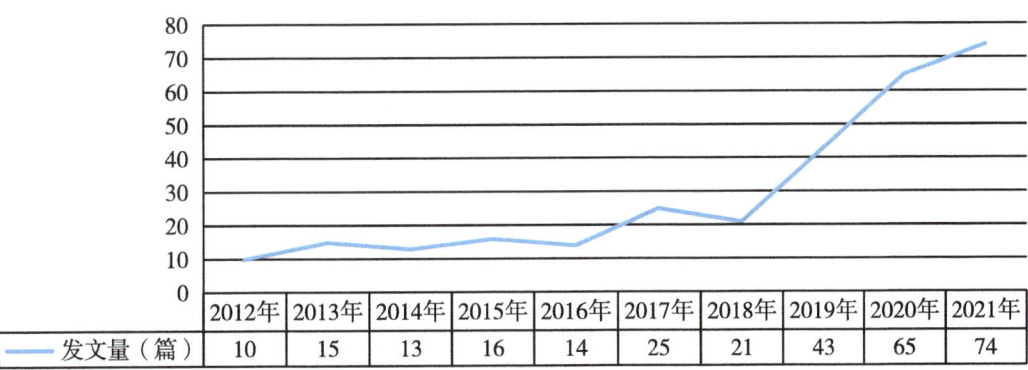

图 1-1 新疆农垦科学院英文文献历年发文趋势（2012—2021 年）

1.2 发文期刊 JCR 分区

2012—2021 年新疆农垦科学院 SCI 发文期刊 WOSJCR 分区情况见表 1-2，新疆农垦科学院 SCI 发文期刊 WOSJCR 分区趋势图（2012—2021 年）见图 1-2。

表 1-2　2012—2021 年新疆农垦科学院 SCI 发文期刊 WOSJCR 分区情况　　单位：篇

排序	出版年	Q1 区发文量	Q2 区发文量	Q3 区发文量	Q4 区发文量	其他发文量
1	2012 年	1	1	2	3	3
2	2013 年	3	5	2	3	2
3	2014 年	1	7	0	4	1
4	2015 年	7	2	5	1	1
5	2016 年	2	6	2	3	1
6	2017 年	8	3	8	5	1
7	2018 年	6	9	2	4	0
8	2019 年	21	8	9	4	1
9	2020 年	21	15	6	14	9
10	2021 年	36	10	7	12	9

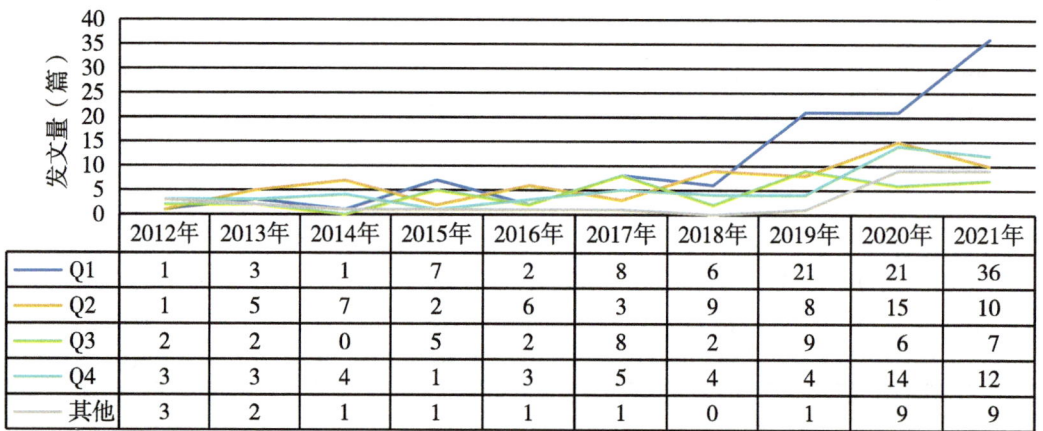

图 1-2　新疆农垦科学院 SCI 发文期刊 WOSJCR 分区趋势（2012—2021 年）

1.3 高发文研究所 TOP10

2012—2021 年新疆农垦科学院 SCI 高发文研究所 TOP10 见表 1-3。

表 1-3　2012—2021 年新疆农垦科学院 SCI 高发文研究所 TOP10　　单位：篇

排序	研究所	发文量
1	新疆农垦科学院棉花研究所	52

（续表）

排序	研究所	发文量
2	新疆农垦科学院畜牧兽医研究所	32
3	新疆农垦科学院农产品加工研究所	18
4	新疆农垦科学院分析测试中心	14
5	新疆农垦科学院作物研究所	13
6	新疆农垦科学院机械装备研究所	7
7	新疆农垦科学院植物保护研究所	5
8	新疆农垦科学院分子农业技术育种中心	1
8	新疆农垦科学院农田水利及土壤肥料研究所	1

注：全部发文研究所数量不足10个。

1.4 高发文期刊TOP10

2012—2021年新疆农垦科学院SCI高发文期刊TOP10见表1-4。

表1-4 2012—2021年新疆农垦科学院SCI高发文期刊TOP10

排序	期刊名称	发文量（篇）	WOS所有数据库总被引频次	WOS核心库被引频次	期刊影响因子（最近年度）
1	PLOS ONE	9	274	239	3.752（2021）
2	SCIENTIFIC REPORTS	9	85	71	4.996（2021）
3	FRONTIERS IN GENETICS	7	84	78	4.772（2021）
4	SPECTROSCOPY AND SPECTRAL ANALYSIS	6	29	12	0.609（2021）
5	PLANT BIOTECHNOLOGY JOURNAL	5	132	123	13.263（2021）
6	ANIMAL GENETICS	5	79	73	2.884（2021）
7	MOLECULAR BREEDING	5	54	49	3.297（2021）
8	KAFKAS UNIVERSITESI VETERINER FAKULTESI DERGISI	5	5	4	0.633（2021）
9	ANIMALS	4	47	43	3.231（2021）
10	JOURNAL OF GENETICS	4	13	12	1.508（2021）

1.5 合作发文国家与地区TOP10

2012—2021年新疆农垦科学院SCI合作发文国家与地区（合作发文1篇以上）TOP10

见表 1-5。

表 1-5　2012—2021 年新疆农垦科学院 SCI 合作发文国家与地区 TOP10

排序	国家与地区	合作发文量（篇）	WOS 所有数据库总被引频次	WOS 核心库被引频次
1	美国	9	179	147
2	芬兰	6	195	175
3	加拿大	5	86	79
4	澳大利亚	5	98	89
5	巴基斯坦	5	54	50
6	葡萄牙	4	10	10
7	苏格兰	3	132	113
8	英格兰	3	89	83
9	捷克	3	132	113
10	德国	3	123	101

1.6　合作发文机构 TOP10

2012—2021 年新疆农垦科学院 SCI 合作发文机构 TOP10 见表 1-6。

表 1-6　2012—2021 年新疆农垦科学院 SCI 合作发文机构 TOP10

排序	合作发文机构	发文量（篇）	WOS 所有数据库总被引频次	WOS 核心库被引频次
1	石河子大学	93	71	57
2	中国农业科学院	55	121	107
3	中国科学院	35	82	76
4	中国农业大学	29	57	49
5	南京农业大学	16	190	171
6	西北农林科技大学	15	19	18
7	华中农业大学	12	22	18
8	新疆农业大学	11	2	2
9	扬州大学	10	23	15
10	西南科技大学	9	52	52

1.7　高频词 TOP20

2012—2021 年新疆农垦科学院 SCI 发文高频词（作者关键词）TOP20 见表 1-7。

表1-7 2012—2021年新疆农垦科学院SCI发文高频词（作者关键词）TOP20

排序	关键词（作者关键词）	频次	排序	关键词（作者关键词）	频次
1	sheep	13	11	Fiber quality	3
2	cotton	11	12	yield	3
3	Upland cotton	7	13	QTL mapping	3
4	candidate genes	6	14	Wheat	3
5	single nucleotide polymorphism	4	15	Xinjiang	3
6	hypothalamus	4	16	development	3
7	Molecularly imprinted polymers	4	17	Association analysis	3
8	GnRH	4	18	SSR	3
9	Candidate gene	4	19	Ovary	3
10	SNP	3	20	Aptamer	3

2 中文期刊论文分析

2012—2021年，新疆农垦科学院作者共发表北大中文核心期刊论文1 260篇，中国科学引文数据库（CSCD）期刊论文758篇。

2.1 发文量

新疆农垦科学院中文文献历年发文趋势（2012—2021年）见图2-1。

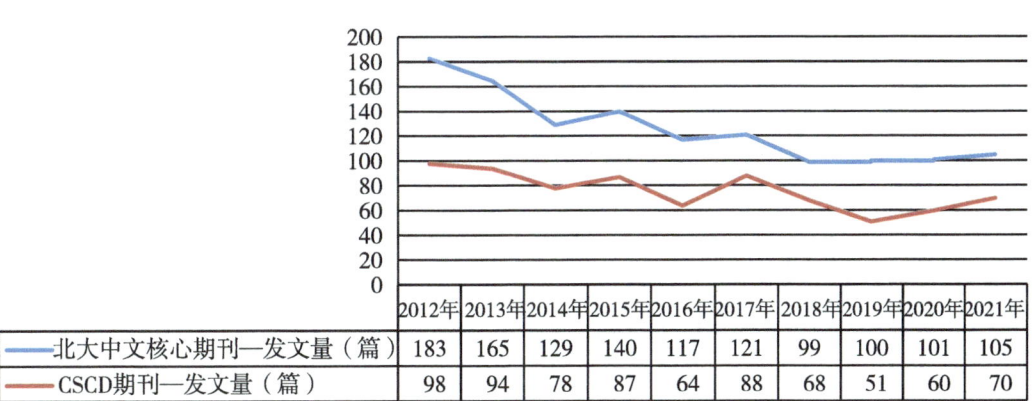

图2-1 新疆农垦科学院中文文献历年发文趋势（2012—2021年）

2.2 高发文研究所TOP10

2012—2021年新疆农垦科学院北大中文核心期刊高发文研究所TOP10见表2-1，2012—2021年新疆农垦科学院中国科学引文数据库（CSCD）期刊高发文研究所TOP10见表2-2。

表2-1　2012—2021年新疆农垦科学院北大中文核心期刊高发文研究所TOP10　　　单位：篇

排序	研究所	发文量
1	新疆农垦科学院畜牧兽医研究所	257
2	新疆农垦科学院	235
3	新疆农垦科学院机械装备研究所	215
4	新疆农垦科学院作物研究所	135
5	新疆农垦科学院棉花研究所	118
6	新疆农垦科学院农产品加工研究所	91
7	新疆农垦科学院生物技术研究所	71
8	新疆农垦科学院农田水利与土壤肥料研究所	70
9	新疆农垦科学院林园研究所	55
10	新疆农垦科学院分析测试中心	46
11	新疆农垦科学院植物保护研究所	17

注："新疆农垦科学院"发文包括作者单位只标注为"新疆农垦科学院"、院属实验室等。

表2-2　2012—2021年新疆农垦科学院CSCD期刊高发文研究所TOP10　　　单位：篇

排序	研究所	发文量
1	新疆农垦科学院	165
2	新疆农垦科学院畜牧兽医研究所	111
3	新疆农垦科学院作物研究所	103
4	新疆农垦科学院棉花研究所	90
5	新疆农垦科学院机械装备研究所	67
6	新疆农垦科学院农产品加工研究所	66
7	新疆农垦科学院生物技术研究所	62
8	新疆农垦科学院农田水利与土壤肥料研究所	58
9	新疆农垦科学院分析测试中心	29
10	新疆农垦科学院林园研究所	22
11	新疆农垦科学院植物保护研究所	14

注："新疆农垦科学院"发文包括作者单位只标注为"新疆农垦科学院"、院属实验室等。

2.3 高发文期刊 TOP10

2012—2021年新疆农垦科学院高发文北大中文核心期刊TOP10见表2-3，2012—2021年新疆农垦科学院高发文CSCD期刊TOP10见表2-4。

表2-3 2012—2021年新疆农垦科学院高发文期刊（北大中文核心）TOP10　　单位：篇

排序	期刊名称	发文量	排序	期刊名称	发文量
1	新疆农业科学	91	6	食品工业科技	35
2	农机化研究	74	7	黑龙江畜牧兽医	33
3	江苏农业科学	72	8	安徽农业科学	31
4	西北农业学报	64	9	中国农机化学报	29
5	西南农业学报	52	10	北方园艺	28

表2-4 2012—2021年新疆农垦科学院高发文期刊（CSCD）TOP10　　单位：篇

排序	期刊名称	发文量	排序	期刊名称	发文量
1	新疆农业科学	94	6	农业工程学报	23
2	西北农业学报	61	7	甘肃农业大学学报	22
3	西南农业学报	53	8	麦类作物学报	20
4	食品工业科技	31	9	棉花学报	19
5	干旱地区农业研究	27	10	食品科学	18

2.4 合作发文机构 TOP10

2012—2021年新疆农垦科学院北大中文核心期刊合作发文机构TOP10见表2-5，2012—2021年新疆农垦科学院CSCD期刊合作发文机构TOP10见表2-6。

表2-5 2012—2021年新疆农垦科学院北大中文核心期刊合作发文机构TOP10　　单位：篇

排序	合作发文机构	发文量	排序	合作发文机构	发文量
1	石河子大学	411	6	塔里木大学	25
2	中国农业大学	53	7	新疆农业职业技术学院	15
3	中国农业科学院	47	8	新疆石河子职业技术学院	15
4	新疆农业大学	26	9	新疆农业科学院	13
5	中国科学院	26	10	西北农林科技大学	13

表 2-6 2012—2021 年新疆农垦科学院 CSCD 期刊合作发文机构 TOP10   单位：篇

排序	合作发文机构	发文量	排序	合作发文机构	发文量
1	石河子大学	197	6	塔里木大学	13
2	中国农业大学	37	7	新疆农业科学院	12
3	中国农业科学院	34	8	西北农林科技大学	12
4	新疆农业大学	20	9	新疆农业职业技术学院	11
5	中国科学院	20	10	新疆石河子职业技术学院	9

新疆农业科学院

1 英文期刊论文分析

分析数据来源于科学引文索引数据库（Web of Science，WOS）收录的文献类型为期刊论文（ARTICLE）、会议论文（PROCEEDINGS PAPER）和述评（REVIEW）的 Science Citation Index Expanded（SCIE）论文数据，数据时间范围为 2012—2021 年，共检索到新疆农业科学院作者发表的论文 599 篇。

1.1 发文量

2012—2021 年新疆农业科学院历年 SCI 发文与被引情况见表 1-1，新疆农业科学院英文文献历年发文趋势（2012—2021 年）见图 1-1。

表 1-1 2012—2021 年新疆农业科学院历年 SCI 发文与被引情况

出版年	发文量（篇）	WOS 所有数据库总被引频次	WOS 核心库被引频次
2012 年	15	327	293
2013 年	20	1 077	945
2014 年	39	1 520	1 332
2015 年	51	1 380	1 212
2016 年	52	1 143	1 001
2017 年	49	1 135	1 022
2018 年	44	934	852
2019 年	101	1 400	1 280
2020 年	96	841	776
2021 年	132	363	349

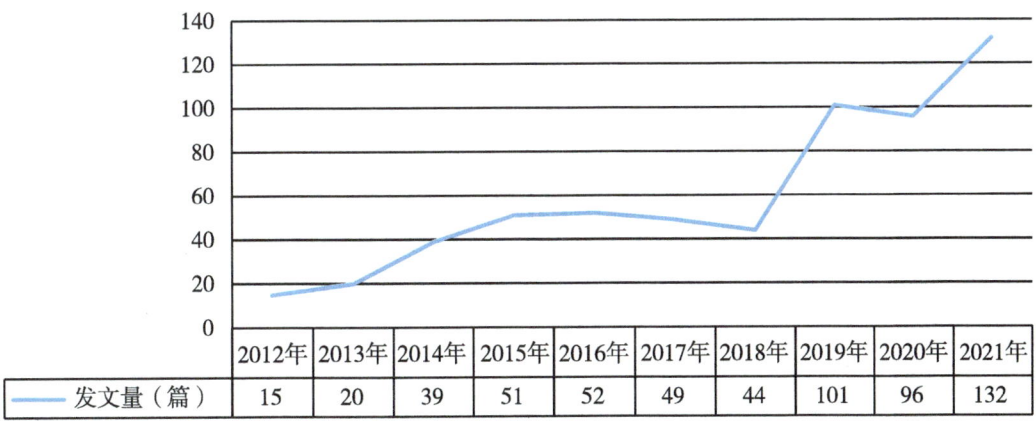

图 1-1 新疆农业科学院英文文献历年发文趋势（2012—2021 年）

1.2 发文期刊 JCR 分区

2012—2021 年新疆农业科学院 SCI 发文期刊 WOSJCR 分区情况见表 1-2，新疆农业科学院 SCI 发文期刊 WOSJCR 分区趋势图（2012—2021 年）见图 1-2。

表 1-2 2012—2021 年新疆农业科学院 SCI 发文期刊 WOSJCR 分区情况   单位：篇

排序	出版年	Q1 区发文量	Q2 区发文量	Q3 区发文量	Q4 区发文量	其他发文量
1	2012 年	5	2	1	6	1
2	2013 年	6	6	4	1	3
3	2014 年	13	13	7	3	3
4	2015 年	20	9	14	6	2
5	2016 年	17	21	11	1	2
6	2017 年	22	10	9	7	1
7	2018 年	22	10	10	2	0
8	2019 年	43	33	19	4	2
9	2020 年	40	22	13	9	12
10	2021 年	63	40	9	5	15

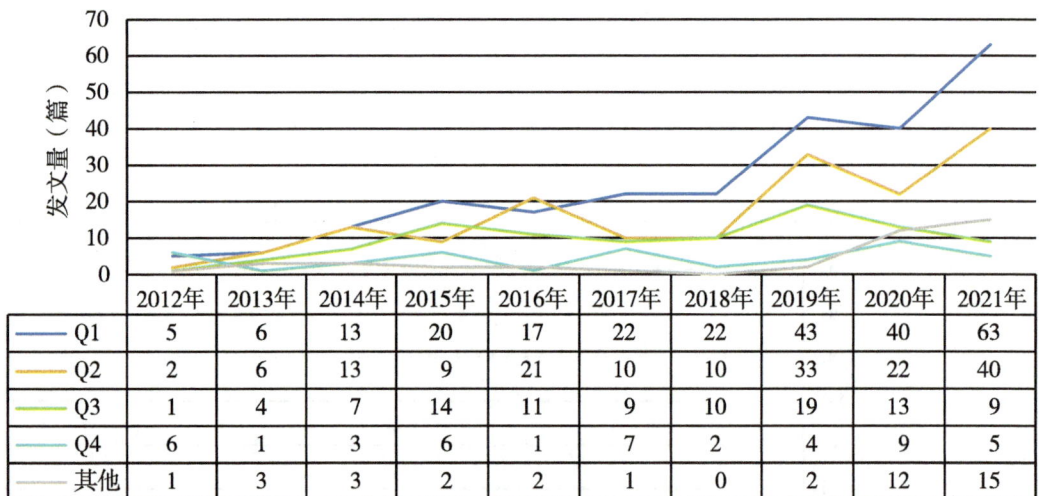

图 1-2 新疆农业科学院 SCI 发文期刊 WOSJCR 分区趋势（2012—2021 年）

1.3 高发文研究所 TOP10

2012—2021 年新疆农业科学院 SCI 高发文研究所 TOP10 见表 1-3。

表 1-3 2012—2021 年新疆农业科学院 SCI 高发文研究所 TOP10   单位：篇

排序	研究所	发文量
1	新疆农业科学院植物保护研究所	98
2	新疆农业科学院微生物应用研究所	85
3	新疆农业科学院土壤肥料与农业节水研究所	41
4	新疆农业科学院核技术生物技术研究所	33
5	新疆农业科学院农产品贮藏加工研究所	29
6	新疆农业科学院粮食作物研究所	27
7	新疆农业科学院经济作物研究所	26
8	新疆农业科学院园艺作物研究所	23
9	新疆农业科学院农业质量标准与检测技术研究所	19
10	新疆农业科学院农作物品种资源研究所	15

1.4 高发文期刊 TOP10

2012—2021 年新疆农业科学院 SCI 高发文期刊 TOP10 见表 1-4。

表 1-4 2012—2021 年新疆农业科学院 SCI 高发文期刊 TOP10

排序	期刊名称	发文量（篇）	WOS 所有数据库总被引频次	WOS 核心库被引频次	期刊影响因子（最近年度）
1	SCIENTIFIC REPORTS	21	420	372	4.996（2021）
2	PLOS ONE	20	236	211	3.752（2021）
3	JOURNAL OF INTEGRATIVE AGRICULTURE	17	266	213	4.384（2021）
4	SCIENTIA HORTICULTURAE	16	166	146	4.342（2021）
5	AGRONOMY-BASEL	11	39	36	3.949（2021）
6	POSTHARVEST BIOLOGY AND TECHNOLOGY	11	354	314	6.751（2021）
7	JOURNAL OF ASIA-PACIFIC ENTOMOLOGY	10	58	50	1.58（2021）
8	INTERNATIONAL JOURNAL OF SYSTEMATIC AND EVOLUTIONARY MICROBIOLOGY	10	78	72	2.689（2021）
9	PESTICIDE BIOCHEMISTRY AND PHYSIOLOGY	10	193	172	4.966（2021）

(续表)

排序	期刊名称	发文量（篇）	WOS 所有数据库总被引频次	WOS 核心库被引频次	期刊影响因子（最近年度）
10	AGROFORESTRY SYSTEMS	10	198	165	2.419（2021）

1.5 合作发文国家与地区 TOP10

2012—2021 年新疆农业科学院 SCI 合作发文国家与地区（合作发文 1 篇以上）TOP10 见表 1-5。

表 1-5　2012—2021 年新疆农业科学院 SCI 合作发文国家与地区 TOP10

排序	国家与地区	合作发文量（篇）	WOS 所有数据库总被引频次	WOS 核心库被引频次
1	美国	43	2 079	1 858
2	澳大利亚	18	434	377
3	英格兰	14	676	604
4	日本	9	257	229
5	法国	7	1 176	1 054
6	加拿大	6	103	85
7	德国	6	651	578
8	墨西哥	5	127	123
9	埃及	5	114	108
10	印度	4	107	98

1.6 合作发文机构 TOP10

2012—2021 年新疆农业科学院 SCI 合作发文机构 TOP10 见表 1-6。

表 1-6　2012—2021 年新疆农业科学院 SCI 合作发文机构 TOP10

排序	合作发文机构	发文量（篇）	WOS 所有数据库总被引频次	WOS 核心库被引频次
1	中国农业科学院	146	811	697
2	中国农业大学	83	219	186

(续表)

排序	合作发文机构	发文量（篇）	WOS 所有数据库总被引频次	WOS 核心库被引频次
3	南京农业大学	73	446	412
4	新疆农业大学	64	85	71
5	中国科学院	49	360	323
6	石河子大学	36	57	46
7	西北农林科技大学	33	138	116
8	新疆大学	32	101	88
9	华中农业大学	26	498	430
10	西南大学	15	75	66

1.7 高频词 TOP20

2012—2021 年新疆农业科学院 SCI 发文高频词（作者关键词）TOP20 见表 1-7。

表 1-7 2012—2021 年新疆农业科学院 SCI 发文高频词（作者关键词）TOP20

排序	关键词（作者关键词）	频次	排序	关键词（作者关键词）	频次
1	Leptinotarsa decemlineata	39	11	Drought tolerance	7
2	RNA interference	17	12	Intercropping	6
3	gene expression	14	13	apricot	6
4	20-Hydroxyecdysone	14	14	Quality	5
5	Pupation	10	15	carbon sequestration	5
6	Maize	10	16	Land equivalent ratio（LER）	5
7	Juvenile hormone	10	17	Nitric oxide	5
8	Metamorphosis	9	18	Development	5
9	wheat	8	19	Yield	5
10	cotton	7	20	16S rRNA gene	5

2 中文期刊论文分析

2012—2021 年，新疆农业科学院作者共发表北大中文核心期刊论文 2 651 篇，中国科学引文数据库（CSCD）期刊论文 2 113 篇。

2.1 发文量

新疆农业科学院中文文献历年发文趋势（2012—2021 年）见图 2-1。

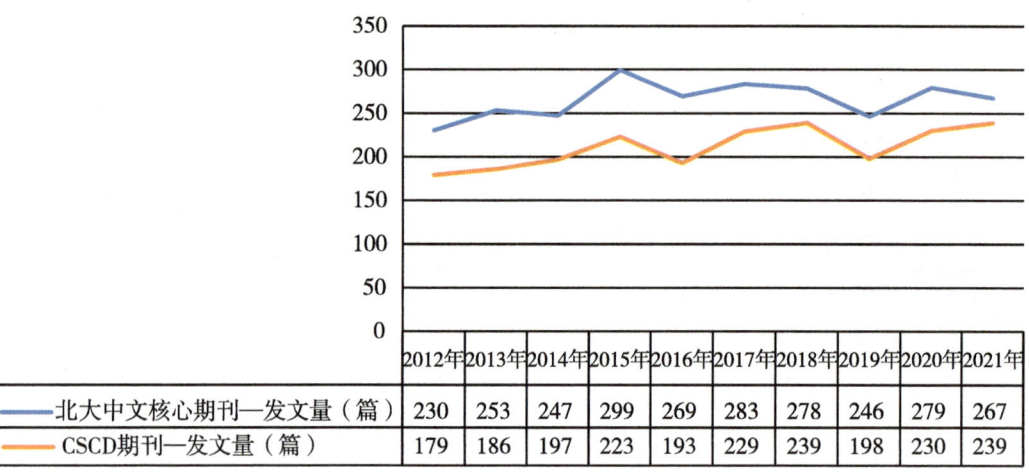

图 2-1 新疆农业科学院中文文献历年发文趋势（2012—2021 年）

2.2 高发文研究所 TOP10

2012—2021 年新疆农业科学院北大中文核心期刊高发文研究所 TOP10 见表 2-1，2012—2021 年新疆农业科学院中国科学引文数据库（CSCD）期刊高发文研究所 TOP10 见表 2-2。

表 2-1 2012—2021 年新疆农业科学院北大中文核心期刊高发文研究所 TOP10　　单位：篇

排序	研究所	发文量
1	新疆农业科学院土壤肥料与农业节水研究所	314
2	新疆农业科学院植物保护研究所	299
3	新疆农业科学院园艺作物研究所	284
4	新疆农业科学院微生物应用研究所	283
5	新疆农业科学院经济作物研究所	253
6	新疆农业科学院粮食作物研究所	200
7	新疆农业科学院农业机械化研究所	192
8	新疆农业科学院核技术生物技术研究所	179
9	新疆农业科学院农产品贮藏加工研究所	174
10	新疆农业科学院	143
11	新疆农业科学院农业质量标准与检测技术研究所	114

注："新疆农业科学院"发文包括作者单位只标注为"新疆农业科学院"、院属实验室等。

表 2-2　2012—2021 年新疆农业科学院 CSCD 期刊高发文研究所 TOP10　　　　单位：篇

排序	研究所	发文量
1	新疆农业科学院土壤肥料与农业节水研究所	293
2	新疆农业科学院植物保护研究所	285
3	新疆农业科学院微生物应用研究所	264
4	新疆农业科学院园艺作物研究所	252
5	新疆农业科学院经济作物研究所	219
6	新疆农业科学院粮食作物研究所	199
7	新疆农业科学院核技术生物技术研究所	156
8	新疆农业科学院农产品贮藏加工研究所	102
9	新疆农业科学院农业机械化研究所	95
10	新疆农业科学院	74
11	新疆农业科学院农业质量标准与检测技术研究所	71

注："新疆农业科学院"发文包括作者单位只标注为"新疆农业科学院"、院属实验室等。

2.3　高发文期刊 TOP10

2012—2021 年新疆农业科学院高发文北大中文核心期刊 TOP10 见表 2-3，2012—2021 年新疆农业科学院高发文 CSCD 期刊 TOP10 见表 2-4。

表 2-3　2012—2021 年新疆农业科学院高发文期刊（北大中文核心）TOP10　　　　单位：篇

排序	期刊名称	发文量	排序	期刊名称	发文量
1	新疆农业科学	1 040	6	农业工程学报	44
2	西北农业学报	68	7	麦类作物学报	44
3	北方园艺	62	8	农机化研究	35
4	分子植物育种	49	9	干旱地区农业研究	34
5	食品工业科技	46	10	果树学报	30

表 2-4　2012—2021 年新疆农业科学院高发文期刊（CSCD）TOP10　　　　单位：篇

排序	期刊名称	发文量	排序	期刊名称	发文量
1	新疆农业科学	1 053	6	干旱地区农业研究	34
2	西北农业学报	67	7	食品工业科技	31
3	分子植物育种	40	8	棉花学报	28
4	农业工程学报	38	9	中国农业科学	28
5	麦类作物学报	38	10	果树学报	27

2.4 合作发文机构TOP10

2012—2021年新疆农业科学院北大中文核心期刊合作发文机构TOP10见表2-5，2012—2021年新疆农业科学院CSCD期刊合作发文机构TOP10见表2-6。

表2-5　2012—2021年新疆农业科学院北大中文核心期刊合作发文机构TOP10　　单位：篇

排序	合作发文机构	发文量	排序	合作发文机构	发文量
1	新疆农业大学	674	6	中国科学院	56
2	中国农业科学院	151	7	新疆农业职业技术学院	52
3	新疆大学	139	8	西北农林科技大学	35
4	中国农业大学	134	9	塔里木大学	29
5	石河子大学	126	10	南京农业大学	25

表2-6　2012—2021年新疆农业科学院CSCD期刊合作发文机构TOP10　　单位：篇

排序	合作发文机构	发文量	排序	合作发文机构	发文量
1	新疆农业大学	459	6	中国科学院	47
2	中国农业科学院	118	7	新疆农业职业技术学院	30
3	新疆大学	110	8	西北农林科技大学	30
4	中国农业大学	103	9	塔里木大学	19
5	石河子大学	97	10	新疆师范大学	16

新疆畜牧科学院

1 英文期刊论文分析

分析数据来源于科学引文索引数据库（Web of Science，WOS）收录的文献类型为期刊论文（ARTICLE）、会议论文（PROCEEDINGS PAPER）和述评（REVIEW）的 Science Citation Index Expanded（SCIE）论文数据，数据时间范围为 2012—2021 年，共检索到新疆畜牧科学院作者发表的论文 171 篇。

1.1 发文量

2012—2021 年新疆畜牧科学院历年 SCI 发文与被引情况见表 1-1，新疆畜牧科学院英文文献历年发文趋势（2012—2021 年）见图 1-1。

表 1-1 2012—2021 年新疆畜牧科学院历年 SCI 发文与被引情况

出版年	发文量（篇）	WOS 所有数据库总被引频次	WOS 核心库被引频次
2012 年	6	204	180
2013 年	6	292	233
2014 年	8	291	269
2015 年	13	528	459
2016 年	17	365	323
2017 年	21	468	429
2018 年	21	271	249
2019 年	22	362	334
2020 年	26	169	160
2021 年	31	123	115

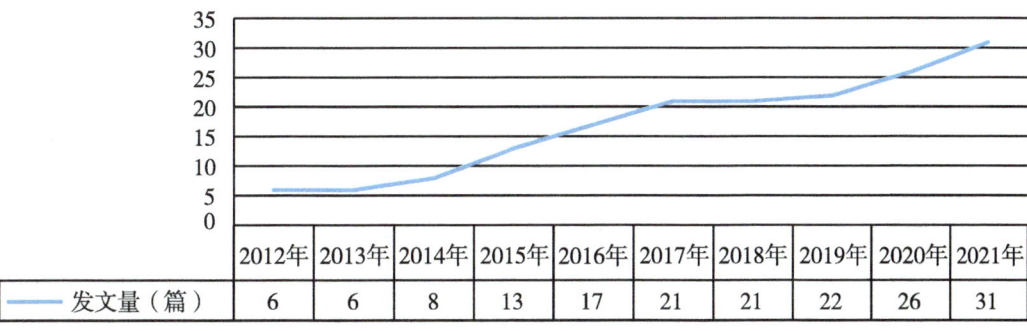

图 1-1 新疆畜牧科学院英文文献历年发文趋势（2012—2021 年）

1.2 发文期刊 JCR 分区

2012—2021 年新疆畜牧科学院 SCI 发文期刊 WOSJCR 分区情况见表 1-2，新疆畜牧科学院 SCI 发文期刊 WOSJCR 分区趋势图（2012—2021 年）见图 1-2。

表 1-2　2012—2021 年新疆畜牧科学院 SCI 发文期刊 WOSJCR 分区情况　　　单位：篇

排序	出版年	Q1 区发文量（篇）	Q2 区发文量（篇）	Q3 区发文量（篇）	Q4 区发文量（篇）	其他发文量（篇）
1	2012 年	1	1	2	1	1
2	2013 年	2	2	2	0	0
3	2014 年	2	2	3	1	0
4	2015 年	5	3	2	3	0
5	2016 年	4	4	4	2	3
6	2017 年	7	4	7	3	0
7	2018 年	3	11	4	2	1
8	2019 年	6	10	5	1	0
9	2020 年	11	7	1	5	2
10	2021 年	19	6	0	2	4

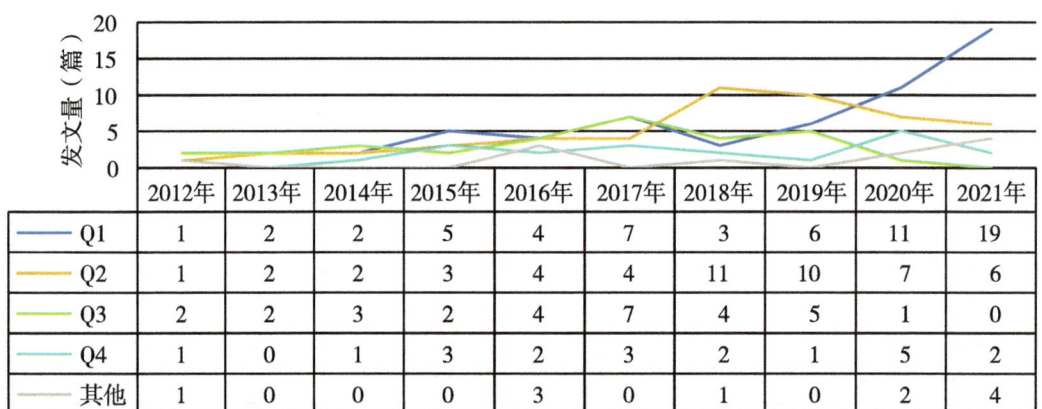

	2012年	2013年	2014年	2015年	2016年	2017年	2018年	2019年	2020年	2021年
Q1	1	2	2	5	4	7	3	6	11	19
Q2	1	2	2	3	4	4	11	10	7	6
Q3	2	2	3	2	4	7	4	5	1	0
Q4	1	0	1	3	2	3	2	1	5	2
其他	1	0	0	0	3	0	1	0	2	4

图 1-2　新疆畜牧科学院 SCI 发文期刊 WOSJCR 分区趋势（2012—2021 年）

1.3 高发文研究所 TOP10

2012—2021 年新疆畜牧科学院 SCI 高发文研究所 TOP10 见表 1-3。

表 1-3　2012—2021 年新疆畜牧科学院 SCI 高发文研究所 TOP10　　　单位：篇

排序	研究所	发文量
1	新疆畜牧科学院兽医研究所	45

(续表)

排序	研究所	发文量
2	新疆畜牧科学院生物技术研究所	31
3	新疆畜牧科学院畜牧研究所	22
4	新疆畜牧科学院草业研究所	6
5	新疆畜牧科学院饲料研究所	5
6	新疆畜牧科学院畜牧业经济与信息研究所	1

注：全部发文研究所数量不足10个。

1.4 高发文期刊TOP10

2012—2021年新疆畜牧科学院SCI高发文期刊TOP10见表1-4。

表1-4 2012—2021年新疆畜牧科学院SCI高发文期刊TOP10

排序	期刊名称	发文量（篇）	WOS所有数据库总被引频次	WOS核心库被引频次	期刊影响因子（最近年度）
1	ARCHIVES OF VIROLOGY	6	40	34	2.685（2021）
2	ANIMALS	5	30	26	3.231（2021）
3	PLOS ONE	5	53	48	3.752（2021）
4	GENE	4	26	23	3.913（2021）
5	GENETICS AND MOLECULAR RESEARCH	4	21	18	0.764（2015）
6	MOLECULAR BIOLOGY AND EVOLUTION	4	338	313	8.8（2021）
7	PARASITES & VECTORS	4	86	70	4.047（2021）
8	SCIENTIFIC REPORTS	4	81	73	4.996（2021）
9	ASIAN-AUSTRALASIAN JOURNAL OF ANIMAL SCIENCES	4	44	32	2.694（2021）
10	REPRODUCTION IN DOMESTIC ANIMALS	3	15	15	1.858（2021）

1.5 合作发文国家与地区TOP10

2012—2021年新疆畜牧科学院SCI合作发文国家与地区（合作发文1篇以上）TOP10见表1-5。

表 1-5　2012—2021 年新疆畜牧科学院 SCI 合作发文国家与地区 TOP10

排序	国家与地区	合作发文量（篇）	WOS 所有数据库总被引频次	WOS 核心库被引频次
1	美国	16	495	459
2	澳大利亚	9	589	486
3	肯尼亚	6	425	393
4	芬兰	5	324	296
5	新西兰	4	49	41
6	伊朗	3	134	124
7	威尔士	3	126	116
8	丹麦	3	109	102
9	巴基斯坦	3	108	98
10	印度	3	71	64

1.6　合作发文机构 TOP10

2012—2021 年新疆畜牧科学院 SCI 合作发文机构 TOP10 见表 1-6。

表 1-6　2012—2021 年新疆畜牧科学院 SCI 合作发文机构 TOP10

排序	合作发文机构	发文量（篇）	WOS 所有数据库总被引频次	WOS 核心库被引频次
1	中国农业科学院	36	104	92
2	石河子大学	32	81	73
3	新疆农业大学	20	17	17
4	中国科学院	19	143	130
5	中国农业大学	14	42	37
6	新疆医科大学	12	192	158
7	新疆大学	11	74	67
8	中国科学院大学	10	42	35
9	内蒙古农业大学	9	103	90
10	甘肃农业大学	8	31	25

1.7　高频词 TOP20

2012—2021 年新疆畜牧科学院 SCI 发文高频词（作者关键词）TOP20 见表 1-7。

表 1-7 2012—2021 年新疆畜牧科学院 SCI 发文高频词（作者关键词）TOP20

排序	关键词（作者关键词）	频次	排序	关键词（作者关键词）	频次
1	Sheep	12	11	Foot-and-mouth disease virus	3
2	Phylogenetic analysis	5	12	miRNA	3
3	Xinjiang	5	13	Mitochondrial genome	3
4	Echinococcus granulosus	5	14	DNA methylation	3
5	Lamb	4	15	Monoclonal antibody	3
6	Bovine	4	16	Wool Traits	2
7	Myostatin	3	17	climate change	2
8	China	3	18	Echinococcus multilocularis	2
9	microRNA	3	19	Prevalence	2
10	Ovis aries	3	20	zearalenone	2

2 中文期刊论文分析

2012—2021 年，新疆畜牧科学院作者共发表北大中文核心期刊论文 623 篇，中国科学引文数据库（CSCD）期刊论文 284 篇。

2.1 发文量

新疆畜牧科学院中文文献历年发文趋势（2012—2021 年）见图 2-1。

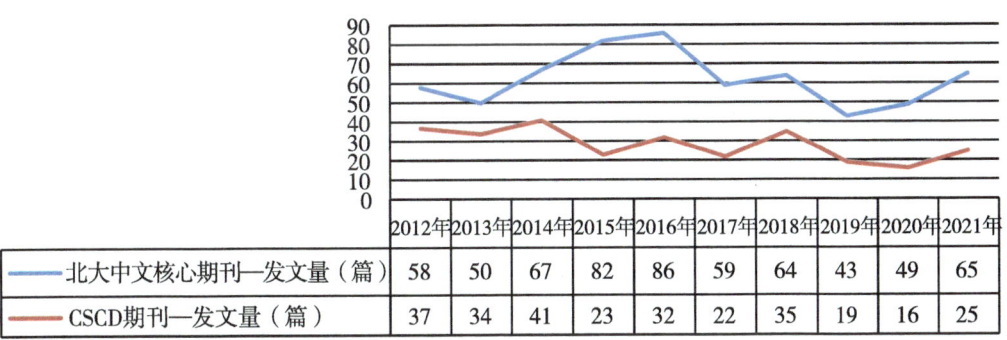

	2012年	2013年	2014年	2015年	2016年	2017年	2018年	2019年	2020年	2021年
北大中文核心期刊—发文量（篇）	58	50	67	82	86	59	64	43	49	65
CSCD期刊—发文量（篇）	37	34	41	23	32	22	35	19	16	25

图 2-1 新疆畜牧科学院中文文献历年发文趋势（2012—2021 年）

2.2 高发文研究所 TOP10

2012—2021 年新疆畜牧科学院北大中文核心期刊高发文研究所 TOP10 见表 2-1，

2012—2021年新疆畜牧科学院中国科学引文数据库（CSCD）期刊高发文研究所TOP10见表2-2。

表2-1 2012—2021年新疆畜牧科学院北大中文核心期刊高发文研究所TOP10 单位：篇

排序	研究所	发文量
1	新疆畜牧科学院兽医研究所	145
2	新疆畜牧科学院	135
3	新疆畜牧科学院畜牧研究所	95
4	新疆畜牧科学院畜牧业质量标准研究所	84
5	新疆畜牧科学院饲料研究所	75
6	新疆畜牧科学院草业研究所	51
7	新疆畜牧科学院生物技术研究所	37
8	新疆畜牧科学院畜牧业经济与信息研究所	19

注：全部发文研究所数量不足10个。

表2-2 2012—2021年新疆畜牧科学院CSCD期刊高发文研究所TOP10 单位：篇

排序	研究所	发文量
1	新疆畜牧科学院兽医研究所	86
2	新疆畜牧科学院草业研究所	54
3	新疆畜牧科学院	46
4	新疆畜牧科学院畜牧研究所	44
5	新疆畜牧科学院饲料研究所	30
6	新疆畜牧科学院生物技术研究所	22
7	新疆畜牧科学院畜牧业质量标准研究所	8
8	新疆畜牧科学院畜牧业经济与信息研究所	2

注：全部发文研究所数量不足10个。

2.3 高发文期刊TOP10

2012—2021年新疆畜牧科学院高发文北大中文核心期刊TOP10见表2-3，2012—2021年新疆畜牧科学院高发文CSCD期刊TOP10见表2-4。

表2-3 2012—2021年新疆畜牧科学院高发文期刊（北大中文核心）TOP10 单位：篇

排序	期刊名称	发文量	排序	期刊名称	发文量
1	新疆农业科学	80	6	中国畜牧杂志	25
2	中国畜牧兽医	59	7	中国兽医杂志	21
3	黑龙江畜牧兽医	48	8	家畜生态学报	19
4	动物医学进展	30	9	饲料研究	18
5	畜牧与兽医	26	10	中国饲料	17

表 2-4　2012—2021 年新疆畜牧科学院高发文期刊（CSCD）TOP10　　　　单位：篇

排序	期刊名称	发文量	排序	期刊名称	发文量
1	新疆农业科学	79	6	畜牧兽医学报	11
2	西北农业学报	15	7	中国兽医科学	11
3	中国预防兽医学报	12	8	西南农业学报	10
4	动物营养学报	11	9	中国农业科学	10
5	草业科学	11	10	动物医学进展	8

2.4　合作发文机构 TOP10

2012—2021 年新疆畜牧科学院北大中文核心期刊合作发文机构 TOP10 见表 2-5，2012—2021 年新疆畜牧科学院 CSCD 期刊合作发文机构 TOP10 见表 2-6。

表 2-5　2012—2021 年新疆畜牧科学院北大中文核心期刊合作发文机构 TOP10　　　　单位：篇

排序	合作发文机构	发文量	排序	合作发文机构	发文量
1	新疆农业大学	200	6	新疆大学	17
2	石河子大学	53	7	塔里木大学	16
3	中国农业科学院	39	8	新疆维吾尔自治区动物卫生监督所	14
4	中国农业大学	33	9	乌鲁木齐市动物疾病控制与诊断中心	13
5	华中农业大学	24	10	新疆农业科学院	11

表 2-6　2012—2021 年新疆畜牧科学院 CSCD 期刊合作发文机构 TOP10　　　　单位：篇

排序	合作发文机构	发文量	排序	合作发文机构	发文量
1	新疆农业大学	84	6	新疆农业科学院	9
2	石河子大学	29	7	新疆维吾尔自治区动物卫生监督所	8
3	中国农业科学院	25	8	新疆大学	7
4	中国农业大学	12	9	塔里木大学	7
5	乌鲁木齐市动物疾病控制与诊断中心	11	10	新疆医科大学	7

云南省农业科学院

1 英文期刊论文分析

分析数据来源于科学引文索引数据库(Web of Science,WOS)收录的文献类型为期刊论文(ARTICLE)、会议论文(PROCEEDINGS PAPER)和述评(REVIEW)的 Science Citation Index Expanded(SCIE)论文数据,数据时间范围为 2012—2021 年,共检索到云南省农业科学院作者发表的论文 1 261 篇。

1.1 发文量

2012—2021 年云南省农业科学院历年 SCI 发文与被引情况见表 1-1,云南省农业科学院英文文献历年发文趋势(2012—2021 年)见图 1-1。

表 1-1 2012—2021 年云南省农业科学院历年 SCI 发文与被引情况

出版年	发文量(篇)	WOS 所有数据库总被引频次	WOS 核心库被引频次
2012 年	59	2 221	1 938
2013 年	76	1 545	1 304
2014 年	75	1 826	1 568
2015 年	113	3 530	3 120
2016 年	127	2 262	1 967
2017 年	128	2 713	2 383
2018 年	134	2 222	2 013
2019 年	162	2 149	2 027
2020 年	191	1 830	1 671
2021 年	196	540	520

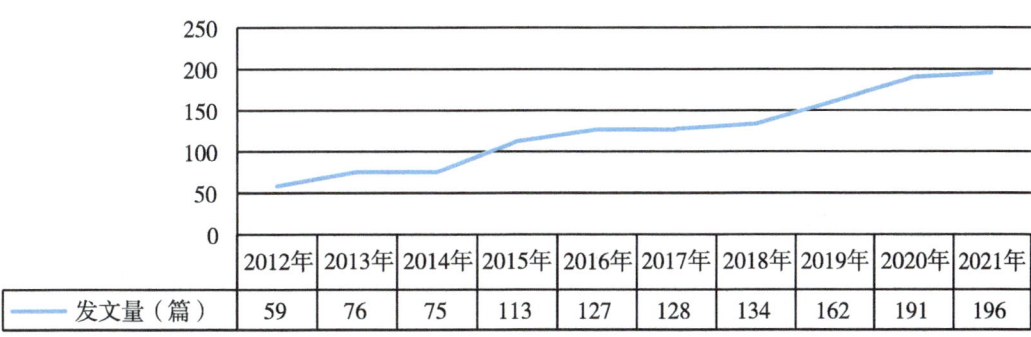

图 1-1 云南省农业科学院英文文献历年发文趋势(2012—2021 年)

1.2 发文期刊 JCR 分区

2012—2021 年云南省农业科学院 SCI 发文期刊 WOSJCR 分区情况见表 1-2，云南省农业科学院 SCI 发文期刊 WOSJCR 分区趋势图（2012—2021 年）见图 1-2。

表 1-2 2012—2021 年云南省农业科学院 SCI 发文期刊 WOSJCR 分区情况   单位：篇

排序	出版年	Q1 区发文量	Q2 区发文量	Q3 区发文量	Q4 区发文量	其他发文量
1	2012 年	16	13	13	10	7
2	2013 年	17	16	17	16	10
3	2014 年	18	19	15	14	9
4	2015 年	32	27	25	20	9
5	2016 年	32	30	28	32	5
6	2017 年	42	35	29	21	1
7	2018 年	42	40	23	26	3
8	2019 年	51	50	28	31	2
9	2020 年	72	46	28	23	22
10	2021 年	86	54	17	15	22

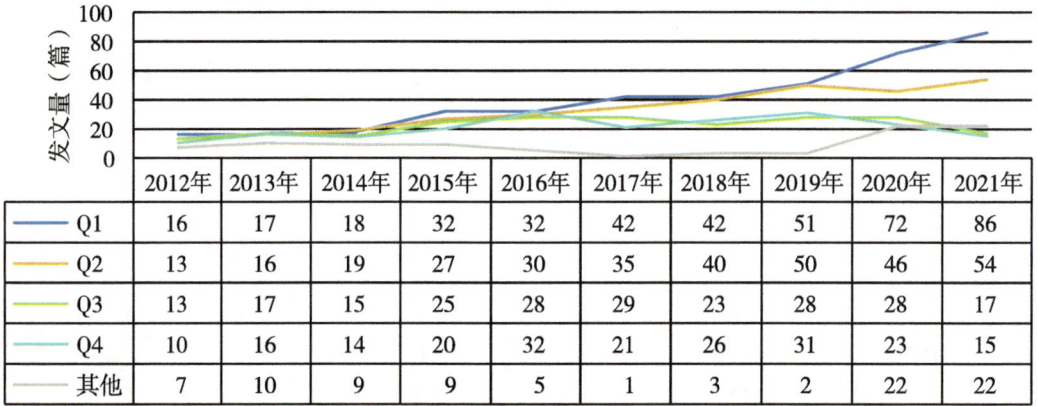

图 1-2 云南省农业科学院 SCI 发文期刊 WOSJCR 分区趋势（2012—2021 年）

1.3 高发文研究所 TOP10

2012—2021 年云南省农业科学院 SCI 高发文研究所 TOP10 见表 1-3。

表 1-3 2012—2021 年云南省农业科学院 SCI 高发文研究所 TOP10   单位：篇

排序	研究所	发文量
1	云南省农业科学院药用植物研究所	270

(续表)

排序	研究所	发文量
2	云南省农业科学院生物技术与种质资源研究所	195
3	云南省农业科学院农业环境资源研究所	119
4	云南省农业科学院花卉研究所	89
5	云南省农业科学院粮食作物研究所	86
6	云南省农业科学院甘蔗研究所	66
7	云南省农业科学院质量标准与检测技术研究所	44
8	云南省农业科学院园艺作物研究所	42
9	云南省农业科学院茶叶研究所	36
10	云南省农业科学院蚕桑蜜蜂研究所	34

1.4 高发文期刊TOP10

2012—2021年云南省农业科学院SCI高发文期刊TOP10见表1-4。

表1-4 2012—2021年云南省农业科学院SCI高发文期刊TOP10

排序	期刊名称	发文量（篇）	WOS所有数据库总被引频次	WOS核心库被引频次	期刊影响因子（最近年度）
1	SPECTROSCOPY AND SPECTRALANALYSIS	40	267	162	0.609（2021）
2	FRONTIERS IN PLANT SCIENCE	28	496	447	6.627（2021）
3	PLOS ONE	27	494	423	3.752（2021）
4	SCIENTIFIC REPORTS	26	554	493	4.996（2021）
5	MOLECULES	17	309	288	4.927（2021）
6	SUGAR TECH	16	68	51	1.872（2021）
7	MITOCHONDRIAL DNA PART B-RESOURCES	16	23	22	0.61（2021）
8	EUPHYTICA	15	102	96	2.185（2021）
9	PHYTOTAXA	14	174	159	1.05（2021）
10	BMC PLANT BIOLOGY	14	169	151	5.26（2021）

1.5 合作发文国家与地区 TOP10

2012—2021 年云南省农业科学院 SCI 合作发文国家与地区（合作发文 1 篇以上）TOP10 见表 1-5。

表 1-5 2012—2021 年云南省农业科学院 SCI 合作发文国家与地区 TOP10

排序	国家与地区	合作发文量（篇）	WOS 所有数据库总被引频次	WOS 核心库被引频次
1	美国	113	5 568	5 083
2	韩国	38	1 644	1 486
3	波兰	35	718	688
4	泰国	34	1 948	1 764
5	加拿大	33	1 599	1 455
6	澳大利亚	29	1 849	1 700
7	巴基斯坦	23	234	224
8	新西兰	21	1 971	1 799
9	哥伦比亚	20	273	266
10	法国	15	1 831	1 676

1.6 合作发文机构 TOP10

2012—2021 年云南省农业科学院 SCI 合作发文机构 TOP10 见表 1-6。

表 1-6 2012—2021 年云南省农业科学院 SCI 合作发文机构 TOP10

排序	合作发文机构	发文量（篇）	WOS 所有数据库总被引频次	WOS 核心库被引频次
1	中国科学院	194	1 675	1 549
2	云南农业大学	138	826	710
3	中国农业科学院	110	432	363
4	云南大学	75	182	167
5	玉溪师范学院	70	498	378

(续表)

排序	合作发文机构	发文量（篇）	WOS所有数据库总被引频次	WOS核心库被引频次
6	中国科学院大学	60	327	287
7	云南中医药大学	58	191	154
8	昆明理工大学	51	311	302
9	南京农业大学	50	177	149
10	中国农业大学	45	294	240

1.7 高频词TOP20

2012—2021年云南省农业科学院SCI发文高频词（作者关键词）TOP20见表1-7。

表1-7 2012—2021年云南省农业科学院SCI发文高频词（作者关键词）TOP20

排序	关键词（作者关键词）	频次	排序	关键词（作者关键词）	频次
1	Phylogeny	27	11	Infrared spectroscopy	14
2	taxonomy	25	12	Rice	14
3	Data fusion	22	13	Transcriptome	14
4	Sugarcane	20	14	Mushrooms	11
5	China	18	15	Yunnan	10
6	Gentiana rigescens	18	16	breeding	10
7	Gene expression	15	17	Photosynthesis	10
8	Genetic diversity	15	18	Discrimination	9
9	Panax notoginseng	14	19	Magnaporthe oryzae	9
10	Fungi	14	20	Fourier transform infrared spectroscopy	9

2 中文期刊论文分析

2012—2021年，云南省农业科学院作者共发表北大中文核心期刊论文3 056篇，中国科学引文数据库（CSCD）期刊论文2 350篇。

2.1 发文量

云南省农业科学院中文文献历年发文趋势（2012—2021年）见图2-1。

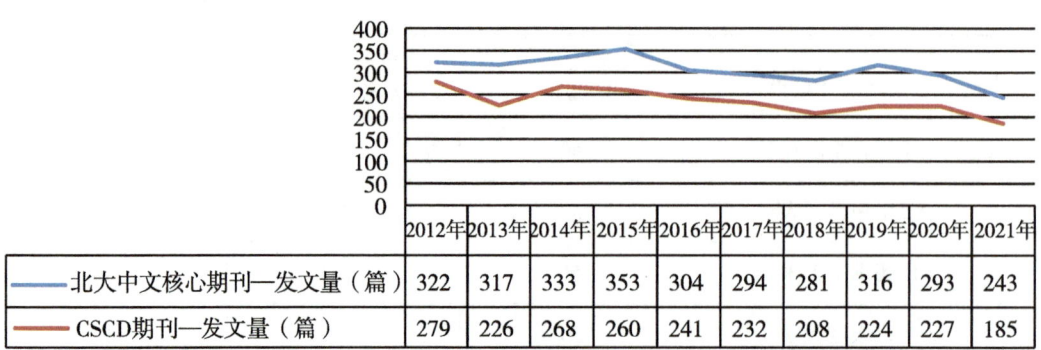

图 2-1 云南省农业科学院中文文献历年发文趋势（2012—2021 年）

2.2 高发文研究所 TOP10

2012—2021 年云南省农业科学院北大中文核心期刊高发文研究所 TOP10 见表 2-1，2012—2021 年云南省农业科学院中国科学引文数据库（CSCD）期刊高发文研究所 TOP10 见表 2-2。

表 2-1　2012—2021 年云南省农业科学院北大中文核心期刊高发文研究所 TOP10　　单位：篇

排序	研究所	发文量
1	云南省农业科学院生物技术与种质资源研究所	410
2	云南省农业科学院农业环境资源研究所	392
3	云南省农业科学院药用植物研究所	306
4	云南省农业科学院蚕桑蜜蜂研究所	261
5	云南省农业科学院粮食作物研究所	246
6	云南省农业科学院花卉研究所	232
7	云南省农业科学院甘蔗研究所	226
8	云南省农业科学院热区生态农业研究所	185
9	云南省农业科学院经济作物研究所	178
10	云南省农业科学院园艺作物研究所	175

表 2-2　2012—2021 年云南省农业科学院 CSCD 期刊高发文研究所 TOP10　　单位：篇

排序	研究所	发文量
1	云南省农业科学院农业环境资源研究所	359
2	云南省农业科学院生物技术与种质资源研究所	348

(续表)

排序	研究所	发文量
3	云南省农业科学院药用植物研究所	272
4	云南省农业科学院粮食作物研究所	203
5	云南省农业科学院甘蔗研究所	193
6	云南省农业科学院蚕桑蜜蜂研究所	190
7	云南省农业科学院花卉研究所	173
8	云南省农业科学院经济作物研究所	131
9	云南省农业科学院质量标准与检测技术研究所	124
10	云南省农业科学院热区生态农业研究所	118

2.3 高发文期刊TOP10

2012—2021年云南省农业科学院高发文北大中文核心期刊TOP10见表2-3，2012—2021年云南省农业科学院高发文CSCD期刊TOP10见表2-4。

表2-3 2012—2021年云南省农业科学院高发文期刊（北大中文核心）TOP10 单位：篇

排序	期刊名称	发文量	排序	期刊名称	发文量
1	西南农业学报	596	6	云南农业大学学报（自然科学）	65
2	江苏农业科学	103	7	植物保护	64
3	植物遗传资源学报	100	8	蚕业科学	64
4	分子植物育种	94	9	安徽农业科学	61
5	中国南方果树	68	10	南方农业学报	61

表2-4 2012—2021年云南省农业科学院高发文期刊（CSCD）TOP10 单位：篇

排序	期刊名称	发文量	排序	期刊名称	发文量
1	西南农业学报	575	6	蚕业科学	63
2	植物遗传资源学报	91	7	热带作物学报	62
3	南方农业学报	84	8	植物保护	59
4	分子植物育种	84	9	中国农学通报	44
5	云南农业大学学报（自然科学）	78	10	光谱学与光谱分析	39

2.4 合作发文机构 TOP10

2012—2021 年云南省农业科学院北大中文核心期刊合作发文机构 TOP10 见表 2-5，2012—2021 年云南省农业科学院 CSCD 期刊合作发文机构 TOP10 见表 2-6。

表 2-5 2012—2021 年云南省农业科学院北大中文核心期刊合作发文机构 TOP10   单位：篇

排序	合作发文机构	发文量	排序	合作发文机构	发文量
1	云南农业大学	410	6	昆明理工大学	61
2	中国农业科学院	116	7	云南省烟草公司	51
3	玉溪师范学院	85	8	西南林业大学	42
4	云南大学	84	9	云南中医药大学	41
5	中国科学院	79	10	昆明学院	37

表 2-6 2012—2021 年云南省农业科学院 CSCD 期刊合作发文机构 TOP10   单位：篇

排序	合作发文机构	发文量	排序	合作发文机构	发文量
1	云南农业大学	336	6	云南省烟草公司	42
2	中国农业科学院	99	7	昆明理工大学	41
3	玉溪师范学院	71	8	云南中医药大学	33
4	中国科学院	68	9	西南大学	29
5	云南大学	63	10	昆明学院	27

浙江省农业科学院

1 英文期刊论文分析

分析数据来源于科学引文索引数据库（Web of Science，WOS）收录的文献类型为期刊论文（ARTICLE）、会议论文（PROCEEDINGS PAPER）和述评（REVIEW）的 Science Citation Index Expanded（SCIE）论文数据，数据时间范围为 2012—2021 年，共检索到浙江省农业科学院作者发表的论文 2 760 篇。

1.1 发文量

2012—2021 年浙江省农业科学院历年 SCI 发文与被引情况见表 1-1，浙江省农业科学院英文文献历年发文趋势（2012—2021 年）见图 1-1。

表 1-1 2012—2021 年浙江省农业科学院历年 SCI 发文与被引情况

出版年	发文量（篇）	WOS 所有数据库总被引频次	WOS 核心库被引频次
2012 年	215	6 524	5 689
2013 年	197	6 433	5 691
2014 年	200	4 731	4 173
2015 年	235	6 293	5 598
2016 年	227	6 280	5 631
2017 年	266	6 282	5 749
2018 年	254	5 617	5 183
2019 年	306	4 736	4 361
2020 年	374	3 811	3 571
2021 年	486	1 827	1 767

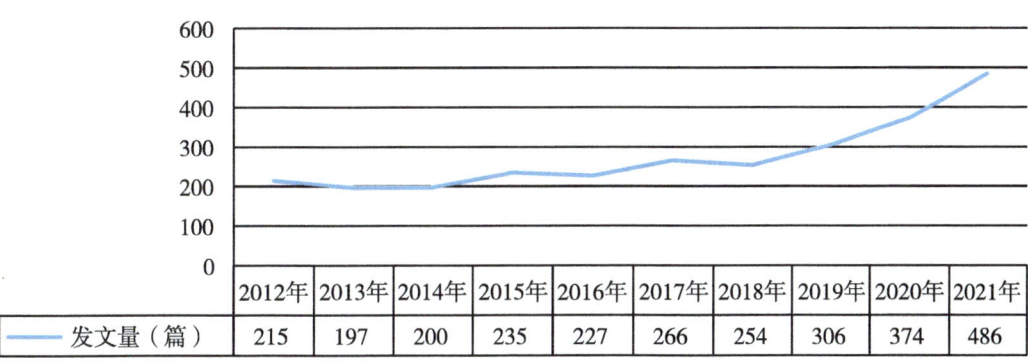

图 1-1 浙江省农业科学院英文文献历年发文趋势（2012—2021 年）

1.2 发文期刊 JCR 分区

2012—2021年浙江省农业科学院SCI发文期刊WOSJCR分区情况见表1-2，浙江省农业科学院SCI发文期刊WOSJCR分区趋势图（2012—2021年）见图1-2。

表1-2　2012—2021年浙江省农业科学院SCI发文期刊WOSJCR分区情况　　单位：篇

排序	出版年	Q1区发文量	Q2区发文量	Q3区发文量	Q4区发文量	其他发文量
1	2012年	84	51	41	30	9
2	2013年	81	47	40	23	6
3	2014年	77	61	32	19	11
4	2015年	99	73	43	17	3
5	2016年	120	62	22	16	7
6	2017年	123	67	42	29	5
7	2018年	135	66	33	19	1
8	2019年	148	99	37	17	5
9	2020年	201	85	38	23	26
10	2021年	298	99	29	15	45

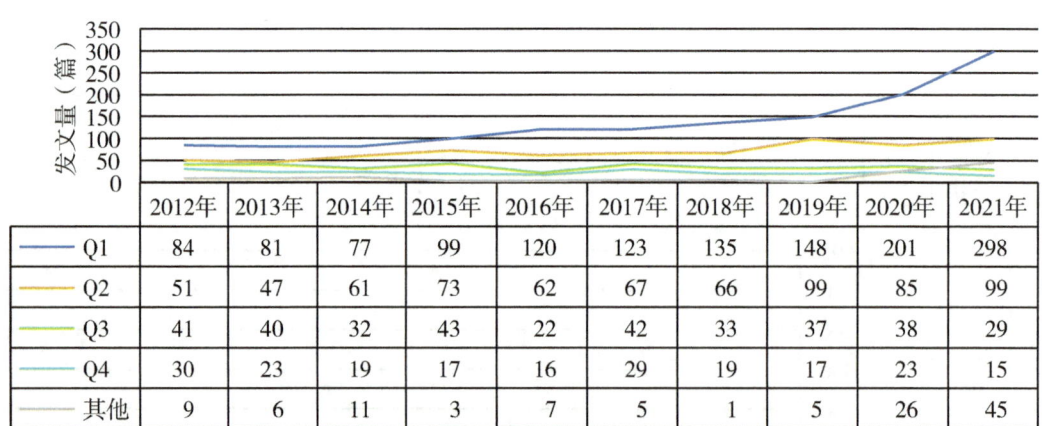

图1-2　浙江省农业科学院SCI发文期刊WOSJCR分区趋势（2012—2021年）

1.3 高发文研究所 TOP10

2012—2021年浙江省农业科学院SCI高发文研究所TOP10见表1-3。

表1-3　2012—2021年浙江省农业科学院SCI高发文研究所TOP10　　　　　　　单位：篇

排序	研究所	发文量
1	浙江省农业科学院农产品质量标准研究所	398
2	浙江省农业科学院畜牧兽医研究所	222
3	浙江省农业科学院环境资源与土壤肥料研究所	176
4	浙江省农业科学院蔬菜研究所	169
5	浙江省农业科学院作物与核技术利用研究所	159
6	浙江省农业科学院食品科学研究所	132
7	浙江省农业科学院园艺研究所	129
8	浙江省农业科学院数字农业研究所	73
9	浙江省农业科学院蚕桑研究所	60
10	浙江省农业科学院花卉研究中心	47

1.4　高发文期刊TOP10

2012—2021年浙江省农业科学院SCI高发文期刊TOP10见表1-4。

表1-4　2012—2021年浙江省农业科学院SCI高发文期刊TOP10

排序	期刊名称	发文量（篇）	WOS所有数据库总被引频次	WOS核心库被引频次	期刊影响因子（最近年度）
1	PLOS ONE	90	2 003	1 807	3.752（2021）
2	FRONTIERS IN PLANT SCIENCE	79	1 368	1 274	6.627（2021）
3	SCIENTIFIC REPORTS	75	1 809	1 653	4.996（2021）
4	FOOD CHEMISTRY	50	1 290	1 154	9.231（2021）
5	JOURNAL OF AGRICULTURAL AND FOOD CHEMISTRY	39	566	517	5.895（2021）
6	INTERNATIONAL JOURNAL OF MOLECULAR SCIENCES	38	455	419	6.208（2021）
7	SCIENCE OF THE TOTAL ENVIRONMENT	38	1 143	1 052	10.753（2021）
8	ECOTOXICOLOGY AND ENVIRONMENTAL SAFETY	32	772	677	7.129（2021）

(续表)

排序	期刊名称	发文量（篇）	WOS所有数据库总被引频次	WOS核心库被引频次	期刊影响因子（最近年度）
9	ENVIRONMENTAL SCIENCE AND POLLUTION RESEARCH	32	379	347	5.19（2021）
10	PEERJ	29	124	104	3.061（2021）

1.5 合作发文国家与地区TOP10

2012—2021年浙江省农业科学院SCI合作发文国家与地区（合作发文1篇以上）TOP10见表1-5。

表1-5 2012—2021年浙江省农业科学院SCI合作发文国家与地区TOP10

排序	国家与地区	合作发文量（篇）	WOS所有数据库总被引频次	WOS核心库被引频次
1	美国	300	9 702	8 908
2	澳大利亚	74	2 283	2 066
3	德国	48	1 833	1 751
4	加拿大	33	1 266	1 145
5	巴基斯坦	32	479	439
6	英格兰	31	1 126	1 056
7	日本	28	1 737	1 555
8	新西兰	26	643	581
9	菲律宾	25	1 083	928
10	苏格兰	22	1 170	1 058

1.6 合作发文机构TOP10

2012—2021年浙江省农业科学院SCI合作发文机构TOP10见表1-6。

表1-6 2012—2021年浙江省农业科学院SCI合作发文机构TOP10

排序	合作发文机构	发文量（篇）	WOS所有数据库总被引频次	WOS核心库被引频次
1	浙江大学	625	3 255	2 903
2	中国科学院	186	1 542	1 340

(续表)

排序	合作发文机构	发文量（篇）	WOS 所有数据库总被引频次	WOS 核心库被引频次
3	中国农业科学院	147	981	828
4	南京农业大学	137	988	864
5	浙江工业大学	125	374	357
6	浙江师范大学	93	505	427
7	华中农业大学	81	330	286
8	宁波大学	71	88	84
9	中国农业大学	64	312	250
10	杭州师范大学	60	286	253

1.7 高频词 TOP20

2012—2021 年浙江省农业科学院 SCI 发文高频词（作者关键词）TOP20 见表 1-7。

表 1-7 2012—2021 年浙江省农业科学院 SCI 发文高频词（作者关键词）TOP20

排序	关键词（作者关键词）	频次	排序	关键词（作者关键词）	频次
1	rice	69	11	Magnaporthe oryzae	16
2	gene expression	45	12	Duck	16
3	Transcriptome	32	13	antioxidant activity	16
4	Cadmium	22	14	Oryza sativa	15
5	Genetic diversity	21	15	biological control	15
6	Biochar	19	16	Chitosan	15
7	risk assessment	19	17	soil	14
8	Strawberry	18	18	Heavy metal	14
9	oxidative stress	17	19	Apoptosis	13
10	Brassica napus	17	20	Soybean	13

2 中文期刊论文分析

2012—2021 年，浙江省农业科学院作者共发表北大中文核心期刊论文 2 970 篇，中国科学引文数据库（CSCD）期刊论文 2 118 篇。

2.1 发文量

浙江省农业科学院中文文献历年发文趋势（2012—2021 年）见图 2-1。

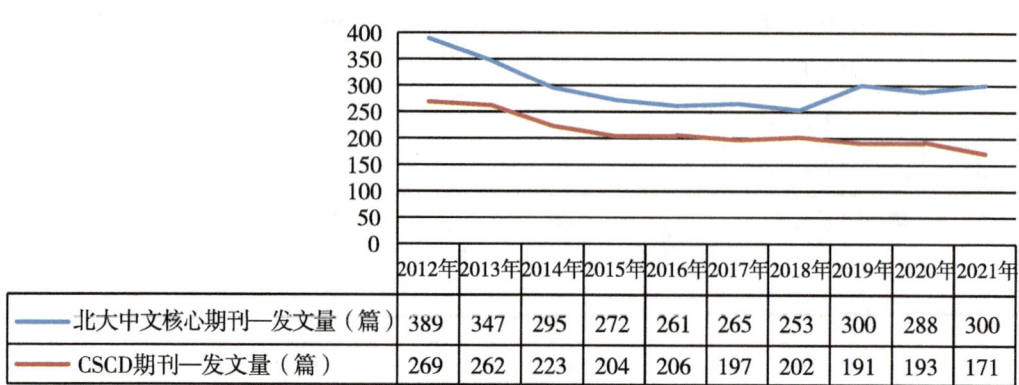

图 2-1 浙江省农业科学院中文文献历年发文趋势（2012—2021 年）

2.2 高发文研究所 TOP10

2012—2021 年浙江省农业科学院北大中文核心期刊高发文研究所 TOP10 见表 2-1，2012—2021 年浙江省农业科学院中国科学引文数据库（CSCD）期刊高发文研究所 TOP10 见表 2-2。

表 2-1 2012—2021 年浙江省农业科学院北大中文核心期刊高发文研究所 TOP10　　单位：篇

排序	研究所	发文量
1	浙江省农业科学院	674
2	浙江省农业科学院农产品质量标准研究所	442
3	浙江省农业科学院畜牧兽医研究所	329
4	浙江省农业科学院食品科学研究所	268
5	浙江省农业科学院作物与核技术利用研究所	246
6	浙江省农业科学院园艺研究所	209
7	浙江省农业科学院蔬菜研究所	170
8	浙江省农业科学院环境资源与土壤肥料研究所	163
9	浙江省农业科学院浙江柑橘研究所	104
10	浙江省农业科学院花卉研究中心	99
11	浙江省农业科学院浙江亚热带作物研究所	98

注："浙江省农业科学院"发文包括作者单位只标注为"浙江省农业科学院"、院属实验室等。

表 2-2 2012—2021 年浙江省农业科学院 CSCD 期刊高发文研究所 TOP10   单位：篇

排序	研究所	发文量
1	浙江省农业科学院	388
2	浙江省农业科学院农产品质量标准研究所	288
3	浙江省农业科学院食品科学研究所	234
4	浙江省农业科学院作物与核技术利用研究所	221
5	浙江省农业科学院畜牧兽医研究所	208
6	浙江省农业科学院园艺研究所	178
7	浙江省农业科学院环境资源与土壤肥料研究所	161
8	浙江省农业科学院蔬菜研究所	136
9	浙江省农业科学院蚕桑研究所	71
10	浙江省农业科学院浙江亚热带作物研究所	69
11	浙江省农业科学院花卉研究中心	60

注："浙江省农业科学院"发文包括作者单位只标注为"浙江省农业科学院"、院属实验室等。

2.3 高发文期刊 TOP10

2012—2021 年浙江省农业科学院高发文北大中文核心期刊 TOP10 见表 2-3，2012—2021 年浙江省农业科学院高发文 CSCD 期刊 TOP10 见表 2-4。

表 2-3 2012—2021 年浙江省农业科学院高发文期刊（北大中文核心）TOP10   单位：篇

排序	期刊名称	发文量	排序	期刊名称	发文量
1	浙江农业学报	587	6	浙江大学学报（农业与生命科学版）	57
2	分子植物育种	140	7	中国畜牧杂志	56
3	核农学报	136	8	农业生物技术学报	55
4	中国食品学报	123	9	蚕业科学	54
5	果树学报	59	10	动物营养学报	52

表 2-4 2012—2021 年浙江省农业科学院高发文期刊（CSCD）TOP10   单位：篇

排序	期刊名称	发文量	排序	期刊名称	发文量
1	浙江农业学报	550	6	农业生物技术学报	52
2	核农学报	124	7	浙江大学学报（农业与生命科学版）	52
3	分子植物育种	106	8	蚕业科学	51
4	中国食品学报	89	9	动物营养学报	49
5	果树学报	57	10	食品科学	40

2.4 合作发文机构TOP10

2012—2021年浙江省农业科学院北大中文核心期刊合作发文机构TOP10见表2-5，2012—2021年浙江省农业科学院CSCD期刊合作发文机构TOP10见表2-6。

表2-5 2012—2021年浙江省农业科学院北大中文核心期刊合作发文机构TOP10 单位：篇

排序	合作发文机构	发文量	排序	合作发文机构	发文量
1	浙江师范大学	205	6	浙江工业大学	60
2	浙江大学	196	7	华中农业大学	53
3	浙江工商大学	124	8	中国农业科学院	49
4	南京农业大学	118	9	西北农林科技大学	36
5	浙江农林大学	99	10	安徽农业大学	33

表2-6 2012—2021年浙江省农业科学院CSCD期刊合作发文机构TOP10 单位：篇

排序	合作发文机构	发文量	排序	合作发文机构	发文量
1	浙江师范大学	159	6	中国农业科学院	39
2	浙江大学	136	7	华中农业大学	32
3	南京农业大学	88	8	杭州师范大学	29
4	浙江农林大学	62	9	海南大学	27
5	浙江工业大学	40	10	安徽农业大学	26